普通高等教育“十二五”规划教材

大学信息技术基础

（第二版）

主　编　王海荣

副主编　常会丽　马旭明

科学出版社

北　京

内 容 简 介

计算机技术已渗透到多个学科，其应用已普及到各个领域。随着大学基础教育的不断推进，信息技术基础已被列入大学基础课程体系中。本书按照高等学校大学生培养目标、结合社会需求编写。全书共8章，内容涵盖了计算机与信息技术概论、计算机系统结构、计算机操作系统、办公自动化应用软件、数据库技术、网络基础及应用技术、软件技术基础和多媒体技术。每章最后都附有小结与习题。

本书可作为普通高等院校各个专业计算机技术基础课程的教材，也可供学习计算机基础知识及操作技能的相关人员阅读参考。

图书在版编目(CIP)数据

大学信息技术基础 / 王海荣主编. —2版. —北京：科学出版社，2015
普通高等教育“十二五”规划教材
ISBN 978-7-03-043207-0

Ⅰ. ①大… Ⅱ. ①王… Ⅲ. ①电子计算机－高等学校－教材 Ⅳ. ①TP3

中国版本图书馆CIP数据核字(2015)第021568号

责任编辑：相 凌 / 责任校对：朱光兰
责任印制：徐晓晨 / 封面设计：华路天然工作室

科 学 出 版 社出版
北京东黄城根北街16号
邮政编码：100717
http://www.sciencep.com
北京厚诚则铭印刷科技有限公司 印刷
科学出版社发行 各地新华书店经销
*
2013年2月第 一 版 开本：787×1092 1/16
2015年1月第 二 版 印张：13
2018年7月第五次印刷 字数：320 000

定价：39.00元

（如有印装质量问题，我社负责调换）

第二版前言

随着计算机技术和网络技术的飞速发展，计算机已深入到社会的各个领域，并深刻地改变了人们工作、学习和生活的方式。信息的获取、分析、处理、发布和应用能力已经成为现代社会人们的必备技能。因此，作为大学面向各专业学生开设的公共必修课程，“大学信息技术基础”课程就显得尤为重要。通过对该课程的学习，学生可以了解计算机的基础知识和基本理论，掌握计算机的基本操作和网络应用技巧，并为后续计算机类相关课程的学习奠定一个较为扎实的基础。同时，该课程对于激发学生的创新意识、培养自学能力、锻炼动手实践的本领也起着极为重要的作用。

根据教育部高等教育司关于“大学生计算机课程改革”的定位，本书突出“应用技能”和“能力训练”，在编写过程中，注重案例讲解，帮助读者快速掌握计算机的基本操作技能，并增加了最新的计算机知识，力求将前沿信息提供给读者。

全书由王海荣任主编，常会丽、马旭明任副主编。编写的具体分工为：王海荣编写第 1、5、7 章，马旭明编写第 2、3、4 章，常会丽编写第 4、6、8 章。

本书在编写过程中参阅了大量文献资料，得到了科学出版社和编者所在学校的大力支持和帮助，在此向这些文献资料的作者、出版社及学校表示衷心的感谢。由于计算机技术发展迅猛，笔者能力有限，书中的不足之处，恳请同行和读者不吝批评指正。

编　者

2015 年 1 月

第一版前言

随着计算机技术和网络技术的飞速发展，计算机已深入到社会的各个领域，并深刻地改变了人们工作、学习和生活的方式。信息的获取、分析、处理、发布、应用能力已经成为现代社会中人们的必备技能。因此，作为大学面向各专业学生的公共必修课程，“计算机基础”课程就有着非常重要的地位。通过该课程的学习，学生可以了解计算机的基础知识和基本理论，掌握计算机的基本操作方法和网络应用技巧，并为后续计算机类相关课程的学习奠定一个较为扎实的基础。同时，该课程对于激发学生的创新意识、培养自学能力、锻炼动手实践的本领也起着极为重要的作用。

根据高等学校大学生培养目标，结合社会需求，编者在编写本书的过程中，注重案例讲解，帮助读者快速掌握计算机的基本操作技能，并且根据计算机技术的发展，增加了最新的计算机知识，力求将前沿信息提供给读者。

本书由王海荣任主编，谷佳、常会丽、马云任副主编。编写的具体分工如下：第 1 章由王海荣编写，第 2 章由马旭明编写，第 3 章由周金莲编写，第 4 章由谷佳编写，第 5 章由徐凤宁、郭莹编写，第 6 章由王海荣、马云编写，第 7 章由常会丽编写，第 8 章由莫园之编写。本书的审稿工作由刘超完成。

在本书编写过程中参阅了大量文献资料，在此向这些文献资料的作者表示感谢。由于时间仓促，编者水平有限，对于本书的疏漏之处，敬请同行和读者批评指正。

编　者

2012 年 11 月

目　　录

第 1 章　计算机与信息技术概论

本章学习目标

- 掌握信息技术的基本概念
- 了解计算机发展及体系结构
- 掌握计算机软件与硬件的基本构成及功能
- 了解常用计算机应用软件的基本功能
- 了解计算机网络技术的发展及提供的服务

当今的信息化社会中，信息作为一种新的生产要素正发挥着重要的作用，而信息技术作为一种提高或扩展人类对信息的认识、收集、处理的方法和手段，在推动社会信息化建设中发挥着极其重要的作用。计算机技术是信息技术中的重要组成部分，是依托计算机软、硬件的信息处理技术。计算机技术的应用及发展对人类社会的生产和生活产生了极其深刻的影响。

1.1　信息技术概述

信息技术作为社会广泛使用的术语，目前没有一个准确的公认定义。社会各界从不同角度对信息技术作出相关解释。从技术角度来看，信息技术（information technology，IT），是用于管理和处理信息所采用的各种技术的总称。信息技术是信息的获取、加工、表达、发布、交流、管理等的现代科学技术，是应用计算机技术和通信技术来设计、开发、安装和实施信息系统及应用软件的方法与手段，其主要包括传感技术、计算机技术和通信技术三大技术。

信息技术源于技术领域本身，一般具有数字化、网络化、高速化、智能化及个人化的特征。在信息化的社会中，信息技术在推动自然界和人类社会发展方面起着举足轻重的作用。

1.1.1　信息技术发展历程

信息技术对人类社会的影响是广泛而深刻的，其发展先后经历了 5 次革命，如表 1-1 所示。

表 1-1　信息技术发展的 5 次革命

发展历程	发明与应用的信息技术	提高的信息传播能力	发生年代
第 1 次	语言的产生和使用	较远距离的传递	20 万年以前

续表

发展历程	发明与应用的信息技术	提高的信息传播能力	发生年代
第2次	文字的创造与使用	信息的存储、传递的能力超越时空	公元前3500年
第3次	造纸术和印刷术的发明和应用	信息量大存储、及时交流、广泛传播	1040年
第4次	电报、电话、广播、电视的发明和普及应用	提高传递的效率，突破时空限制	1875年（电话） 1933年（电报）
第5次	计算机和网络的普及应用	处理、传递速度和普及应用程度惊人变化	1943年计算机

1.1.2 信息技术在社会中的应用

信息技术对社会发展具有正负两个方面的影响。正面影响主要表现在科研、经济、管理、教育、文化、思维、生活和政府等方面；负面影响主要表现在信息泛滥、信息污染、信息病毒、信息犯罪等方面。

1. 对社会产生的正面影响

信息技术的广泛应用对社会产生的积极影响主要表现在：引起了各领域深刻的变革，促进社会生产力的发展；推动了科学技术的进步；改进了人们的学习方式，提高工作效率，改善生活质量。

2. 对社会产生的负面影响

信息技术的发展对社会产生的消极影响主要体现在：产生大量垃圾信息；信息的不确定性；利用信息技术的缺陷犯罪；使世界文化的多样化受到威胁等。

3. 迎接信息社会的挑战

信息化生存成为新的生存方式，要求人应具备的能力有：信息处理能力、甄别信息能力和信息道德培养。

1.1.3 信息技术的发展

1. 信息技术的发展方向

随着科学技术的发展，信息技术发展也呈现着不同的发展方向。

（1）微电子与光电子向着高效能方向发展。微电子与光电子技术与其他学科的结合，将会产生一系列崭新的学科和经济增长点，除了系统级芯片外，量子器件、生物芯片、真空微电子技术、纳米技术、微电子机械系等都将成为21世纪的新型技术。

（2）现代通信技术向着网络化、数字化、宽带化方向发展。随着数字化技术的发展，音视频和多媒体技术突飞猛进音视频技术是当前最活跃，发展最迅速的高新技术领域。总的趋势是向综合信息业务网方向发展。

（3）信息技术将会促使遥感技术的蓬勃发展。感测与识别技术的作用是扩展人获取信息的感觉器官功能。它包括信息识别、信息提取、信息检测等技术。这类技术的总称是“传感技术”。它几乎可以扩展人类所有感觉器官的传感功能。传感技术、测量技术与通信技术相结合而产生的遥感技术，更使人感知信息的能力得到进一步的加强。随着信息技术的迅速发展，通信技术和传感技术的紧密集合，我们可以预知：遥感技术将会在农田水利、地质勘探、气象预报、海洋开发、环境监测、地图测绘、土地利用调查、森林防火，尤其在地下水和地热调查、地震研究、铁路选线、工程地质及城市规划与建设等方面发挥更大的作用。

2. 信息技术的发展趋势

（1）高速大容量。速度和容量是紧密联系的，随着要传递和处理的信息量越来越大，高速大容量是必然趋势。因此从器件到系统，从处理、存储到传递，从传输到交换无不向高速大容量的要求发展。

（2）综合集成。社会对信息的多方面需求，要求信息业提供更丰富的产品和服务。因此，采集、处理、存储与传递的结合，信息生产与信息使用的结合，各种媒体的结合，各种业务的综合都体现了综合集成的要求。

（3）网络化。通信本身就是网络，其广度和深度在不断发展，计算机也越来越网络化。各个使用终端或使用者都被组织到统一的网络中。国际电联的口号“一个世界，一个网络”，虽然绝对了一些，但其表明了信息技术的发展方向。随着互联网和物联网的飞速发展和广泛应用，无线移动技术的成熟以及计算机处理能力的不断提高，各类新型计算机和信息终端已成为全球化网络应用的主要产品。移动计算机网络、云计算、大数据等已成为引领信息产业发展的重要技术。

（4）智能化。使计算机具有人工智能，能模拟人的感觉，具有类似人的思维能力，能理解人的语义是计算机发展的另一目标。这是第五代计算机要实现的目标。虚拟现实技术、专家系统、智能机器人等都是计算机智能领域发展阶段中的成果。

总之，人类将全面进入信息时代，信息产业无疑将成为未来全球经济中最宏大、最具活力的产业，信息将成为知识经济社会中最重要的资源和竞争要素。未来的计算机将是微电子技术、光学技术、超导技术和电子仿真技术等结合的产物，这必将带来世界的巨大变化。

1.2　计算机技术概述

计算机技术（computer technology）是计算机领域中所运用的技术方法和技术手段的总称。它与电子工程、现代通信技术等紧密结合，并快速地发展着。

1.2.1　计算机的发展

计算机是一种能够按照事先存储的程序，自动、高速地进行大量数值计算和各种信息处理的现代化智能电子设备。世界上第一台机械式计算机是法国人帕斯卡于 17 世纪制造的加法机，它的产生向人类展示了：用机械的装置代替人类思考和记忆，是完全有可能做的。此后，机械式乘法机、差分机、分析机、手摇式机械计算机、制表机相继被发明制造。随着电子模拟计算机和数字计算机的出现，机械计算机被取代。真正意义上的计算机，即被称为世界上第一台计算机是由美国工程师莫奇利于 1943 年提出设计方案，于是 1946 年 2

月 15 日研制成功的通用电子数字计算机“埃尼阿克”（ENIAC）。它的成功，是计算机发展史上的一座丰碑，是人类在发展计算机技术历程中的一个新的起点。纵观计算机的发展，其主要经历了六个阶段，如表 1-2 所示。

表 1-2 计算机发展阶段

阶段	时间	基本电子元件	技术特点
第一代	1946～1953 年	电子管	穿孔卡片和磁鼓，使用机器语言和汇编语言
第二代	1954～1963 年	晶体管	主存储器采用磁芯存储器，磁鼓和磁盘开始用于辅助存储器。使用高级语言，主要用于科学计算，中、小型计算机开始大量生产
第三代	1964～1970 年	中小规模集成电路	大型化，集中式计算，远程终端
第四代	1971 年至今	超大规模集成电路	超大型化，计算机化，嵌入式，图形用户界面，多媒体，网络通信，网格计算
第五代	—	智能计算机	有知识、会学习、能推理的计算机，具有能理解和处理自然语言、声音、文字和图像的能力，并具有说话能力
第六代	—	神经网络计算机	模仿人的大脑判断能力和适应能力，具有可并行处理多种数据功能的神经网络计算机

1. 第一代电子计算机——电子管

第一代计算机的主要特点是使用电子管作为逻辑元件，主要包含五个基本部分：运算器、控件器、存储器、输入器和输出器。1949 年 5 月，英国剑桥大学数学实验室根据冯·诺依曼的思想制成的“埃迪瓦克”（EDVAC）是典型的第一代计算机。

2. 第二代电子计算机——晶体管

电子管元件存在着热量过多、可靠性较差、运算速度不快、价格昂贵等缺点，使得计算机的发展受到很大限制，于是产生了以晶体管为基本电子元件的第二代计算机。1954 年，美国贝尔实验室研制成功了第一台使用晶体管理线路的计算机，取名为“催迪克”（TRADIC），随后产生了大量的晶体管计算机，其大大加快了计算速度，极大地扩展了存储器的存储量，提高了输入/输出能力，是计算机计算能力的一次大的飞跃。在这一时代，计算机软件也产生了一系列配置子程序库和批处理管理程序，并推出了 FORTRAN、COBOL、ALGOL 等高级程序设计语言。

3. 第三代电子计算机——集成电路

1964 年 4 月 7 日，美国 IBM 公司宣告世界第一台集成电路通用计算机系列 IBM 360 研制成功，标志着计算机进入了集成电路时代。集成电路比印制电路小，更便宜、更快且更可靠。它的运算速度每秒可达几十万次到几百万次。这一时期，计算机软件技术也有了较大发展，出现了操作系统、编译系统及更多的高级程序设计语言。

4. 第四代计算机——超大规模集成电路

进入 20 世纪 60 年代后，微电子技术发展迅猛。大规模及超大规模集成电路应用到了计算机上。由大规模和超大规模集成电路组装而成的计算机称为第四代计算机。具有代表性的是 1975 年，美国阿姆尔公司研制的 470V/6 型计算机，它标志着计算机的发展进入了第四代。微型计算机的诞生是超大规模集成电路应用的直接结果。现在的微型计算机体积越来越小、性能越来越强、可靠性越来越高、价格越来越低、应用范围越来越广。这一时代，软件出现了更好的程序设计技术——结构化程序设计方法，出现了 C 语言、C++语言等更多高级程序设计语言，Unix、MS-DOS 等更好、更强大的操作系统也被开发出来。

5. 第五代计算机——智能计算机

随着科技的发展，人们希望能实现计算机与人类自然语言的直接对话，在此背景下，智能计算机，即第五代计算机产生。它是一种有知识、会学习、能推理的计算机，使人机能用自然语言直接对话，它可以利用已有知识和不断学习到的新知识，进行思维、联想、推理并得出结论。智能计算机的典型特征是具备人工智能，能像人一样思维，并且运算速度极快，其硬件系统支持高度并行和推理，其软件系统能够处理知识信息。其突破了传统的诺依曼式机器的概念，智能化的人机接口使人们不必编写程序，只需发出命令或提出要求，计算机就会完成相应推理、判断并给出解答。这一时代，面向对象的设计和编程方法出现，Windows 操作系统占据市场主导地位，万维网普及等现象使计算机软件也迎来了新的发展阶段。

6. 第六代计算机——神经网络计算机

半导体硅晶片的电路密集，散热问题难以彻底解决，影响了计算机性能的进一步发挥与突破。研究人员发现，脱氧核糖核酸（DNA）的双螺旋结构能容纳巨量信息，其存储量相当于半导体芯片的数百万倍。基于此，利用蛋白质分子制造出基因芯片，研制生物计算机（也称分子计算机、基因计算机），即第六代计算机已成为当今计算机技术的研究前沿。第六代计算机是模仿人的大脑判断能力和适应能力，并具有可并行处理多种数据功能的神经网络计算机。与以逻辑处理为主的第五代计算机不同，它本身可以判断对象的性质与状态，并能采取相应的行动，而且它可同时并行处理实时变化的大量数据，并引出结论。以往的信息处理系统只能处理条理清晰、经络分明的数据。而人的大脑活动具有能处理零碎、含糊不清信息的灵活性，第六代电子计算机将类似人脑的智慧和灵活性。

神经电子计算机的信息不是存在存储器中，而是存储在神经元之间的联络网中。若有节点断裂，电脑仍有重建资料的能力，它还具有联想记忆、视觉和声音识别能力。日本科学家已开发出神经电子计算机用的大规模集成电路芯片，在 1.5cm^2 的硅片上可设置 400 个神经元和 40000 个神经键，这种芯片能实现每秒 2 亿次的运算速度。1990 年，日本理光公司宣布研制出一种具有学习功能的大规模集成电路“神经 LST”。这是依照人脑的神经细胞研制成功的一种芯片，它处理信息的速度为每秒 90 亿次。富士通研究所开发的神经电子计算机，每秒更新数据速度近千亿次。日本电气公司推出一种神经网络声音识别系统，能够识别出任何人的声音，正确率达 99.8%。美国研究出由左脑和右脑两个神经块连接而成的神经电子计算机。右脑为经验功能部分，有 1 万多个神经元，适于图像识别；左脑为识别功能部分，含有 100 万个神经元，用于存储单词和语法规则。现在，纽约、迈阿密和伦敦的飞机场已经用神经电脑来检查爆炸物，每小时可查 600～700 件行李，检出率为 95%，误差率为 2%。神经电子计算机将会广泛应用于各领域。它能识别文字、符号、图形、语言以及声纳和雷达收到的信号，判读支票，对市场进行估计，分析新产品，进行医学诊断，控制智能机器人，实现汽车和飞行器的自动驾驶，发现、识别军事目标，进行智能指挥等。

随着计算机技术的飞速发展，计算机将呈现小型化、网络化、多样化的发展趋势。相应产生袖珍计算机、手机计算机化、网络计算机、光计算机、DNA 计算机、生物计算机、高速超导计算机、量子计算机等。

1.2.2 计算机系统概述

计算机系统是由紧密相关的硬件系统和软件系统所组成。二者协同工作，缺一不可。硬件系统指用电子器件和机电装置组成的计算机实体。软件系统指为计算机运行工作服务的全部技术和各种程序。计算机系统结构如图 1-1 所示。

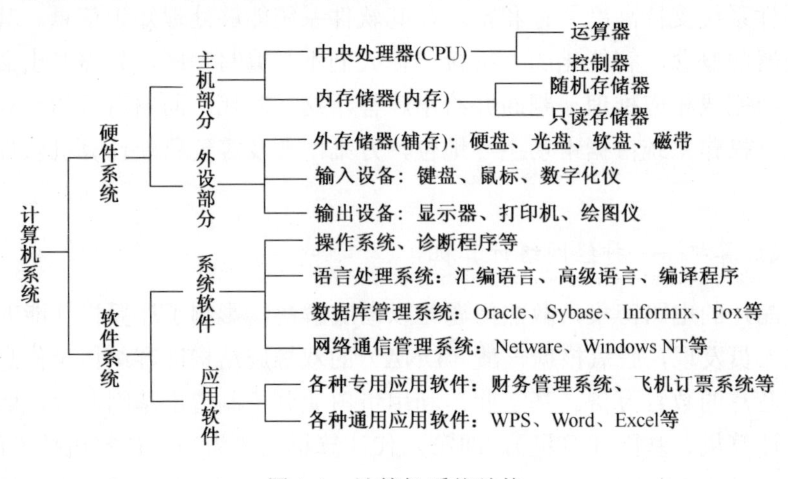

图 1-1 计算机系统结构

1. 硬件系统

计算机的硬件系统通常有“五大部件”组成：输入设备、输出设备、存储器、运算器和控制器，其构成了计算机系统骨架。

1）输入设备

将数据、程序、文字符号、图像、声音等信息输送到计算机中的设备称为输入设备。常用的有：键盘、鼠标、数字化仪器、光笔、光电阅读器和图像扫描器以及各种传感器等。

2）输出设备

将计算机的运算结果或者中间结果打印或显示出来的设备称为输出设备。常用的输出设备有：显示器、打印机、绘图仪等。

3）存储器

存储器是计算机系统中的记忆设备，用来存放程序和数据。计算机处理数据时将输入设备接收到的信息以二进制的数据形式存到存储器中。存储器分为内存储器和外存储器两种。

4）运算器

运算器又称为算术逻辑单元，是完成各种算术运算和逻辑运算的装置，能作加、减、乘、除等数学运算，也能进行比较、判断、查找、逻辑等运算。运算器中的数据取自内存，运算结果又送回内存，其对内存的读/写操作是在控件器的控制之下完成的。

5）控制器

控制器是计算机的指挥中心，负责决定执行程序的执行顺序。其功能依次是从存储器中取出指令、翻译指令、分析指令、向其他部件发出控件信号，指挥计算机各部件有条不紊地协同工作。控件器由程序计数器、指令寄存器、指令译码器、时序产生器和操作控制器组成。

2. 软件系统

软件系统是指由系统软件、支撑软件和应用软件所组成的，用于指挥计算机工作的程序及程序运行时所需的数据。它是计算机系统中由软件组成的部分，主要包括操作系统、语言处理系统、数据库系统、分布式软件系统和人机交互系统等。

1）操作系统

操作系统是对计算机硬件资源和软件资源进行控制和管理的大型程序，它是管理系统资源并为用户提供操作界面的系统软件的集合，其他软件必须在操作系统的支持下才能运行。操作系统一般包括进程管理、作业管理、存储管理、设备管理、文件管理等功能。目前常用的操作系统有 Windows XP、Windows 2003、Vista、Linux 等。

按用户使用的操作环境及功能特征的不同，可将操作系统分为 3 种基本类型：批处理系统、分时系统和实时系统。随着计算机体系结构的发展，又出现了嵌入式操作系统、分布式操作系统和网络操作系统。

2）数据库系统

数据库系统（DBS）主要由数据库（DB）和数据库管理系统（DBMS）组成。数据库是长期存储在计算机内的有组织、可共享、可变换多种形式的大量数据的集合。数据库管理系统是对数据库进行管理的软件系统，是数据库系统的核心。DBMS 在计算机系统中位于操作系统与用户或应用程序之间，主要任务是科学有效地组织和存储数据、高效地获取和管理数据、接受和完成用户提出访问数据的各种请求。常见的 DBMS 有 Microsoft Access、Oracle、Microsoft SQL Server、MySQL、DB2 等。

3）程序设计语言

程序设计语言，通常简称为编程语言，是一组用来定义计算机程序的语法规则。它是一种被标准化的交流技巧，用来向计算机发出指令。指令是能被计算机直接识别与执行的指示计算机进行某种操作的命令，CPU 每执行一条指令，就完成一个基本运算。

程序设计语言大致经历了：机器语言、汇编语言、高级语言、极高级语言及自然语言五个时代。目前较为常用的程序设计语言有：C 语言、C++语言、Java 语言等。

1.3　常用计算机应用软件

计算机应用软件在许多领域辅助人们更好地完成工作。根据软件的实际用途及针对的使用对象，其一般可分为：专业应用领域的专业软件，如“金蝶财务软件”“企业管理信息系统”“自动化控制软件”等；通用应用软件，如“Office 办公自动化软件”“多媒体应用软件”等。

1.3.1 办公自动化软件

办公自动化软件是目前最常使用的通用应用软件之一。Microsoft Office 软件是此类中的主流软件，其是一个集成的办公自动化软件包，包含四个核心应用软件：文字处理软件 Word、电子表格处理软件 Excel、演示文稿处理软件 PowerPoint、数据库管理与应用软件 Access。Microsoft Office 已推出多个版本，目前最普遍使用的是 Microsoft Office2010、Microsoft Office2013 版本。

1. 文字处理软件 Word

Word 是 Office 套件中最重要的、使用最广泛的软件，也是功能最强大的文字处理软件，适用于制作各种文档，如文件、信函、传真、报纸、简历等，还具有表格制作、邮件合并等多种功能。

2. 电子表格处理软件 Excel

Excel 可制作各种复杂的电子表格，完成琐碎的数据计算，可以将枯燥的数据转化为各种形式的图表直观地显示出来，大大增强了数据的可视性，并且可以将各种统计报告和统计图表打印输出。通过应用 Excel，用户可以大大提高数据处理的工作效率。

3. 演示文稿处理软件 PowerPoint

PowerPoint 是电子演示文稿制作及播放的有利工具，可以创建内容丰富、形象生动、图文并茂、层次分明的学术报告、产品展示、教育讲座、电子课件等。其提供了大量专用模板，可帮助不同用户快速完成演示文稿的制作。

4. 数据库管理与应用软件 Access

Access 适用于小型商务活动，用以存储和管理商务活动所需要的数据。Access 不仅可以存储数据，而且还具有强大的数据管理功能，可以方便地利用各种数据源，生成窗体（表单）、查询、报表和应用程序等。其主要包含表、查询、窗体、报表、宏和模块 6 个对象。

1.3.2 多媒体应用软件

媒体也称为媒质或媒介，是表示和传播信息的载体。文字、声音、图形、音像、动画和视频等各种已知或未知的信息载体都可称为媒体。处理多媒体数据的技术称为多媒体技术，即多媒体技术是指对文字、音频、视频、图形、图像和动画等多媒体信息通过计算机进行数字化采集、获取、压缩/解压缩、编辑和存储等加工处理，再以单独或合成形成表现出来的一体化技术。目前多媒体技术广泛应用于信息产业、商业、办公系统、教学、演讲等活动中。常用的多媒体软件有：图像处理软件 Photoshop、动画设计软件 Flash、视频编辑软件 Premiere 等。

1. 图像处理软件 Photoshop

图像处理软件的主要作用是对构成图像的数字进行计算，处理和进行编码，以此形成新的数字组合的描述，从而改变图像的视觉效果。Photoshop 是美国 Adobe 公司的一个功能强大的图像处理软件，在图像编辑领域处于领先地位，越来越多的艺术家和设计者用它创造出许多优秀的作品。图像主要分为位图和矢量图两类，位图是由许多像素点组成的图像，其文件格式有 BMP、JPG、PSD；矢量图又被称为向量图，是一种描述性的图形，一般是以数字方式来定义直线或曲线，其常用文件格式有 3DS、DXF、WMF 等。Photoshop 是处理位图的常用工具。

2. 动画设计软件 Flash

动画是动态生成系列相关画面以产生运动视觉的技术。动画能创建运动图像主要是基于人的视觉原理，在一定时间内连续快速观看一系列相关联的静止画面时，会感觉成连续动作，每个单幅画面被称为帧。常见的动画文件格式有 GIF、FLIC、SWF、AVI、MOV、QT 等。Flash 是一款优秀的矢量动画编辑软件，主要是应用于制作 Web 站点动画、图像及应用程序。Flash 是一款二维动画设计与制作的常用软件，具有很强的交互功能。

3. 视频编辑软件 Premiere

当连续的图像变化超过每秒 24 帧画面以上时，根据视觉暂留原理，人眼无法辨别每副单独的静态画面，看上去是平滑连续的视觉效果，这样的连续画面叫做视频。一般视频操作分为采集、编辑、输出三部分。Premiere 是 Adobe 公司推出的产品，它是一款非常优秀的视频编辑软件，能对视频、声音、动画、图片、文字进行编辑加工，并最终生成电影文件。

1.4 计算机网络

计算机网络是计算机技术与通信技术紧密结合的产物，它的出现推动了信息产业的发展，对当今社会经济的发展起着非常重要的作用。

1.4.1 计算机网络发展历程

计算机网络的产生可追溯到 20 世纪 50 年代，几十年的发展中共经历了四个阶段。

（1）远程终端联机阶段，产生于 20 世纪 50 年代初，它将一台计算机经过通信线路与若干台终端直接相连，计算机处于主控地位，承担着数据处理和通信控制的工作，而终端一般只具备输入输出功能，处于从属地位。

（2）现代计算机网络阶段，产生于 20 世纪 60 年代中期，它是利用传输介质将具有自主功能的计算机连接起来的系统，其标志是美国国防部高级研究计划局研制的 ARPANET（阿帕网），该网络首次使用了分组交换技术，为现代计算机网络的发展奠定了基础。

（3）体系结构标准化的计算机网络阶段。20 世纪 70 年代后期，各种各样的商业网络纷纷建立，并提出各自的网络体系结构。比较著名的有 IBM 公司于 1974 年公布的系统网络体系结构（SNA）和美国 DEC 公司于 1975 年公布的分布式网络体系结构（DNA）。

（4）以 Internet 为核心的计算机网络阶段。进入 20 世纪 90 年代，计算机技术、通信技术及计算机网络技术得到了迅猛发展。Internet 的建立，把分散在各地的网络连接起来，形成一个跨越国界范围、覆盖全球的网络。目前，Internet 已成为为类重要的资源宝库，正在改变着人类的生活与生产方式。

1.4.2 计算机网络的分类

IEEE（国际电子电气工程师协会）根据计算机网络地理范围的大小进行了网络划分，分为局域网、城域网和广域网。

1. 局域网（LAN）

局域网是指地理覆盖范围在几米到几十千米以内的计算机网络，一般为一个单位或一个部门组建、维护和管理（如校园网、企业网络）。局域网有以下四个特点。

（1）覆盖范围小。

（2）信道带宽大，数据传输率高，一般在 10～1000Mbit/s，数据传输延迟小，误码率低。

（3）易于安装，便于维护。

（4）局域网的拓扑结构简单，常用总线型、星型、环形结构。常用的传输介质是双绞线、同轴电缆（一种传统的传输介质，现代计算机之间的通信已经不用这种传输介质了），光纤、无线传输介质（微波、红外线、无线电波、激光等）。

2. 城域网（MAN）

我们通常把覆盖一座城市或地区的计算机网络称为 MAN，作用范围为 5～50km，传输速率一般为 30Mbit/s～1Gbit/s，城域网由政府或大型企业集团、公司组建，传输介质主要是光纤。

3. 广域网（WAN）

广域网覆盖范围通常在 50km 以上，一般为多个城域网的互连，如 ChinaNet（中国公用计算机网），甚至是全世界各个国家之间网络的互连，如 Internet，因此广域网能实现大范围的资源共享。

1.4.3 Internet 的基本服务

Internet 是全球最大的互联了众多网络的开放计算机网络，Internet 构建了一个数字地球，“拉近”了人们间的距离，使世界变成了一个“地球村”。Internet 以不同的方式提供给人们多种服务。

1. WWW 服务

WWW（World Wide Web）被译为全球信息网、万维网，简写为 Web。WWW 以超文本标记语言（HTML）与超文本传输协议（HTTP）为基础，能够以友好的接口提供 Internet

信息查询服务。这些信息资源分布在全球数以亿万计的 WWW 服务器（或称 Web 站点）上，并由提供信息的网站进行管理和更新。

2. FTP 与 Telnet 服务

FTP（文件传输协议）是 Internet 上使用广泛的文件传送协议。FTP 能屏蔽计算机所处位置、连接方式以及操作系统等细节，而让 Internet 上的计算机之间实现文件的传送。

Telnet（远程登录）是由本地计算机通过 Internet 登录到另一台远程计算机上，这台计算机可以就在你的隔壁，也可以在地球的另一端。

3. 电子邮件服务

电子邮件（Email）是一种利用计算机网络交换电子信件的通信手段，它是 Internet 上最受欢迎的一种服务。

4. IP 电话服务

IP 电话又称网络电话，狭义上指通过 Internet 打电话，广义上则包括语音、传真、视频传输等多项电信业务。Internet 的 IP 电话采用“存储—转发”的方式传输语音数据，传输数据过程中，通信双方不独占电路，并对语音信号进行了大比例的压缩处理，因此，网络电话所占用的通信资源大大减少，节省了长途通信费用。IP 电话有计算机与计算机、计算机与电话、电话与电话三种通信方式。

5. 即时通信服务

即时通信（IM）服务有时称为“聊天”软件，它可以在 Internet 上进行即时的文字信息、语音信息、视频信息、电子白板等方式的交流，还可以传输各种文件。即时通信软件非常多，常用的客户端软件主要有我国腾讯公司的 QQ 和美国微软公司的 MSN。QQ 目前主要用于在国内进行即时通信，而 MSN 可以用于国际 Internet 的即时通信。

6. 网络信息搜索

Internet 是一个巨大的资源宝库，信息搜索是其提供的重要服务之一。在“浩如烟海”的信息海洋中搜索需要的信息，需借助一定的搜索技术。Web 搜索技术的研究是计算机领域的热点问题。搜索引擎是辅助信息快速查找的工具，目前流行的搜索引擎有“Google”“百度”“Inktomi”“中搜”等。

1.5　计算机技术发展趋势

1.5.1　计算机发展

电子计算机发展到第三代，开始出现了小型化倾向，进入 20 世纪 90 年代以来，笔记本电脑受到人们的欢迎，与此同时，袖珍计算机、手机计算机相继推出。计算机技术的发展，也推动着其应用领域的速度扩展，计算机呈现出多样化的趋势。

1. 光计算机

光计算机又叫光脑，利用光作为载体进行信息处理，其运算速度比普通电子计算机快1000 倍。光计算机可在高温下也可工作且具有信息存储量大、抗干扰能力强等优点。据Gartner Dataquest 发布的一份调查和预测报告显示，目前光计算机的许多关键性技术，如光的存储技术、光存储器及光集成电路等已取得重大突破。

2. DNA 计算机

DNA 计算机是一种生物形式的计算机。它是利用 DNA（脱氧核糖核酸）建立的一种完整的信息技术形式，以编码的 DNA 序列为运算对象，通过分子生物学的运算操作以解决复杂的数学难题。2000 年 11 月，世界上第一台 DNA 计算机研制成功，我国第一台 DNA 计算机于 2004 年 11 月由上海交通大学研制成功。DNA 计算机具有体积小、存储量大、运算快、耗能低、并行性等优点。未来的 DNA 计算机在研究逻辑、破译密码、基因编程、疑难病症防治以及航空航天等应用领域具有独特优势。DNA 计算机的出现使在人体内、细胞内运行的计算机研制成为可能，其能够充当监控装置，发现潜在的致病变化，还可以在人体内合成所需的药物，治疗癌症、心脏病、动脉硬化等各种疑难病症，甚至在恢复盲人视觉方面，也将大显身手。

3. 量子计算机

量子计算机是一类遵循量子力学规律进行高速数学和逻辑运算、存储及处理量子信息的物理装置，早先由理查德• 费曼提出，2009 年 11 月 15 日，世界首台量子计算机正式在美国诞生。但目前量子计算机耗能高、寿命短，不能成为真正实用的计算机。据美国技术预测组织预测，2020 年前后，量子计算机技术才能初步实现实用化。

4. 可穿戴计算机

"可穿戴计算机"的概念早在 1955 年就被 Edward O.Thorp 提出，其初衷是为了在"轮盘赌"的赌博游戏中，对现场数据实时采集并进行预测。1966 年 ，Edward O.Thorp 与 Claude Shannon 共同研制出的第一台可穿戴计算机问世。可穿戴计算机是新一代个人移动计算系统和数字化产品，其能像衣服一样"穿戴"在身上，并能在任何条件下使用它 ，甚至能够像人的助理一样为人们自动、主动地提供计算服务。美国国防部的"陆地勇士"概念最早在 1991 年正式提出，该项目旨在形成这样一种战斗力量：将小型武器与高科技设备紧密集成，能够打赢 21 世纪地面战争的军事力量。可穿戴计算机的硬件技术正处于快速发展的时期，相应的特殊硬件技术也不断地推出新的产品。

1.5.2 计算机软件

19 世纪 60 年代，阿达・洛芙莱斯使用机械式计算机编写软件，成为第一个写软件的人。真正意义上的计算机软件的发展由程序设计阶段到软件工程时代已经历了三个阶段。随着软件技术的发展，软件设计方法也不断发展，2001 年提出了敏捷软件设计理念，敏捷过程强调在实践中协作。由于传统软件开发方法的系统可扩展性和环境适应性差的缺陷提出了基于构件技术的柔性软件开发方法，该方法可提高系统的可扩展性和灵活性，满足用户个性化需求，对内外部环境变化有较强的适应能力。

为解决软件体系结构设计复杂性问题，以决策为中心的体系结构设计方法被提出。依据体系结构层次设计的决策抽象和问题分解原则，对体系结构进行建模，并通过一个从导出体系结构关键问题到对体系结构方案决策的过程完成设计从而降低了体系结构设计的复杂性。

1.5.3　网络技术

1. 网络发展趋势

如今，互联网的使用日益普遍，已成为人们工作和生活中的重要组成部分。然而，随着用户数量的急剧膨胀，网络信息资源呈几何级数剧增，互联网正变得越来越拥挤。1992年，美国政府宣布启动“下一代互联网NGI”计划，主要目标是：建设高性能的边缘网络。1998年，Internet 2计划开始了动作实验，2007年秋，Internet 2协会宣布已完成了下一代互联网Internet 2的基础架构，并已开始运行，在某种程度上，Internet 2已成为全球下一代互联网建设的代名词。

2. 网络应用趋势

（1）应用于宇宙及生命形成研究。超高速网络问世与欧洲核子研究中心的大型强子对撞机（LHC）工程息息相关，LHC是目前世界上在建的最大强子对撞机，可帮助人类研究银河、行星以及地球上生命形成过程。

（2）遥控外科手术。随着网络应用先进技术的进展，外科手术有望在不远的将来实现网上遥控操作。

（3）未来办公室。网络将改变办公室地理受限的状况，使地理上距离遥远的人们能在一种真实的、远程合作的环境协同工作，使用虚拟现实技术，创建一个与现实办公室相同的视觉平台，实现更自然的互联办公环境。随着网络技术的不断发展，将带动各领域的网络应用发展，如家庭网络应用、问题求解环境的构建、遥控显微镜和远程教育、纳米控制等。

1.5.4　计算机应用

随着计算机技术的发展，计算机应用技术也不断推进。主要体现在科学计算可视化、核磁共振与核磁共振成像、电子成像、普适计算、虚拟仪器与数字制造、数字地球与数字城市、智慧地球与智慧城市等应用。

1. 科学计算可视化

科学计算可视化（visualization in scientific computing）是发达国家20世纪80年代后期提出并发展起来的一门新兴技术。它将科学计算过程中涉及计算结果的数据转换为几何图形及图像信息在屏幕上显示出来并进行交互处理，成为发现和理解科学计算过程中各种现象的有力工具。可视化技术自诞生之日起，便受到了各行各业的欢迎，到今天它几乎涉及所有应用计算机的领域，如医学、生物与分子学、航天工业、人类学与考古学、地质勘探、立体云图等。

2. 普适计算

普适计算（pervasive computing 或 ubiquitous computing）是指在普适环境下使人们能够使用任意设备、通过任意网络、在任意时间都可以获得一定质量的网络服务技术。普适计算的概念最早由施乐公司 PALOATO 研究中心的首席技术官 MarkWeiser 提出。他在1991 年指出“21 世纪的计算将是一种无所不在的计算模式”，他认为，最深刻和强大的技术是“看不见的”技术，是那些融入日常生活并消失在日常生活中的技术。在普适计算时代，各种具有计算和联网能力的设备将变得像现在的水、电、纸、笔一样，随手可得，不再局限于桌面，它将被嵌入到人们的工作、生活空间中。普适计算是当前计算技术的研究热点，也被称为第三种计算模式。

众多业界均有普适计算项目推出，较为典型的项目有下面两个。

（1）麻省理工学院的 Oxygen 项目：将固定计算设备和移动设备通过可自动配置的网络连接起来。

（2）AT&T 实验室和英国剑桥大学合作的项目 Sentient Computing：通过用户接口、传感器，以及建立资源数据等手段，为系统提供基于用户和位置的数据更新能力，系统可无缝扩展到整个建筑物。

随着普适计算技术的推进，将实现普适计算智能教学、普适医疗服务系统、普适网络等应用，其“无时不在、无处不在而又不可见”的强大优势，将渗透到人们生活的方方面面。

3. 数字地球与数字城市

数字地球是以计算机技术、多媒体技术和大规模存储技术为基础，以宽带网络为纽带运用海量地球信息对地球进行多分辨率、多尺度、多时空和多种类的三维描述，并利用它作为工具来支持和改善人类活动和生活质量。1998 年 1 月，美国副总统戈尔第一次提出“数字地球”概念，至此，“数字地球”迅速风靡全球。“数字地球“的核心是地球空间信息科学，其技术核心是“3S”技术及其集成。所谓 3S 是全球定位系统（GPS）、地理信息系统（GIS）、遥感（RS）统称。数字地球不仅包括高分辨率的地球卫星图像，还包括数字地图，以及经济、社会和人口等方面的信息。它对人类社会可持续发展、经济生活、农业、交通、科学技术研究、现代化战争都将产生巨大影响。

数字城市是综合运用地理信息系统、遥感、遥测、多媒体及虚拟仿真等技术，对城市的基础设施、功能机制进行自动采集、动态监测管理和辅助决策服务的技术系统。数字城市分为企业、社区和个人三个层次。其关键为宽带网络、海量存储、数据库、数据共享与互操作、可视化与虚拟现实及超链接技术。

4. 智能地球与智能城市

2008 年 11 月 6 日，IBM 总裁兼首席执行官彭明盛在纽约市外交关系委员会发表题为

《智慧地球：下一代的领导议程》的重要演讲，首次提出了“智慧地球”的概念，给全人类构想了一个全新的空间：让社会更智慧地进步，让人类更智慧地生存，让地球更智慧地运转。智慧地球（Smart Planet）也称为智能地球。把感应器嵌入、装备到电网、铁路、桥梁、隧道、公路、建筑、供水系统、大坝、油气管道等各种物体中，并且被普遍连接，形成所谓的“物联网”。同时，通过超级计算机和云计算将“物联网”整合起来，实现人类社会与物理系统的整合。在此基础上，人类可以以更加精细和动态的方式管理生产和生活，从而达到“智慧”状态。

物联网，即“物物相联的互联网络”，它是指通过射频识别、经外感应器、全球定位系统、激光扫描等信息传感设备，把任何物品与互联网连接起来，进行信息交换和通讯，以实现智能化识别、定位、跟踪、监控和管理的一种网络。物联网之前被称为传感网，其概念最早是在 1999 年美国召开的移动计算和网络国际会议上提出的，我国中科院早在 1999 年就启动了传感网的研究。

云计算（cloud computing）是一种基于 Internet 的超级计算模式，在远程的数据中心里，成千上万台电脑和服务器连接成一片电脑“云”，用户通过电脑、笔记本、手机等方式接入数据中心，按自己的需求进行运算。云计算因具有超大规模、虚拟化、高可靠性、通用性、高可扩展性、按需服务及其廉价等特点，受到各大公司的青睐及推动，发展非常迅速。

智慧城市是指城市“互联网+物联网”的物物相联，通过超级计算机和云计算将其整合，实现人类社会与物理世界的融合。“智慧城市”可以有效地实现城市网格化管理和服务，它以智能科技为核心，整合智能交通、智能医疗、智能家政等服务必将极大地改变人类的生活、生产方式，更好地服务人类。

本 章 小 结

21 世纪是以信息技术和生物技术为核心的科技进步与创新的世纪，信息作为一种新的生产要素正发挥着重要的作用，而信息技术作为一种提高或扩展人类对信息的认识、收集、处理的方法、手段，在推动社会信息化建设中发挥着极其重要的作用。计算机技术是信息技术中的重要组成部分，是依托计算机软、硬件的信息处理技术。计算机技术已渗透到社会各个领域，其发展及应用对人类社会的生产和生活产生了极其深刻的影响。本章系统地介绍了信息技术、计算机技术的相关概念、计算机软件系统、硬件系统、计算机网络技术、信息检索技术、网络安全及计算机发展的基础知识，通过本章的学习了解信息技术、计算机技术相关知识，为后续的学习奠定良好基础。

本 章 习 题

一、巩固理论

1. 信息技术、计算机技术的概念。

2．计算机系统包括几大部分？

3．请列举五个计算机常用应用软件。

4．什么是多媒体技术，常用多媒体软件有哪些？

5. 信息检索常用技术有哪些？

二、知识扩展

1．通过互联网或相关书籍，查找计算机新技术包括哪些。

2．查找相关资料，了解新一代计算机的研究现状。

3．查找相关资料，了解最新的信息技术。

第 2 章　计算机系统结构

本章学习目标

- 掌握计算机系统结构（硬件系统、软件系统）
- 掌握组成计算机的主要硬件
- 掌握二进制和十进制的相互转换
- 了解计算机的主要性能指标
- 了解计算机的工作过程

2.1　计算机系统概述

现在通用的计算机系统是由紧密相关的硬件系统和软件系统组成。二者协同工作，缺一不可。硬件系统指用电子器件和机电装置组成的计算机实体。软件系统指为计算机运行工作的全部技术和各种程序。

硬件系统和软件系统是一个完整计算机系统互相依存的两大部分，它们的关系主要体现在以下三个方面。

（1）**硬件和软件互相依存。**硬件是软件赖以工作的物质基础，软件的正常工作是硬件发挥作用的唯一途径。计算机系统必须要配备完善的软件系统才能正常工作，才能充分发挥其硬件的功能。

（2）**硬件和软件无严格界限。**随着计算机技术的发展，在许多情况下，计算机的某些功能既可由硬件实现，也可由软件实现。因此，硬件与软件在一定意义上来说没有绝对严格的界限。

（3）**硬件和软件协同发展。**计算机软件随着硬件技术的迅速发展而发展，而软件的不断发展与完善又促进硬件的更新换代，两者密切地交织发展，缺一不可。

2.2　计算机硬件系统

计算机经过几十年的发展，已形成了一个完备而庞大的家族。不同计算机的性能、用途虽然有所区别，但它们在硬件结构上大都沿用了**冯·诺依曼计算机体系结构**，即计算机硬件系统主要由运算器、控制器、存储器、输入设备和输出设备五部分组成。

在日常生活中，会遇到不同进制的数，如十进制数，逢十进一；一周有 7 天，逢七进一。计算机是以二进制方式组织和存放信息的，任何形式的数据，无论是数字、文字、图形、图像、声音、视频进入计算机都必须进行 0 和 1 的二进制编码转换，为了书写和表示方便还引入了八进制数和十六进制数。无论哪种数值，其共同之处都是进位计数制。

2.2.1 进位计数制

在采用进位计数的数字系统中，如果只用 r 个基本符号（如 0，1，2，…，r-1）表示数值，则称其为基 r 数制（Radix-r Number System），r 称为该数值的**基数**（Radix），而数值中每一固定位置对应的单位值称为**权**。表 2-1 是常用的几种进制计数制。

表 2-1 计算机中常用的进制计数制

进位制	二进制	八进制	十进制	十六进制
规则	逢二进一	逢八进一	逢十进一	逢十六进一
基数	r=2	r=8	r=10	r=16
基本符号	0，1	0，1，2，…，7	0，1，2，…，9	0，1，2，…，9，A，B，…，F
权	2i	8i	10i	16i
形式表示	B	O	D	H

不同的数制有共同的特点：采用进位计数制方式，每一种数制都有固定的基本符号，称为“数码”；都使用位置表示法，即处于不同位置的数码所代表的值不同，与它所在位置的“权”值有关。例如，在十进制数中，678.34 可表示为：

$$678.34=6\times10^2+7\times10^1+8\times10^0+3\times10^{-1}+4\times10^{-2}$$

可以看出，各种进位计数制中权值恰好是基数 r 的某次幂。因此，对任何一种进位计数制表示的数 $a_{n-1}a_{n-2}\cdots a_1a_0.a_{-1}a_{-2}\cdots a_{-m}$ 都可以写出按其权展开的多项式之和，即任意一个 r 进制数 N 可表示为：

$$N=a_{n-1}\times r^{n-1}+a_{n-2}\times r^{n-2}+\cdots+a_1\times r^1+a_0\times r^0+a_{-1}\times r^{-1}+\cdots+a_{-m}\times r^{-m}$$

其中，a_i 是数码，r 是基数，r^i 是权；不同的基数表示不同的进制数。例如，$(345.21)_o=3\times8^2+4\times8^1+5\times8^0+2\times8^{-1}+1\times8^{-2}$。

2.2.2 数制间的转换

将数由一种数制转换成另一种数制称为数制间的转换。由于计算机采用二进制数，而在日常生活或数学中人们习惯使用十进制数，所以在使用计算机进行数据处理时就必须把输入的十进制数换算成计算机所能识别的二进制数，计算机在运行结束后在把二进制数换算为人们所熟悉的十进制数，换算过程完全由计算机系统自行完成。

1. 十进制数转换成非十进制数

将十进制数转换成非十进制数分为整数部分和小数部分。

（1）十进制整数转换成非十进制整数。十进制整数化为非十进制整数采用“余数法”，即除基数取余数。把十进制整数逐次用任意进制数的基数去除，一直到商是 0 为止，然后将所得到的余数从右到左排列，首次取得的余数排在最右。

【例 2.1】 把十进制整数 75 转换成二进制数。

解

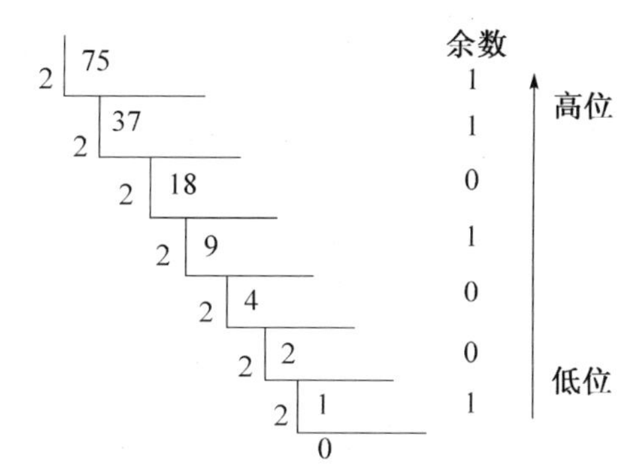

结果：$(75)_{10} = (1001011)_2$

（2）十进制纯小数转换成二进制小数。将此数乘 2 取整数，直到小数部分为 0 或达到精度要求为止，然后正向取整。十进制小数换成二进制数。整数部分和小数部分分别转换，然后组合到一起。

（3）十进制转换成八进制、十六进制的整数和小数的方法和十进制转换成二进制的方法类似，只是将基数由 2 分别换成 8 和 16 即可。

【例 2.2】 $(25.66)_{10}$=$(11001.1010)_2$

解　　整数部分：

余数
2 | 25　1
2 | 12　0
2 | 6　0
2 | 3　1
2 | 1　1
0

小数部分：

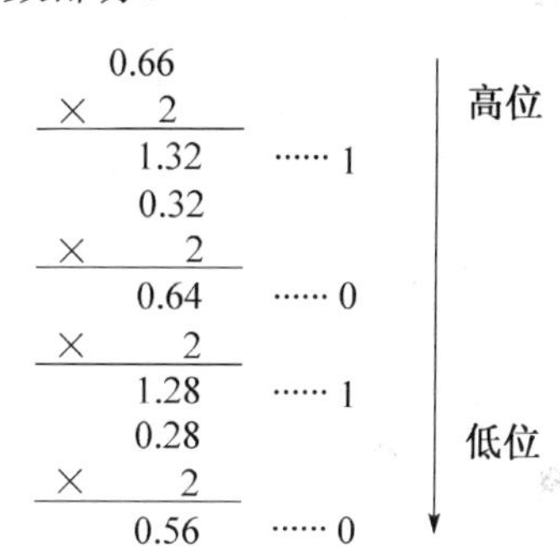

2．二进制、八进制、十六进制转换成十进制

二、八、十六进制数转换成十进制数可采用按位权展开求和的方法（位权表示法），即可写出该进制数的位权展开多项式，再按十进制运算法则进行运算，运算结果即为所求。

2.2.3　计算机中的信息单位

计算机中常用的信息单位有位、字节、千字节、兆字节、吉字节、太字节。

1．位

位（bit）是计算机中表示信息的最小数据单位，1 位即一个二进制基本元素（0 或 1）。如字母“A”在电脑中用二进制表示就是 01000001，共有 8 个二进制位。

2．字节

字节（Byte）是计算机中来表示存储空间大小的最基本的容量单位，8 个二进制位称为一个字节。在计算机和通信领域，通常用 B 表示 byte，用 b 表示 bit。英文字母的 ASCII 码占用 1 个字节存储空间，一个汉字的机内码占用 2 个字节存储空间。

3. 千字节

千字节（KiloBytes，KB），1KB 等于 1024B，如在 Windows XP 中，Windows 目录下的记事本文件 notepad.exe 大小为 65KB。

4. 兆字节

兆字节（MegaBytes，MB），1MB 等于 1024KB，如一条内存的容量为 512MB，一个 U 盘的容量为 1024MB。

5. 吉字节

吉字节（Gigabytes，GB）即千兆字节，1GB 等于 1024MB，如一个硬盘容量为 120GB。

6. 太字节

太字节（TeraBytes，TB），1TB 等于 1024GB。

随着计算机技术和计算机网络技术的普及，数据量越来越多，现已存在 PB、EB、ZB、YB 、NB、DB 级的数据存储单位。

2.2.4 计算机硬件组成

1. 微型计算机主机板（主机）

在硬件系统中，CPU 和内存储器一起组成主机部分，所以主机是有特定含义的。除去主机以外的硬件装置（如输入设备、输出设备、外存储器等）称为外围设备或外部设备。通常生产厂家将微型机的主机制作在一块印刷电路板上，这就是通常所说的主机板，**简称主板（也称母板）**，如图 2-1 所示。

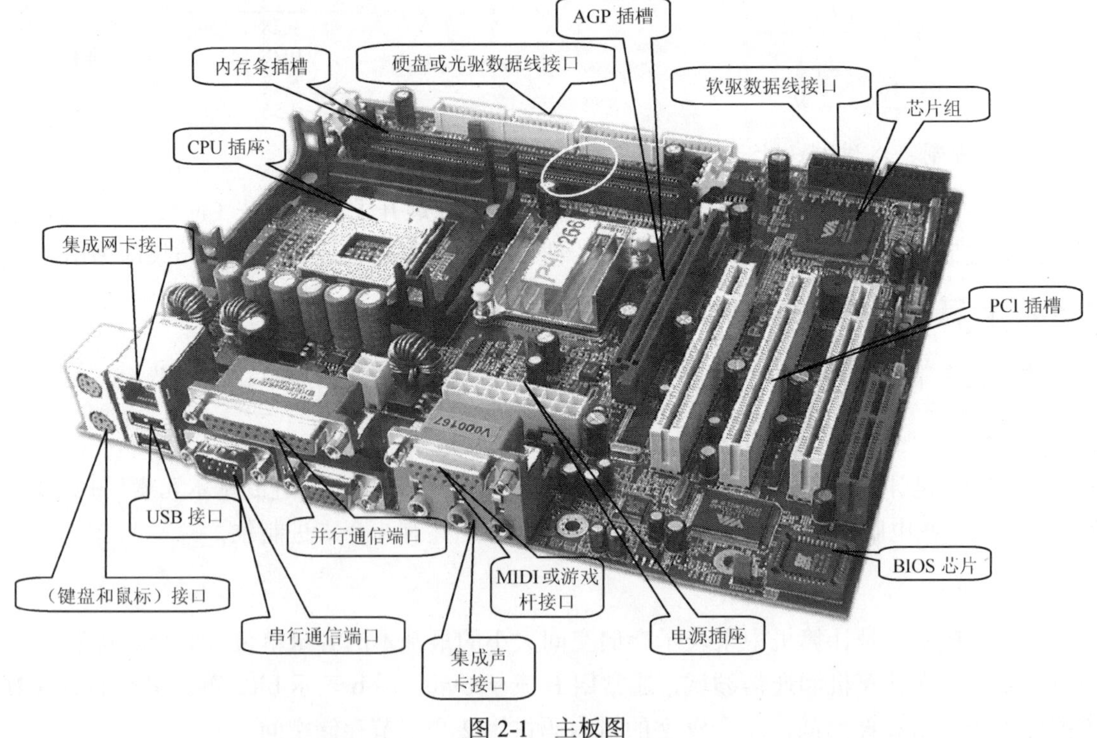

图 2-1 主板图

2. 微型处理器 CPU（central processing unit）

CPU 是中央处理器的英文缩写，是运算器与控制器两者的统称，如图 2-2 所示。从其名称可知它是计算机的核心和关键部件，计算机的性能主要取决于 CPU。

（1）运算器（arithmetic logic unit，ALU），又称算术逻辑部件，是计算机用来进行数据运算的部件。它是由算术逻辑单元和寄存器等组成，用于完成各种算术运算、逻辑运算及移位、传送、比较等操作。

图 2-2　CPU

（2）控制器（control unit）是计算机的指挥系统，控制、管理计算机系统各个部件协调一致、有条不紊的工作。它主要由指令寄存器、译码器、时序电路等组成。控制器通过地址访问存储器，逐条取出每个单元的指令、分析指令，并根据指令产生相应的控制信号作用于其他各个部件，控制其他部件完成指令要求的操作。

3. 存储器（memory）

存储器是计算机中具有记忆能力的部件，用来存放程序或数据。程序和数据是两种不同的信息，应放在不同的地方，两者不可混淆。计算机执行程序，将从程序所在地址的第一条指令开始执行。指令总是送到控制器，而数据则总是送到运算器。存储器就是这样一种能根据地址接收或提供指令或数据的装置。计算机存储器可分为两大类：内存储器和外存储器。

1）内存储器

内存储器简称内存，又称主存，是主机的组成部分，用于存放当前正在使用的或随时要使用的程序或数据。它是 CPU 能根据地址线直接寻址的存储空间（即 CPU 可直接访问），由半导体器件制成。其特点是密度大、体积小、重量轻、存取速度快。但价格较贵，容量不可能配置的非常大。衡量内存的常用指标有容量和存取周期（速度）。主机中的内存条如图 2-3 所示。

图 2-3　内存条

（1）随机存储器（random access memory，RAM）。RAM 在计算机工作时，既可从中读出信息，也可随时写入信息，所以 RAM 是一种在计算机正常工作时可读 / 写的存储器。

（2）只读存储器（read only memory，ROM）。ROM 与 RAM 的不同之处是它在计算机正常工作时只能从中读出信息，而不能写入信息。ROM 的最大特点是不会因断电丢失信息，可靠性高。

（3）高速缓冲存储器（cache）。现在 CPU 工作频率不断提高，CPU 对 RAM 的读写速度要求更快。因此，RAM 读写速度成了系统运行速度的关键。

2）外存储器

外存储器简称外存，它作为一种辅助存储设备，主要用来存放一些暂时不用而又需长期保存的程序或数据，CPU 不能直接访问其中的信息。

（1）磁盘存储器。磁盘是计算机系统中最重要的外部存储器，有软盘与硬盘之分，都属于磁表面存储设备，其信息存储是一种电磁转换过程，是通过磁头与盘片相对运动来实现的。

①软盘存储器。软盘存储器由软磁盘、软磁盘驱动器和软磁盘控制卡组成。

软磁盘：表面涂有磁性物质的聚酯塑料薄膜圆盘。为保持软盘不被玷污和磨损，把它封装在一个方形保护套中，构成一个整体。从外观上看，它由读写口、写保护口和外壳等组成，其中，读写口是完成数据读写操作的；写保护口是软盘上保护数据的装置。

软盘驱动器：对应不同类型、尺寸的软盘有不同的驱动器。由磁头、读写电路、盘片驱动机构、磁头定位机构、软磁盘控制系统组成。

软盘控制卡：软盘驱动器通过软盘控制卡（软盘驱动器适配器）与主机间传递信息。它插在扩展槽中，实现主机与驱动器之间命令、数据、状态的传送、解释、转换。

②硬盘存储器。硬盘存储器由硬磁盘、硬盘驱动器和硬盘控制卡构成。硬磁盘是在精密加工的铝合金基片上涂以磁性材料，再进行精密研磨和抛光而制成的。

（2）光盘存储器。利用激光技术存储信息的装置，由光盘片和光盘驱动器构成，可分为以下四种。

①只读光盘 CD-ROM。存储信息的方法是用冲压设备把信息压制在光盘表面（用户自己不能制作），信息以 0、1 存入，盘片上平坦的表面表示 0，凹坑端部表示 1。

②一次写入型光盘 CD-R（Compact Disk-Recordable）。

③可重复写入的光盘 CD-RW（Compact Disk-ReWritable）。

④数字通用光盘（也叫视频光盘） DVD-ROM。DVD-ROM 是 CD-ROM 的后继产品，DVD-ROM 盘片的尺寸与 CD-ROM 盘片完全一致。

（3）磁带存储器。磁带存储器由磁带机和磁带两部分组成。磁带分为开盘式磁带和盒式磁带两种。磁带存储器是顺序存取设备，即磁带上的文件依次存放。

2.3　输入和输出设备（I/O 设备）

除了前面提到的计算机处理器及存储器外，在谈到计算机硬件组成的问题上，一定不能忘记输入和输出设备（I/O 设备）。

2.3.1　输入设备

计算机中常用的输入设备是键盘、鼠标、摄像头和扫描仪。

（1）键盘。键盘的内部有专门的微处理器和控制电路，当操作者按下任意键时，键盘内部的控制电路产生一个代表这个键的二进制代码，然后将此代码送入主机内部，操作系统就知道用户按下了哪个键。

（2）鼠标。鼠标可以方便准确地移动光标进行定位，因其外形酷似老鼠而得名。根据结构的不同，鼠标可以分为机械式和光电式两种。

机械式鼠标：其底部有一个橡胶小球，当鼠标在水平面上滚动时，小球与水平面发生相对转动而控制光标移动。

光电式鼠标：其对光标进行控制的是鼠标底部的两个平行光源，光源发出的光经过反射后转换为移动信号，控制光标移动。

（3）摄像头又称为电脑相机、电脑眼等，是一种视频输入设备，被广泛地运用于视频会议、远程医疗及实时监控等方面。普通的人也可以彼此通过摄像头在网络进行有影像、有声音的交谈和沟通。另外，人们还可以将其用于当前各种流行的数码影像、影音处理。摄像头分为模拟摄像头和数字摄像头两大类。

模拟摄像头可以将视频采集设备产生的模拟视频信号转换成数字信号，进而将其储存在计算机里。模拟摄像头捕捉到的视频信号必须经过摄像头特定的视频捕捉卡将模拟信号转换成数字模式，并加以压缩后才可以转换到计算机上运用。

数字摄像头可以直接捕捉影像，然后通过串口、并口或者 USB 接口传到计算机里。现在电脑市场上的摄像头基本以数字摄像头为主，而数字摄像头中又以使用新型数据传输接口的 USB 数字摄像头为主，目前市场上可见的大部分都是这种产品。除此之外还有一种与视频采集卡配合使用的产品，但目前还不是主流。由于个人电脑的迅速普及、模拟摄像头的整体成本较高等原因，USB 接口的传输速度远远高于串口、并口的速度，因此现在市场热点主要是 USB 接口的数字摄像头。

（4）扫描仪是一种计算机外部仪器设备，通过捕获图像并将之转换成计算机可以显示、编辑、存储和输出的数字化输入设备。对照片、文本页面、图纸、美术图画、照相底片、菲林软片，甚至纺织品、标牌面板、印制板样品等三维对象都可作为扫描对象，提取和将原始的线条、图形、文字、照片、平面实物转换成可以编辑及加入文件中的装置。

扫描仪可分为三大类型：滚筒式扫描仪和平面扫描仪，近几年才有的笔式扫描仪、便携式扫描仪、馈纸式扫描仪、胶片扫描仪、底片扫描仪、名片扫描仪。下面主要介绍前两种。

①笔式扫描仪出现于 2000 年左右，一开始的扫描宽度大约只有四号汉字大小，使用时，贴在纸上一行一行地扫描，主要用于文字识别，其主要的代表有汉王、晨拓系列的翻译笔与摘录笔都是这么一个设计；而另外一个代表是 2002 年引入中国，由 3R 推出的普兰诺（Plano），其可进行文字与 A4 的图片扫描，其长 227mm，宽 20mm，高 20mm，最大扫描幅度可达到 A4，其可应用于移动办公与现场执法；扫描分辨率最高可达到 400DPI；而到了 2009 年 10 月，3R 推出的第三代扫描笔，艾尼提（Anyty）微型扫描笔 HSA600 与 HSA610，其不仅可扫描 A4 幅度大小的纸张，而且扫描分辨率可高达 600DPI，并以其 TF 卡即插即用的移动功能可随处可扫可读数据，扫描输出彩色或黑白的 JPG 图片格式。

②便携式扫描仪其强调的是小巧，便携，在国内比较典型的品牌是 Anyty 的 HSA610，长 254mm，高 30mm，宽 28mm，其最大的特点是 A4 的扫描幅度、扫描功能与传统的台式扫描仪并无差别，可却能脱机扫描，又便于携带，可随时随处的进行扫描工作，应用于移动办公与现场执法等要求快速扫描的场合。便携式扫描仪与笔式扫描仪最大的区别是：笔式扫描仪类的有些扫描仪是逐行扫描的，不可扫描图片只能扫描文字，并且其扫描对象在传统台式扫描仪的基础上，更便于商务办公与现场执法时进行身份证、票据、护照、合同文档的扫描。

2.3.2 输出设备

计算机常用的输出设备是显示器和打印机。

1）显示器

显示器是计算机系统常用的输出设备，它的类型很多，根据显像管的不同可以分为三种类型：阴极射线管（CRT）显示器、发光二极管（LED）显示器和液晶（LCD）显示器。其中阴极射线管显示器常用于台式机；发光二极管显示器常用于单板机；液晶显示器以前常用于笔记本，目前许多台式机也配备了液晶显示器。衡量显示器好坏主要有两个重要指标：一个是分辨率；另一个是像素点距，在以前，还有一个重要指标是显示器的颜色数。

2）打印机

打印机也是计算机系统中常用的输出设备。目前常用的打印机有点阵式打印机、喷墨式打印机和激光打印机三种。

（1）点阵打印机，又称为针式打印机，有 9 针和 24 针两种。针数越多，针距越密，打印出来的字就越美观。针打的主要优点是价格便宜、维护费用低、可复写打印，适合于打印蜡纸。缺点是打印速度慢、噪声大、打印质量稍差。目前针式打印机主要用于银行、税务、商店等的票据打印。

（2）喷墨打印机。它是通过喷墨管将墨水喷射到普通打印纸上而实现字符或图形的输出，主要优点是打印精度较高、噪声低、价格便宜；缺点是打印速度慢，由于墨水消耗量大，日常维护费用高。

（3）激光打印机是目前普及很快的一种输出设备，由于它具有精度高、打印速度快、噪声低等优点，已越来越成为办公室自动化的主流产品。随着普及性的提高，其价格也将大幅度下降。激光打印机的一个重要指标就是 DPI（每英寸点数），即分辨率。分辨率越高，打印机的输出质量就越好。

2.4 计算机的软件系统

计算机软件（也称为软件）是指计算机系统中的程序及其文档。程序是计算机任务的处理对象、处理规则的描述；文档是为了便于了解程序所需的阐明性资料。

软件是用户与硬件之间的接口界面，用户主要是通过软件与计算机进行交流，软件是计算机系统设计的重要依据。为了方便用户。使计算机系统具有较高的总体效用，在设计计算机系统时，必须通盘考虑软件与硬件的结合，以及用户的要求和软件的要求。

2.5 计算机的工作过程

计算机有着非常庞大而又复杂的体系结构，它能够满足我们平时生活、工作、娱乐等多方面的需求，那是因为它的各个部件能够相互配合、有条不紊的工作。图 2-4 为计算机工作流程图。

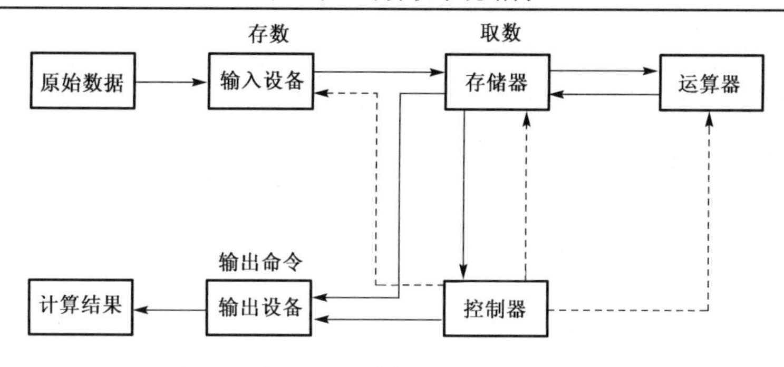

图 2-4　计算机工作流程图

由图可知计算机的工作过程如下所述。

（1）用户将要处理的数据通过输入设备输入计算机。

（2）输入的原始数据先存储在存储器中（这里的存储器主要指的是计算机的硬盘）。

（3）存储在硬盘中的原始数据再由 CPU 取出到内存然后由运算器进行各种运算。

（4）运算器经过一系列的运算，将会产生最终的结果，此结果将会送入存储器（内存）。

（5）由显示器将内存中的运算结果最终显示出来给用户。

本 章 小 结

本章详细介绍了计算机的系统结构，简述了进制、存储单位等基本概念，阐述了计算机的硬件系统，以图例的方式重点介绍了常用的输入、输出设备，并对软件系统的构成作了简要说明。通过本章的学习可清楚地了解计算机的基本结构，为后续的学习奠定基础。

本 章 习 题

一、巩固理论

1．微型计算机中，运算器、控制器和内存储器的总称为（　　）。

A．主机　　B．MPU　　C．CPU　　D．ALU

2．微型计算机中存储数据的最小单位是（　　）。

A．字节　　B．字　　C．位　　D．KB

3．下面哪种存储器中的数据不会因为断电而丢失（　　）。

A．RAM　　B．ROM　　C．缓存　　D．内存

4．计算机内部真正进行运算的器件是（　　）。

A．CPU　　B．控制器　　C．运算器　　D．主机

5．下列属于系统软件的是（　　）。

A．数据库管理系统　　B．操作系统

C．迅雷　　D．QQ 程序

6．下列属于输出设备的有（　　）。

A．打印机　　B．键盘　　C．显示器　　D．扫描仪

7．计算机只能识别的数制是（　）。

A．二进制　B．十进制　C．八进制　D．十六进制

8．1KB 等于（　）。

A．1024 个二进制符号　B．1000 个二进制符号

C．1000 个字节　D．1024 个字节

9．计算机系统的开机顺序是（　）。

A．先开主机再开外设　B．先开显示器再开打印机

C．先开主机再打开显示器　D．先开外部设备再开主机

10．下面不属于常见的外部存储器有（　）。

A．磁盘　B．U 盘　C．光盘　D．内存条

二、实践演练

打开自己的主机箱，分别拆下硬盘、内存条、CPU 等，在拆下的器件上面观察它们的型号，然后再重新组装起来。

三、知识拓展

到计算机市场，调查计算机的各个零部件和各种外设的市场价格，并提出 5000 元左右电脑的配置清单。

第3章　计算机操作系统

本章学习目标

- 理解操作系统的概念、功能、分类及其特点
- 掌握 Windows 7 操作系统的基本概念和基本操作
- 了解常用的网络操作系统

操作系统是最重要的计算机系统软件，计算机发展到今天，从微型机到高性能计算机，无一例外都配置了一种或多种操作系统，操作系统已经成为现代计算机系统不可分割的重要组成部分。

3.1　操作系统概述

计算机系统由硬件和软件两部分组成，操作系统（operating system，OS）是配置在计算机硬件上的第一层软件，是对硬件系统的首次扩充。操作系统在计算机系统中占据了特别重要的地位，而其他的诸如汇编程序、编译程序、数据库管理系统等系统软件，以及大量的应用软件，都将依赖于操作系统的支持，取得它的服务。操作系统已成为现代计算机系统（大、中、小及微型机）中必须配置的软件。

为了深入理解操作系统的定义，应注意以下几点。

（1）操作系统是系统软件，而且是裸机之上的第一层软件。

（2）操作系统的基本职能是控制和管理系统内的各种资源，有效地组织多道程序的运行。作为“管理者”，操作系统主要负责的事情有以下四方面。

①监视各种资源并随时记录它们的状态；

②实施某种策略以决定谁获得资源，何时获得，获得多少；

③分配资源供需求者使用；

④回收资源，以便再分配。

（3）设置操作系统的另一个目的是扩充机器功能以方便用户使用。计算机系统的基本资源包括硬件（如处理机、内存、各种设备等）、软件（系统软件和应用软件）和数据。

3.1.1　操作系统的基本知识

通过上一章的学习，我们已经了解了现代通用计算机系统是由硬件和软件组成。硬件是可以看得见摸得着的物理设备和器件的总称，如 CPU、存储器（内存与外存）、输入/输出设备等。就其逻辑功能而言，硬件是用来完成信息变换、信息存储、信息传输和信息处理的，它是计算机系统实现各种操作的物质基础。软件是计算机程序及相关文档的总称，

如在系统中运行的程序、数据等。就逻辑功能而言，软件是描述实现数据处理的规则和流程，其可分为系统软件和应用软件两大类，而系统软件包含了操作系统、语言编译系统以及其他系统工具软件。

没有安装软件的计算机被称为“裸机”，裸机无法工作，不能从键盘、鼠标接收信息和操作命令，也不能在显示器屏幕上显示信息，更不能运行可以实现各种操作的应用程序。

操作系统是一组控制和管理计算机软硬件资源，为用户提供便捷使用计算机的程序的集合。操作系统在整个计算机系统中具有极其重要的特殊地位，它不仅是硬件与其他软件系统的接口，也是用户和计算机之间进行“交流”的窗口。

1. 操作系统的分类

对操作系统进行严格的分类是困难的。早期的操作系统，按用户使用的操作环境和功能特征的不同，可分为三种基本类型：批处理系统、分时系统和实时操作系统。随着计算机体系结构的发展，又出现了嵌入式操作系统、网络操作系统和分布式操作系统。

1）批处理系统

批处理系统（batch processing system）的突出特征是“批量”处理，它把提高系统处理能力作为主要设计目标。它的主要特点是：用户脱机使用计算机，操作方便；成批处理，提高了 CPU 利用率。它的缺点是无交互性，即用户一旦将程序提交给系统后就失去了对它的控制能力，使用户感到不方便。例如，VAX/VMS 是一种多用户、实时、分时和批处理的多道程序操作系统。

2）分时操作系统

分时操作系统（time sharing system）是指多用户通过终端共享一台主机 CPU 的工作方式。为使一个 CPU 为多道程序服务，将 CPU 划分为很小的时间片，采用循环轮转方式将这些 CPU 时间片分配给排队队列中等待处理的每个程序。由于时间片划分得很短，循环执行得很快，使得每个程序都能得到了 CPU 的响应，好像在独享 CPU。分时操作系统的主要特点是允许多个用户同时运行多个程序，每个程序都是独立操作、独立运行、互不干涉。现代通用操作系统中都采用了分时处理技术，Unix 就是一个典型的分时操作系统。

3）实时操作系统

实时操作系统（real time operating system）通常是具有特殊用途的专用系统，它是实时控制系统和实时处理系统的统称。所谓实时就是要求系统及时响应外部条件的要求，在规定的时间内完成处理，并控制所有实时设备和实时任务协调一致地运行。

实时控制系统实质上是过程控制系统。例如，通过计算机对飞行器、导弹发射过程的自动控制，计算机应及时将测量系统测得的数据进行加工，并输出结果，对目标进行跟踪或者向操作人员显示运行情况。实时处理系统主要指对信息进行及时的处理。例如，利用计算机预订飞机票、火车票或轮船票等。

4）嵌入式操作系统

嵌入式操作系统（embedded operating system）是指运行在嵌入式系统环境中，对整个嵌入式系统以及它所操作、控制的各种部件装置等资源进行统一协调、调度、指挥和控制的操作系统。嵌入式操作系统具有通用操作系统的基本特点，能够有效管理复杂的系统资源。与通用操作系统相比较，嵌入式操作系统在系统实时高效性、硬件的相关依赖性、软件固态化以及应用的专用性等方面具有更为突出的特点。在制造工业、过程控制、通信、仪器、仪表、汽车、船舶、航空、航天、军事装备、消费类产品等方面均是嵌入式操作系统的应用领域。例如，家用电器产品中的智能功能，就是嵌入式系统的应用。

5）网络操作系统

网络操作系统（network operating system）是基于计算机网络的操作系统，它的功能包括网络管理、通信、安全、资源共享和各种网络应用。网络操作系统的目标是用户可以突破地理条件的限制，方便地使用远程计算机资源，实现网络环境下计算机之间的通信和资源共享。例如，Windows NT、Unix 和 Linux 就是网络操作系统。有关网络操作系统的说明详见本章 3.3 节。

6）分布式操作系统

分布式操作系统（distributed operating system）是指通过网络将大量计算机连接在一起，以获取极高的运算能力、广泛的数据共享以及实现分散资源管理等功能为目的的一种操作系统。它的优点有两个。

（1）分布性。它集各分散结点计算机资源为一体，以较低的成本获取较高的运算性能。

（2）可靠性。由于在整个系统中有多个 CPU 系统，因此当某一个 CPU 系统发生故障时，整个系统仍旧能够工作。

显然，在对可靠性有特殊要求的应用场合可选用分布式操作系统。

2. 操作系统的特点

现代操作系统的功能之所以越来越强大，这与操作系统的基本特征分不开。操作系统的基本特征表现在以下四方面。

（1）并发性，在计算机（具有多道程序环境）中可以同时执行多个程序。

（2）共享性，多个并发执行的程序（同时执行）可以共同使用系统的资源。由于资源的属性不同，程序对资源共享的方式也不同。① 互斥共享方式，限于具有“独享”属性的设备资源（如打印机、显示器），只能以互斥方式使用。② 同时访问方式，适用于具有“共享”属性的设备资源（如磁盘、服务器），允许在一段时间内由多个程序同时使用。

（3）虚拟性，虚拟是把逻辑部件和物理实体有机结合为一体的处理技术。虚拟技术可以使一个物理实体对应于多个逻辑对应物，物理实体是实的（实际存在），而逻辑对应物是虚的（实际不存在）。通过虚拟技术，可以实现虚拟处理器、虚拟存储器、虚拟设备等。

（4）不确定性，在多道程序系统中，由于系统共享资源有限（如只有一台打印机），并发程序的执行受到一定的制约和影响。因此，程序运行顺序、完成时间以及运行结果都是不确定的。

3.1.2 操作系统的功能

操作系统的主要任务是有效管理系统资源、提供友好便捷的用户接口。为实现其主要任务，操作系统具有五大功能，即处理机管理、存储器管理、文件系统管理、设备管理和接口管理。

1．处理机管理

在传统的多道程序系统中，处理机的分配和运行都以进程为基本单位，对处理机的管理可归结为对进程的管理，在引入了线程的操作系统中也包含对线程的管理。处理机管理的主要功能包括创建和撤销进程（线程）、对进程（线程）的运行进行协调、实现进程（线程）之间的信息交换以及进程（线程）调度。

在多道程序系统中，由于存在多个程序共享系统资源的事实，就必然会引发对CPU的争夺。如何有效地利用处理机资源，如何在多个请求处理机的进程中选择取舍，这就是进程调度要解决的问题。处理机是计算机中宝贵的资源，能否提高处理机的利用率，改善系统性能，在很大程度上取决于调度算法的好坏。因此，进程调度成为操作系统的核心，在操作系统中负责进程调度的程序被称为进程调度程序。

1）进程调度程序的功能

在进程调度过程中，由于多个进程需要循环使用CPU，所以进程调度是操作系统中最频繁的工作。不管是运行态进程、等待态进程，还是就绪态进程，当它们面临状态改变的条件时，都要由进程调度程序负责处理。例如，当正在运行的进程执行完一个CPU时间片后，进程调度程序将它插入到就绪态队列的尾部，保存该进程的中断现场信息，将其进程状态修改为“就绪态”，同时，根据进程优先级和进程调度既定算法，从就绪态进程队列中选取优先级别最高的进程投入运行。当某个进程结束时，或者某进程因所需资源得不到满足时，都要由进程调度程序负责相应的处理。

进程调度程序的主要功能如下所述。

（1）记录系统中所有进程的情况，包括进程名、进程状态、进程优先级和进程资源需求等信息。

（2）根据既定的调度算法，确定将CPU分配给就绪队列中的某个进程。

（3）回收和分配CPU，当前进程转入适当的状态后，系统回收CPU，并将CPU分配给就绪队列中调度算法选取的下一个进程。

2）进程调度方式

进程调度方式分为非剥夺式（不可抢占式）和剥夺式（抢占式）两种。非剥夺式调度是让正在执行的进程继续执行，直到该进程完成或发生其他事件，才移交CPU控制权。剥夺式调度是当“重要”的或“系统”的进程出现时，便立即暂停正在执行的进程，将CPU控制权分配给“重要”的或“系统”的进程。剥夺式调度反映了进程优先级的特征及处理紧急事件的能力。

3）进程调度算法选择

进程调度算法的种类很多，常见的进程调度算法有：先到先服务（FCFS）算法、短进程优先算法、优先级高优先算法和时间片轮转法。

进程调度算法的选择与系统的设计目标和系统的工作效率是密切相关的。进程调度算法的优劣直接关系到进程调度的效率，不同操作系统通常是采用不同的进程调度算法。

选择进程调度算法时要考虑的因素包括三个。

①尽量提高资源利用率，减少CPU空闲时间；

②对一般程序采用较合理的平均响应时间；

③应避免有的程序长期得不到响应的情况。

2. 存储器管理

存储器（内存）管理的主要工作是：为每个用户程序分配内存，以保证系统及各用户程序的存储区互不冲突；内存中有多个程序运行时，要保证这些程序的运行不会有意或无意地破坏别的程序的运行；当某个用户程序的运行导致系统提供的内存不足时，如何把内存与外存结合起来使用管理，给用户提供一个比实际内存大得多的虚拟内存，从而使用户程序能顺利地执行，这便是内存扩充要完成的任务。因此，存储器管理应具有内存分配、地址转换、内存保护和虚拟内存的功能。

（1）内存分配，内存分配的主要任务是为每道程序分配内存空间，提高存储器的利用率，以减少不可用的内存空间；允许正在运行的程序申请附加的内存空间，以适应程序和数据动态增长的需要。

（2）地址转换，在编制程序的时候，程序设计人员无法知道程序将要放在内存空间的哪一个地址运行，因此无法写出真实的物理地址，使用的是逻辑地址（从0开始）。当程序被调入内存时，操作系统将程序中的逻辑地址变换成存储空间中真实的物理地址。

（3）内存保护，由于内存中有多个进程，为了防止一个进程的存储空间被其他的进程破坏，操作系统要采取软件和硬件结合的保护措施。不管用什么方式进行存储分配和地址转换，在操作数地址被计算出来后，先要检查它是否在该程序分配到的存储空间之内，如果是的话，就允许访问这个地址，否则就拒绝访问，并把出错信息通知用户和系统。

（4）虚拟内存，在计算机系统中，操作系统使用硬盘空间模拟内存，为用户提供了一个比实际内存大得多的内存空间。在计算机的运行过程中，当前使用的部分保留在内存中，其他暂时不用的存放在外存中，操作系统根据需要负责进行内外存的交换。

3. 文件系统管理

文件是具有文件名的一组相关信息的集合。在计算机系统中，所有的程序和数据都以文件的形式存放在计算机的外存储器（如磁盘等）上。例如，一个C/C＋＋或VB源程序、一个Word文档、各种可执行程序都是一个文件。

在操作系统中，负责管理和存取文件信息的部分称为文件系统或信息管理系统。在文件系统的管理下，用户可以按照文件名访问文件，而不必考虑各种外存储器的差异，不必了解文件在外存储器上的具体物理位置以及存放方式。文件系统为用户提供了一个简单、统一的访问文件的方法。

1）文件的基本概念

（1）文件名，在计算机中，任何一个文件都有文件名，文件名是存取文件的依据，即按名存取。一般情况下，文件名分为文件主名和扩展名两个部分。

一般来说，文件主名应该用有意义的词汇或是数字命名，即可顾名思义，以便用户识别。例如，Windows中的Internet浏览器的文件名为explore.exe。

不同的操作系统其文件命名规则有所不同。有些操作系统是不区分大小写的，如Windows；而有的是区分大小写的，如Unix。

（2）文件类型，在绝大多数的操作系统中，文件的扩展名表示文件的类型，不同类型文件的处理是不同的。在不同的操作系统中，表示文件类型的扩展名并不尽相同。Windows中常见的文件扩展名及其表示的意义如表3-1所示。

表3-1　Windows常见文件扩展名及其意义

文件类型	扩展名	说明
可执行程序	.exe、.com	可执行程序文件
源程序文件	.c、.cpp、.bas、.asm	程序设计语言的源程序文件
目标文件	.obj	源程序文件经编译后产生的目标文件
批处理文件	.bat	将一批系统操作命令存储在一起，可供用户连续执行
MS Office2003文档文件	.doc、.xls、.ppt	MS Office2003中Word、Excel、PowerPoint创建文档
图像文件	.bmp、.jpg、.gif	图像文件，不同的扩展名表示不同格式的图像文件
流媒体文件	.wmv、.rm、.qt	能通过Internet播放的流式媒体文件，不需下载整个文件就可播放
压缩文件	.zip、.rar	压缩文件
音频文件	.wav、.mp3、.mid	声音文件，不同的扩展名表示不同格式的音频文件
网页文件	.html、.asp	一般来说，前者是静态的，后者是动态的

（3）文件属性，文件除了文件名外，还有文件大小、占用空间、所有者信息等，这些信息称为文件属性。Windows中文件的重要属性有以下几种。

只读：设置为只读属性的文件只能读，不能修改或删除，起保护作用。

隐藏：具有隐藏属性的文件在一般的情况下是不显示的。如果设置了显示隐藏文件，则隐藏的文件和文件夹是浅色的，以表明它们与普通文件不同。

存档：任何一个新创建或修改的文件都有存档属性。当用“附件”下“系统工具”组中的“备份”程序备份后，存档属性消失。

（4）文件操作，一个文件中所存储的可能是数据，也可能是程序的代码，不同格式的文件通常都会有不同的应用和操作。文件的常用操作有：建立文件、打开文件、写入文件、删除文件、属性更改等。

2）目录管理

一个磁盘上的文件成千上万，如果把所有的文件存放在根目录下会有许多不便。为了有效地管理和使用文件，大多数的文件系统允许用户在根目录下建立子目录，在子目录下再建立子目录，也就是将目录结构构建成树状结构，然后让用户将文件分门别类地存放在不同的目录中，如图3-1所示。这种目录结构像一棵倒置的树，树根为根目录，树中每一个分枝为子目录，树叶为文件。在树状结构中，用户可以将同一个项目有关的文件放在同一个子目录中，也可以按文件类型或用途将文件分类存放。同名文件可以存放在不同的目录中，也可以将访问权限相同的文件放在同一个目录，集中管理。

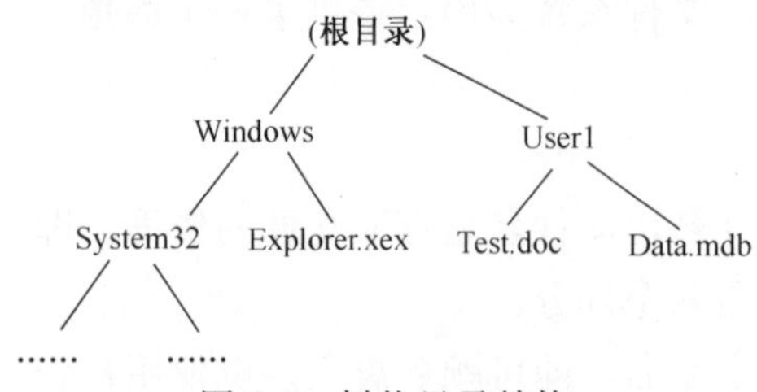

图3-1　树状目录结构

在Windows的文件夹树状结构中，处于顶层（树根）的文件夹是桌面，计算机上所有的资源都组织在桌面上，从桌面开始可以访问任何一个文件和文件夹。桌面上有“我的文档”“我的电脑”“网上邻居”“回收站”等，这些系统专用的文件夹不能更改名称，称为系统文件夹。计算机中所有的磁盘及控制面板也以文件夹的形式组织在“我的电脑”中。

在 Unix 中，不管有多少个磁盘分区，只有一个根目录 root，而磁盘分区是它下面的一个子目录，这是 Unix 与 Windows 的一个明显区别。

当一个磁盘的目录结构被建立后，所有的文件可以分门别类地存放在所属的目录中，接下来的问题是如何访问这些文件。若要访问的文件不在同一个目录中，就必须加上目录路径，以便文件系统可以查找到所需要的文件。

目录路径有两种：绝对路径和相对路径。绝对路径从根目录开始，依序到该文件之前的名称。相对路径从当前目录开始到某个文件之前的名称。

4. 设备管理

每台计算机都配置了很多外部设备，它们的性能和操作方式各不一样，设备管理的主要任务是方便用户使用外部设备，提高设备的利用率。

1）设备驱动程序

设备驱动程序是操作系统管理和驱动设备的程序，用户使用设备之前，该设备必须安装驱动程序，否则无法使用。设备驱动程序与设备紧密相关，不同类型设备的驱动程序是不同的，不同厂家生产的同一类型设备也是不尽相同的。因此，操作系统提供一套设备驱动程序的标准框架，由硬件厂商根据标准编写设备驱动程序并随同设备一起提交给用户。事实上，在安装操作系统时，会自动检测设备并安装相关的设备驱动程序，以后用户如果需要添加新的设备，必须再安装相应的驱动程序。

2）即插即用

即插即用（plug and play，PnP）就是指把设备连接到计算机后无需手动配置就可以立即使用。即插即用技术不仅需要设备支持，也需要操作系统的支持。大多数 1995 年以后生产的设备都是即插即用的。目前绝大多数操作系统都支持即插即用技术，避免了用户使用设备时繁琐而复杂的手工安装过程和配置过程。即插即用并不是说不需要安装设备驱动程序，而是指操作系统能自动检测到设备并自动安装驱动程序。

3）通用即插即用

为了应对计算机网络化、家电信息化的发展趋势，微软公司在 1999 年推出了最新的即插即用技术，即通用即插即用（universal plug and play，UPnP）技术。它让计算机自动发现和配置硬件设备，实现了计算机硬件设备的“零配置”和“隐性”联网过程。UPnP 技术可以自动发现和控制来自各家厂商的各种网络设备，如网卡、网络打印机和数码相机等消费类电子设备。

UPnP 基于 IP 协议以获得最广泛的设备支持。它最基本的概念模型是设备模型，设备可以是物理的设备，如录像机；也可以是逻辑的设备，如运行于计算机上的软件所模拟的录像机设备。另外，设备也可以包括其他设备形成嵌套，如一个 VCD/游戏机中又包括游戏机。

4）集中管理

各类外部设备在速度、工作方式、操作类型等方面都有很大的差别，面对这些差别，很难有一种统一的方法管理各种外部设备。但是，现代各种操作系统求同存异，尽可能集中管理设备，为用户设计了一个简洁、可靠、易于维护的设备管理系统。

在 Windows 中，通过设备管理器和控制面板对设备进行集中统一的管理。在“我的电脑”的快捷菜单中选择“属性”命令，或在“控制面板”中双击“系统”图标，然后选择“硬件”选项卡，再单击“设备管理器”按钮出现“设备管理器”窗口。通过设备管理器，用户可以了解有关计算机上的硬件如何安装和配置的信息，以及硬件如何与计算机程序交互的信息，还可以检查硬件状态，并更新安装在计算机上的设备驱动程序。

用户通过应用程序使用外部设备，如果设备不同，用户界面也不同，那就会给用户带来很大的不便，也会增加系统的复杂性，所以操作系统都向用户提供统一而且独立于设备的界面。以文档打印为例，不管什么类型的打印机，用户打印文档时要使用的“打印”对话框都是相同的。

5）提高使用效率

提高外部设备的使用效率，除了合理分配使用各种外部设备之外，现代操作系统通过缓冲技术提高外部设备、CPU 以及各种外设之间的工作并行性。

（1）缓冲区。缓冲区是一个介于两个设备或设备与应用程序之间传递数据的内存区域，主要作用是提供给不同速度的设备之间传递数据。

（2）高速缓存。高速缓存是一种先将数据复制到速度较快的内存中再访问的做法。由于高速缓存的访问速度比一般内存快很多，所以访问高速缓存中的数据会比访问内存的数据更快。有些系统甚至提供更多层的高速缓存，其最高与最低速度差别更大。

高速缓存和缓冲虽然是两种不同类型的功能，但都是为了提高磁盘 I/O 的性能，也可以将高速缓存当缓冲区来使用。

5. 接口管理

为了方便用户使用操作系统，操作系统又向用户提供了用户与操作系统的接口。该接口通常以命令或系统调用的形式呈现在用户面前，前者提供给用户在键盘终端上使用，后者提供给用户在编程时使用。

1）用户接口

操作系统为计算机硬件和用户之间提供了交流的界面。用户通过操作系统告诉计算机执行什么操作，计算机系统为用户提供执行各种操作的服务，并按用户需要的形式返回操作结果。用户和计算机之间的这种交流构成完整的、人机一体的系统，将这个系统称为用户接口。

随着操作系统功能不断扩充和完善，用户接口更加人性化，呈现出更加友好的特性。用户接口可分为联机命令接口、图形用户接口以及网络用户接口。

（1）联机命令接口。为用户提供的是以命令行方式进行对话的界面，如 MS-DOS。用户通过在终端上输入简短、有隐含意义的命令行，实现对计算机的操作。这种方式对熟练用户而言，操作简捷，可节省大量时间，但对初学者来说很难掌握。

（2）图形用户接口（graphic user interface，GUI）。以窗口、图标、菜单和对话框的方式为用户提供图形用户界面，如 Apple 的 Macintosh 系统和 Microsoft 的 Windows 系统，用户通过点击鼠标的方式进行相关的操作。这种方式易于理解、学习和使用。然而，与命令方式相比，图形用户界面消耗了大量 CPU 时间和系统存储空间。

（3）网络用户接口。网络形式界面是随 Internet 的普及应用应运而生的界面形式。它采用基于 Web 的规范格式，对于有上网浏览经历的用户来说，在这种方式下操作无需任何培训。

2）系统调用

用户使用操作系统功能的另一种形式是在程序中取得操作系统服务。这种在程序中实现的系统资源的使用方式被称为系统调用，或者称为应用编程接口 API。目前的操作系统都提供了功能丰富的系统调用功能。

不同操作系统所提供的系统调用功能有所不同。常见的系统调用分类有以下几种。

（1）文件管理，包括对文件的打开、读写、创建、复制、删除等操作。

（2）进程管理，包括进程的创建、执行、等待、调度、撤销等操作。

（3）设备管理，用于请求、启动、分配、运行、释放各种设备的操作。

（4）进程通信，用来在进程之间传递消息或信号等操作。

（5）存储管理，包括存储的分配、释放、存储空间的管理等操作。

3.1.3　典型操作系统介绍

1. DOS 操作系统

DOS（disk operation system，磁盘操作系统）是一种单用户、单任务的计算机操作系统。DOS 采用字符界面，必须输入各种命令来操作计算机，这些命令都是用英文单词或缩写，比较难于记忆，不利于一般用户操作计算机。进入 20 世纪 90 年代后，DOS 逐步被 Windows 操作系统所取代。

2. Windows 操作系统

Windows 操作系统是一款由美国微软（Microsoft）公司开发的窗口化操作系统。采用了 GUI 图形化操作模式，比起从前的指令操作系统，如 DOS，更为人性化。Windows 操作系统是目前世界上使用最广泛的操作系统，当前，最新的版本是 Windows 10。

在这里值得跟大家一提的是微软公司于 2001 年 8 月 24 日正式发布的 Windows XP 操作系统，是微软公司发布的一款视窗操作系统，它的零售版于 2001 年 10 月 25 日上市。一度成为众多用户首选的系统，直到微软公司的另一款拥有全新图形用户界面的操作系统 Windows Vista 操作系统的来临，才动摇了 XP 系统的地位。Vista 操作系统的发布是在 2006 年 11 月 30 日，曾经被称为是最安全可信的 Windows 操作系统，其安全功能可防止最新的威胁，如蠕虫、病毒和间谍软件。Windows Vista 操作系统的发布距离上一版本 Windows XP 的发布有超过五年的时间，这是 Windows 版本历史上间隔时间最久的一次发布。但由于早期 Vista 系统的兼容性差、配置要求高等问题未能得到用户认可。微软公司不得不推迟停止 XP 发售的计划。2008 年，微软推出 XP SP3 补丁包；6 月 30 日，停止 XP 的发售。针对 Windows XP 的主要支持直至 2009 年 4 月 14 日，延伸支持至 2014 年 4 月 8 日。

2009 年，微软的又一款操作系统全面上市，即 Windows7 操作系统。虽然仍然不能满足所有人的需求，但因为微软不再发售 XP，并且停止了主要技术支持，Windows 7 开始占领市场，逐渐替代 Windows XP。2014 年开始，微软终止了对 Windows XP 操作系统的一切技术支持。

Windows 7（简称 Win7）是具有革命性变化的操作系统。该系统旨在让人们的日常电脑操作更加简单和快捷，为人们提供高效易行的工作环境。自从 Win7 公开测试以来，对其成就赞誉声不绝，其设计主要围绕五个重点，即针对笔记本电脑的特有设计，基于应用服务的设计，用户的个性化，视听娱乐的优化，用户易用性的新引擎。据台湾媒体报道，比尔·盖茨曾经极力推广一度在市场沉寂的平板电脑，随着微软 Win7 的上市，相继有多个品牌推出，包括华硕、宏碁、惠普、技嘉、神达、富士通等，都推出各自不同尺寸的多点触控平板计算机，让笔记本的操作更为方便、有趣。在正式版中，Win7 已能兼容绝大多数游戏，并且在游戏中，会自动减少系统的运行功耗，使 Win7 即使在玩很消耗内存的大型游戏时，也能保持很流畅地运行。

3. Unix 操作系统

Unix 操作系统于 1969 年在贝尔实验室诞生，它是一个交互式的分时操作系统。Unix 取得成功的最重要原因是系统的开放性、公开源代码、易理解、易扩充、易移植性。用户可以方便地向 Unix 系统中逐步添加新功能和工具，这样可使 Unix 越来越完善，提供更多服务，从而成为有效的程序开发的支持平台。它是可以安装和运行在微型机、工作站甚至大型机和巨型机上的操作系统。

Unix 系统因其稳定可靠的特点而在金融、保险等行业得到广泛的应用。其技术特点如下所述。

（1）多用户多任务操作系统，用 C 语言编写，具有较好的易读、易修改和可移植性。

（2）结构分核心部分和应用子程序，便于做成开放系统。

（3）具有分层可装卸卷的文件系统，提供文件保护功能。

（4）提供 I/O 缓冲技术，系统效率高。

（5）剥夺式动态优先级 CPU 调度，有力地支配分时功能。

（6）请求分页式虚拟存储管理，内存利用率高。

（7）命令语言丰富齐全，提供了功能强大的 Shell 语言作为用户界面。

（8）具有强大的网络与通信功能。

4. Linux 操作系统

Linux 是芬兰科学家 Linus Torvalds 于 1991 年编写完成的一个操作系统内核。他当时还是芬兰首都赫尔辛基大学计算机系的学生，在学习操作系统课程时，自己动手编写了一个操作系统原型。Linus 把这个系统放在 Internet 上，允许自由下载，许多人对这个系统进行改进、扩充、完善，进而一步一步地发展成完整的 Linux 系统。

Linux 是一个开放源代码、类似 Unix 的操作系统。它除了继承 Unix 操作系统的特点和优点以外，还进行了许多改进，从而成为一个真正的多用户、多任务的通用操作系统。Linux 技术特点如下所述。

（1）继承了 Unix 的优点，并进一步改进，紧跟技术发展潮流。

（2）全面支持 TCP/IP，内置通信联网功能，使异种机方便地联网。

（3）是完整的 Unix 开发平台，几乎所有的主流语言都已被移植到 Linux。

（4）提供强大的本地和远程管理功能，支持大量外部设备。

（5）支持 32 种文件系统。

（6）提供 GUI，有图形接口 X-Window，有多种窗口管理器。

（7）支持并行处理和实时处理，能充分发挥硬件性能。

（8）开放源代码，其平台上开发软件成本低，有利于发展各种特色的操作系统。

在 Linux 的基础上，我国中科红旗软件技术公司成立于 1999 年成功研制出红旗 Linux。它是应用于以 Intel 和 Alpha 芯片为 CPU 的服务器平台上的第一个国产操作系统。红旗 Linux 标志着我国拥有了独立知识产权的操作系统，它在政府、电信、金融、交通和教育等领域拥有了众多的成功案例。继服务器版 1.0、桌面 2-0、嵌入式 Linux 之后，红旗最近又推出了 Red Flag DC Sever（红旗数据中心服务器）5.0 及多种发行版本，这意味着红旗软件所主导的 Linux 系统在产品技术方面更加成熟完善。红旗 Linux 为中国国产操作系统的发展奠定了坚实的基础。

3.2　Windows 7 概述

Windows 7是由微软公司开发的操作系统，核心版本号为Windows NT 6.1。Windows 7可供家庭及商业工作环境、笔记本电脑、平板电脑、多媒体中心等使用。Windows 7延续了Windows Vista的Aero风格，并且更胜一筹。

微软公司面向不同的用户推出了 6 个 Windows 7 版本，即初级版（Windows 7 starter）、家庭普通版（Windows 7 home basic）、家庭高级版（Windows 7 home premium）、专业版（Windows 7 professional）、企业版（Windows 7 enterprise）和旗舰版（Windows 7 ultimate）。

1. Windows 7 运行的基本环境

如果要在计算机上运行 Windows 7 操作系统，其最低的配置要求是：1GHZ 32 位或 64 位处理器；1GB 内存（基于 32 位）或 2GB 内存（基于 64 位）；16GB 可用硬盘空间（基于 32 位）或 20GB 可用硬盘空间（基于 64 位）；带有 WDDM1.0 或更高版本的驱动程序的 DirectX9 图形设备。

2. Windows 7 的安装过程

Windows 7 操作系统常用的安装方式有光盘启动安装、U 盘引导盘安装等。

（1）光盘启动安装。首先，在 BIOS 中设置启动顺序位光盘优先，然后将 Windows 7

安装光盘插入光驱。计算机从光盘启动后自动运行安装程序。按照屏幕提示，用户即可顺利完成安装。

（2）升级安装。如果要使用U盘启动盘来安装的话，首先得将U盘利用大白菜等软件处理成为一个启动盘，然后在BIOS中将第一启动设置为U盘启动，然后按照屏幕提示，即可顺利完成安装。

3.2.1 Windows 7 的基本操作

1. Windows 7 的启动与退出

1）启动 Windows 7

（1）打开显示器电源。

（2）打开主机电源。

（3）如果要进入的系统用户是需要身份认证的话，在进入 Windows 7 桌面之前会有一个身份认证界面，需要用户名和密码，输入正确的用户名和密码之后即可进入 Windows 7 桌面。

2）退出 Windows 7

在退出操作系统之前，需要先关闭所有已经打开或正在运行的程序。退出系统的操作步骤如下所述。

（1）单击“开始”按钮，在弹出的菜单中单击“关闭计算机”按钮。

（2）单击“关闭”按钮，在“关闭计算机”对话框中，还有“睡眠”“重启”“注销”等按钮，可以按照操作需求选择相应按钮。

2. Windows 7 的桌面、窗口及菜单

1）Windows 7 的桌面

桌面是用户与计算机交流的窗口，是登录计算机后看到的第一个界面。桌面包含以下图标。

（1）系统图标。

① 用户文件夹，以登录用户名命名的文件夹，是当前用户默认的文件存储位置。

② 计算机，打开资源管理器，是计算机资源管理的入口。

③ 网络，用于访问网络上的计算机，打印机和其他网络资源。

④ 回收站，暂存从硬盘上删除的文件和文件夹，以备还原。

（2）用户的文件和文件夹。用户根据需求，新建的文件和文件夹。

（3）程序和文件的快捷方式。为了方便用户快速打开程序和文件，在桌面上新建的快捷方式。

（4）更改桌面图标，选择桌面为当前窗口，右键点击打开桌面的快捷菜单，单击“个性化”命令，在“个性化”窗口中单击“更改桌面图标”命令，在打开的“桌面图标设置”对话框中完成各种设置。

（5）查看和排列桌面图标，选择桌面为当前窗口，右键点击打开快捷菜单，单击“排

列方式”命令，在其级联菜单中选择具体的排列方式。也可以通过单击桌面快捷菜单中的“查看”命令，在其级联菜单中更改图标的外观效果。

（6）“开始”按钮。Windows 7 的“开始”菜单中继承了系统的所有功能，Windows 7 的所有操作都可以从这里开始。单击该按钮，可以弹出“开始”菜单。

① 常用程序列表，此列表中主要存放系统常用程序，包括“计算器”“便签”“截图工具”“画图”和“放大镜”等。此列表是随着时间动态变化的，如果超过 10 个，它们会按照时间的先后顺序依次替换。

② 所有程序按钮，用户单击“所有程序”按钮可以查看所有程序中安装的软件程序。单击文件夹图标，可以展开相应的程序；单击“返回”按钮，即可隐藏所有程序列表。

③ 启动菜单，“开始”菜单的右侧是“启动”菜单。在“启动”菜单中列出经常使用的 Windows 程序链接，常见的有“文档”“计算机”“控制面板”“图片”和“音乐”等，单击不同的程序选项，即可快速打开相应的程序。

④ 搜索框，搜索框主要用来搜索计算机上的资源，是快速查找资源的有力工具。在搜索框中直接输入需要查询的文件名，按回车键即可进行搜索操作。

⑤ “关机”按钮，“关机”按钮主要用来对系统进行关闭操作。单击“关机”按钮旁边的按钮，会出现一个菜单，包括“切换用户”“注销”“锁定”“重新启动”“睡眠”等选项。

（7）Windows 7 的任务栏，任务栏位于桌面的最底端，用于显示正在运行的程序和打开的窗口，以及系统时间等。任务栏快捷菜单，在任务栏控制区空白处右键点击，在快捷菜单中可以实现对任务栏的各种操作。

2）Windows 7 的窗口

Windows 7 的窗口一般分为应用程序窗口、文档窗口和对话框三类。应用程序窗口是应用程序运行时的人机界面；文档窗口只能出现在应用程序窗口之内（应用程序窗口是文档窗口的工作平台）；对话框是 Windows 和用户进行信息交流的一个界面，Windows 为了完成某项任务而需要从用户那里得到更多的信息时，就会使用对话框。

（1）应用程序窗口：一般由标题栏、菜单栏、组织栏、地址栏、搜索栏、工作区、细节窗格等组成。例如，双击桌面上的“计算机”图标，就可以打开“计算机”窗口，如图 3-2 所示。

Windows 7 窗口的基本操作如下。

① 移动窗口，在窗口非最大化时可进行，四个边上的尺寸控制点可单方向改变窗口尺寸，角上的控点能同时改变两个方向。

② 缩放窗口，在窗口非最大化时可进行。

③ 窗口控制，控制按钮和控制菜单，Alt+space，或在标题栏空白处右键点击，可打开控制菜单。

④ 窗口切换，有三种方法切换窗口：Alt+Tab，点击窗口任意可见部分或任务栏单击窗口图标。

⑤ 窗口关闭，在标题栏点击控制按钮里的关闭按钮，或者在任务栏区域在要关闭的窗口上右键选择关闭窗口等。

图 3-2 “计算机”窗口

（2）文档窗口：主要用于编辑文档，它共享应用程序窗口中的菜单栏，当文档窗口打开时，用户从应用程序菜单栏中选择的命令同样会作用于文档窗口或文档窗口中的内容。

（3）对话框：有多种形式，“打印”对话框如图 3-3 所示。

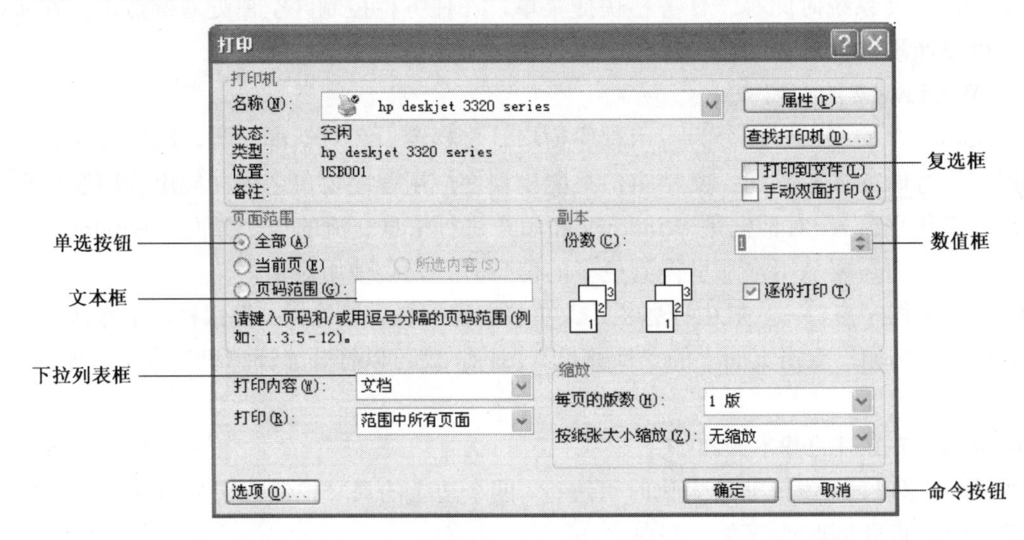

图 3-3 对话框窗口

① 命令按钮：单击命令按钮可立即执行命令。通常对话框中至少会有一个命令按钮。

② 文本框：文本框是要求输入文字的区域，直接在文本框中输入文字即可。

③ 数值框：用于输入数值信息。用户可以单击该数值框右侧的向上或向下的微调按钮来改变数值。

④ 单选按钮：单选按钮一般用一个圆圈表示，如果圆圈带有一个绿色实心点，则表示该项位选定状态；如果是空心圆圈，则表示该项处于未被选定状态。

⑤ 复选框：复选框一般用方形框（或菱形）表示，用来表示是否选定该选项。若复选框中有“√”符号，则表示该项为选定状态；若复选框为空，则表示该项没有被选定。若要选定或取消选定某一项，则单击相应的复选框即可。

⑥ 列表框：列表框列出了可供用户选择的选项。列表框常常带有滚动条，用户可以拖动滚动条显示相关选项并进行选择。

⑦ 下拉列表框：下拉列表框是一个单行列表框。单击其右侧的下拉按钮，将弹出一个下拉列表，其中列出了不同的信息以供用户选择。

另外，对话框中还可能出现以下项目。

① 选项卡：选项卡表示一个对话框由多个部分组成，用户选择不同的选项卡将显示不同的信息。

② 滑块：拖动滑块可改变数值大小。

③ 帮助按钮：在一些对话框的标题栏右侧会出现一个按钮?，点击该按钮，然后单击某个项目，就可获得有关该项目的帮助。

在打开对话框后，可以选择或输入信息，然后单击“确定”按钮关闭对话框；若不需要对其进行操作，可单击“取消”或“关闭”按钮关闭对话框。

3）Windows 7 的菜单

Windows 7 中的菜单一般包括“开始”菜单、下拉菜单、快捷菜单、控制菜单等。

（1）打开菜单。

下拉菜单：单击菜单栏中相应的菜单，即可打开下拉菜单。

快捷菜单：是关于某个对象的常用命令快速运行的弹出式菜单，右击对象即可弹出。

控制菜单：单击窗口左上角的控制图标，或右击标题栏均可打开控制菜单。

（2）关闭菜单。打开菜单后，用鼠标单击菜单以外的任何地方或按“Esc”键，就可以关闭菜单。

（3）菜单中常用符号的含义。

菜单中含有若干命令，命令上的一些特殊符号有着特殊的含义，具体内容如下。

① 暗色显示的命令：表示该菜单命令在当前状态下不能执行。

② 命令后带“√”标记：表示该命令正在起作用，再次单击该命令可删除“√”标记，则该命令将不再起作用。

③ 命令前有“⊙”标记：表示在并列的几项功能中，每次只能选择其中一项。

④ 命令右侧的组合键：表示在不打开菜单情况下，使用该组合键可直接执行该命令。

⑤ 命令右侧的“▼”标记：表示执行该命令将会打开一个级联菜单。

3. 键盘和鼠标的操作

（1）鼠标的基本操作。最基本的鼠标操作包含五种，即指向、单击（左键）、右击（右键单击）、双击和拖曳。

（2）键盘的基本操作。利用键盘可以实现 Windows 7 提供的一切操作功能，利用其快捷键，还可以大大提高工作效率。表 3-2 列出了 Windows 7 提供的常用快捷键。

表 3-2 Windows 7 的常用快捷键

快捷键	说明	快捷键	说明
“F1”	打开帮助	“Ctrl + C”	复制
“F2”	重命名文件（夹）	“Ctrl + X”	剪切
“F3”	搜索文件或文件夹	“Ctrl + V”	粘贴
“F5”	刷新当前窗口	“Ctrl + Z”	撤销
“Delete”	删除	“Ctrl + A”	选定全部内容
“Shift + Delete”	永久删除所选项，不放入“回收站”	“Ctrl +Esc”	打开开始菜单
“Alt + F4”	关闭当前项目或者退出当前程序	“Alt + Tab”	在打开的项目之间选择切换
“Ctrl+Alt+Delete”	打开 Windows 任务管理器	“Alt + Esc”	以项目打开的顺序循环切换

4. Windows 7 的帮助系统

Windows 提供了一种综合的联机帮助系统，借助帮助系统，用户可以方便、快捷地找到问题的答案，从而更好地“驾驭”计算机。

1）利用帮助窗口

单击“开始”按钮，选择“帮助和支持”命令，显示“帮助和支持中心”窗口。

若要浏览不同的帮助主题，可在“选择一个帮助主题”选项区中选择一个帮助内容。

若要通过一个特定的词或词组来搜索相关的帮助信息，则可以在“搜索”文本框中输入所要查找的内容，并单击“查找”按钮。

若要查看帮助内容的索引列表，可单击工具栏上的“索引”按钮，在打开的窗口中输入要查找的内容，然后单击“显示”按钮，相关的帮助信息会显示在右侧的显示区域中。

在帮助信息显示区域的末尾还常常出现带下画线的“相关主题”超链接，单击“相关主题”超链接，可以得到其他相关的帮助信息。

2）其他求助方法

除了可以利用 Windows 的“帮助和支持中心”窗口获取帮助外，用户还可以使用一下两种方法得到帮助和提示信息。

（1）获取对话框中特定项目的帮助信息，当用户对对话框中的内容不知如何操作时，可单击对话框右上角的“帮助”按钮。

（2）获取工作栏和任务栏的提示信息，任务栏和工具栏上有许多图表按钮，将鼠标指针指向某个按钮，稍微将会显示关于该按钮的简单提示信息。

3.2.2 Windows 7 的文件与文件夹

计算机系统中保存的数据是以文件的形式存放于外部存储介质上的，为了便于管理，文件通常放在文件夹中。

1. 文件及文件夹管理

1）文件

（1）文件的命名。文件是用文件名标识的一组相关信息集合，可以是文档、图形、图像、声音、视频、程序等。每个文件必须有一个唯一的标识，这个标识就是文件名。

文件名一般由主文件名和扩展名组成，其格式为：

<主文件名>[.扩展名]

在 Windows 7 中，一个文件的主文件名不能省略，由一个或多个字符组成，最多可以包含 255 个字符，可以是字母（不区分大小写）、数字、下划线、空格以及一些特殊字符，如“@”“#”“$”“%”“^”“！”“{}”等，但不能包含“：”“*”“？”“|”“<”“>”““”“/”“\”等字符。

扩展名有系统定义和自定义两类。系统定义扩展名一般不允许改变，有“见名知类”的作用。自定义扩展名可以省略或由多个字符组成。

系统文件的主文件名和扩展名由系统定义。用户文件的主文件名可由用户自己定义（文件的命名应做到“见名知义”），扩展名一般按照系统的约定。

在定义文件名时可以是单义的，也可以是多义的。单义是指一个文件名对应一个文件，多义是指通过通配符来实现代表多个文件。

通配符有两种，分别为“*”和“？”。“*”为多位通配符，代表文件名中从该位置起任意多个任意字符，如 A*代表以 A 开头的所有文件。“？”为单位通配符，代表该位置上的一个任意字符，如 B？代表文件名只有两个字符且第一个字符为 B 的所有文件。

（2）文件类型。文件类型很多，不同类型的文件具有不同的用途，一般文件的类型可以用其扩展名来区分。常用类型文件的扩展名是有约定的，对于有约定的扩展名，用户不应该随意更改，以免造成混乱。

此外，Windows 中将一些常用外部设备看做文件，用户给自己的文件起名的时候，不能用这些设备名。

2）文件夹及路径

（1）文件夹。文件夹可以理解为用来存放文件的容器，便于用户使用和管理文件。在 Windows 7 中，文件夹是按树形结构来组织和管理的。

文件夹树的最高层称为根文件夹，一个逻辑磁盘驱动器只有一个根文件夹。在根文件夹中建立的文件夹称为子文件夹，子文件夹还可以再包括子文件夹。如果在结构上加上许多子文件夹，它便形成一棵倒置的树，根向上，树枝向下。这也称为多级文件夹结构。

除了根文件夹以外的所有文件夹都必须有文件夹名，文件夹的命名规则和文件的命名规则类似，但一般不需要扩展名。

（2）路径。在文件夹的树形结构中，从根文件夹开始到任何一个文件都有唯一一条通路，该通路全部的结点组成路径，路径就是用“\”隔开的一组文件夹及该文件的名称。路径有绝对路径和相对路径之分：绝对路径是指以根文件夹“\”开始的路径；相对路径是指从当前文件夹开始的路径。

2. 文件与文件夹的操作

1）新建文件或文件夹

新建文件或文件夹有多种方法。常用方法是利用“我的电脑”或“资源管理器”。其具体操作步骤如下所述。

（1）在“我的电脑”或“资源管理器”窗口中，选择需要新建文件或文件夹的位置。

（2）单击“文件”菜单，选择“新建”级联菜单中的“文件夹”命令或需创建的文件类型命令；或右击工作区的空白处，利用快捷菜单也可完成。

（3）此时，在窗口中就会显示一个新的文件夹或文件可以对其命名。

2）打开及关闭文件或文件夹

打开文件或文件夹的常用方法为：

（1）双击需要打开的文件或文件夹；

（2）右击需打开的文件或文件夹，在弹出的快捷菜单中选择“打开”命令。

关闭文件或文件夹的常用方法为：

（1）在打开的文件或文件夹窗口中单击“文件”菜单，选择“关闭”（“退出”）命令；

（2）单击窗口中标题栏上的“关闭”按钮或双击控制图标；使用“Alt+F4”组合键。

另外，在打开的文件夹窗口中若单击“向上”按钮，也可关闭该文件夹，返回到上一级文件夹。

3）选定文件或文件夹

在 Windows 操作系统中，若要对某一对象进行操作，就必须选定。选定文件或选定文件夹的常用方法如下。

（1）选定单项：单击要选定的文件或文件夹即可将其选中。

（2）拖动选定相邻项：用鼠标拖动框选要选定的文件或文件夹。

（3）连续选定多项：单击第一个要选定的文件或文件夹，按住“Shift”键不放，单击要选定的最后一项，则两项之间的所有文件或文件夹都将被选定。

（4）任意选定：按住“Ctrl”键，依次单击要选定的文件或文件夹即可。

（5）全部选定：如果要选定某个驱动器或文件夹中的全部内容，可单击“编辑”菜单，选择“全部选定”命令，或按“Ctrl+A”组合键。

（6）反向选定：单击“编辑”菜单，选择“反向选择”命令，即可选定当前未选定的对象，同时取消已选定对象，实现反向选定。

4）复制、移动文件或文件夹

（1）利用剪贴板。剪贴板实际上是系统在内存中开辟的一块临时存储区域，专门用来存放用户剪切或复制下来的文件、文本、图形等内容。剪贴板上的内容可以无数次地粘贴到用户指定的不同位置上。

另外，Windows 还可以将整个屏幕或活动窗口复制到剪贴板中。按下“Print Screen”键可以将整个屏幕复制到剪贴板，按下“Alt+Print Screen”组合键可以将当前活动窗口复制到剪贴板。

① 使用工具栏：使用其上的快捷按钮可以实现复制、剪切和粘贴文件或文件夹操作。为“剪切”按钮；为“复制”按钮；为“粘贴”按钮；先选定操作对象，单击“复制”（“剪切”）按钮，打开目标文件夹，单击“粘贴”按钮，即可完成复制（移动）。

② 使用菜单命令：先选定操作对象，在“编辑”菜单中，选择“复制”（“剪切”）命令，或右击选定的对象，在弹出快捷菜单中选择“复制”（“剪切”）命令，然后打开目标文

件夹，在“编辑”菜单中选择“粘贴”命令，或右击目标位置，在弹出快捷菜单中选择“粘贴”命令，即可完成复制（移动）。

③使用键盘组合键：其可以方便地进行复制、移动操作。

“剪切”（Ctrl+X）：将用户选定的内容剪切移动到剪贴板上。

“复制”（Ctrl+V）：将用户选定的内容复制一份放到剪贴板上。

“粘贴”（Ctrl+C）：将“剪贴板”上的内容复制到当前位置。

先选定操作对象，然后按 Ctrl+C（Ctrl+X）组合键，打开目标文件夹，再按 Ctrl+V 组合键，即可完成复制（移动）。

（2）使用鼠标拖动。先选定操作对象，将其拖动到目标文件夹中，若在不同磁盘驱动器中拖动，则完成复制操作；若在同一磁盘驱动器中拖动，则完成移动操作。在拖动过程中若按住“Ctrl”键，则完成复制操作，若按住“Shift”键，则完成移动操作。

（3）使用“发送到”命令。先选定操作对象，在“文件”菜单中，选择“发送到”命令，或右击选中的操作对象，在弹出的快捷菜单中选择“发送到”命令，选择目的地址，随后系统开始复制，并弹出相应对话框以给出进度提示。

5）删除、恢复文件或文件夹

（1）删除文件或文件夹。为了保持计算机中文件系统的整洁，同时也为了节省磁盘空间，需要经常删除一些没有用的或损坏的文件和文件夹。删除文件或文件夹的常用操作方法如下。

①在“我的电脑”或“资源管理器”窗口中右击要删除的文件或文件夹，从弹出的快捷菜单中选择“删除”命令。

②选定要删除的文件或文件夹，单击“文件”菜单，选择“删除”命令。

③选定要删除的文件或文件夹，然后按“Delete”键。

④选定要删除的文件或文件夹，然后单击窗口左侧“文件或文件夹任务”列表中的“删除这个文件夹”超链接。

⑤选定要删除的文件夹，然后用鼠标将其拖动到桌面的“回收站”图标上。

执行以上任意的一个操作之后，系统都将显示“确认删除”对话框。单击“是”按钮，则将选择的文件或文件夹送到回收站；单击“否”按钮，则将取消本次删除操作。

执行前面几个操作后，可以发现当前被删除的文件夹或文件夹被转移到“回收站”中了，但如果删除的文件或文件夹存储在移动设备上，如软盘、U 盘，则不经过回收站，直接删除，不可恢复。

如果用户要不经“回收站”彻底删除文件或文件夹，则可以按住“Shift”键，执行上述删除操作。

若想清除回收站中的文件或文件夹，方法是双击桌面上的“回收站”图标，打开“回收站”窗口，选定要清除的对象，在“文件”菜单中（或右击选定的对象，在弹出的快捷菜单中）选择“删除”命令。

若要删除回收站中的全部内容，则应双击桌面上的“回收站”图标，打开“回收站”窗口，在“文件”菜单中（或右击“回收站”图标，在弹出的快捷菜单中）选择“清空回收站”命令。

（2）恢复文件或文件夹。如果用户感觉被删除的对象还有用，则可以从“回收站”中恢复该文件或文件夹。方法是双击桌面上的“回收站”图标，打开“回收站”窗口，选定要恢复的对象，在“文件”菜单中（或右击选中的对象，在弹出的快捷菜单中）选择“还原”命令，实现文件还原。

6）重命名文件或文件夹

文件或文件夹的重命名操作步骤如下。

（1）在“我的电脑”或“资源管理器”窗口中选定要重命名的文件或文件夹。

（2）在“文件”菜单中（或右击要重命名的文件或文件夹，在弹出的快捷菜单中）选择“重命名”命令，使文件或文件夹的名称处于编辑状态。

（3）输入新名称，按“Enter”键确认即可完成重命名操作。

7）搜索文件或文件夹

要搜索文件或文件夹，可单击“开始”按钮，在搜索框内输入要搜索的文件名称。另外，用户在“我的电脑”和“资源管理器”窗口中的搜索框内输入要搜索的文件名称进行搜索。

8）文件或文件夹快捷方式的创建

在Windows中，快捷方式可以帮助用户快速打开应用程序、文件或文件夹。快捷方式的图标与普通图标不同，它的左下角有一个小箭头，在桌面创建快捷方式的操作步骤如下。

（1）右击桌面空白处，在弹出的“新建”级联菜单中选择“快捷方式”命令，打开“创建快捷方式”对话框。

（2）在该对话框中，单击“浏览”按钮选定对象，单击“下一步”按钮。

（3）输入快捷方式名称，然后单击“完成”按钮。

另外，还可以使用鼠标右键创建快捷方式：右击要创建快捷方式的对象，在弹出的快捷菜单中选择“发送到桌面快捷方式”命令，即可在桌面上创建该项目的快捷方式。

9）文件或文件夹属性的查看

在Windows中，文件或文件夹一般有四种属性：只读、隐藏、系统和存档。要查看文件的详细属性，方法是先选定要查看属性的文件，在“文件”菜单中（或右击要查看的文件或文件夹，在弹出的快捷菜单中）选择“属性”命令，打开“属性”对话框。

在“属性”对话框的“常规”选项卡中显示了文件的大小、位置、类型等。在该对话框底部有两个复选框：“只读”“隐藏”，用户可以选定不同的复选框以修改文件的属性。

3. 资源管理器

Windows资源管理器是用于管理计算机所有资源的应用程序。通过资源管理器可以运行程序、打开文档、新建、删除文件、移动和复制文件、启动应用程序、连接网络驱动器、打印文档和创建快捷方式，还可以对文件进行搜索、归类和属性设置。

1）打开资源管理器

单击“开始”按钮，选择“所有程序”的“附件”级联菜单中的“Windows资源管理器”命令。

2）资源管理器的使用

（1）浏览文件夹。打开 Windows 资源管理器，“资源管理器”窗口的左侧是文件夹窗格，通过树形结构能够查看整个计算机系统的组织结构以及所有访问路径的详细内容。如果文件夹图标左边带有“+”符号，则表示该文件夹还包含子文件夹，单击该文件夹或文件夹前的符号，将显示所包含的文件夹结构，如果文件夹图标左边带有“-”符号，则表示当前已显示出文件中的内容，单击该文件夹前的符号，可折叠文件夹。当用户从“文件夹”窗格中选定一个文件夹时，在右侧窗格中将显示该文件夹下包含的文件和子文件夹。

（2）调整窗格。如果要调整“文件夹”窗格的大小，则将鼠标指针指向两个窗格之间的分隔条上，当鼠标指针变成“◂▸”形状时，按住鼠标左键并向左右拖动分隔条，即可调整“文件夹”窗格的大小。

（3）设置文件夹窗口的显示方式。

①查看方式：用户可以按需要来改变文件夹窗口中文件或文件夹的显示方式。最快捷的方法就是单击工具栏中的“查看”按钮，显示下拉菜单。也可从“查看”菜单中直接选择所需的排列方式。

②排列方式：用户可以按自己需要的方式在窗口中排列图标，右击窗口空白处，在弹出的快捷菜单中选择“排列图标”级联菜单中的相应排列方式，可按文件或文件夹的大小、名称、类型以及创建日期等方式排列图标。

3.2.3　Windows 7 系统设置

“控制面板”是用户对计算机系统进行系统配置的重要工具，可用来修饰系统设置。“控制面板”中默认安装许多管理程序，还有一些应用程序和设备会安装他们自己的管理程序以简化这些设备或应用程序的管理和配置任务。

1. 控制面板的启动

在“开始”菜单中选择“控制面板”命令，可以打开控制面板，如果需要经常的操作控制面板也可以将它固定到任务栏或桌面。

（1）设置打印机。双击“设备和打印机”图标，在打开的窗口组织栏上点击“添加打印机”，选择“添加本地打印机”，选择打印机端口（默认设置即可），选择打印机的厂家和型号后，进入自动安装界面。

（2）设置键盘和鼠标。双击“键盘”图标，可以打开“键盘属性”对话框，设置按键的重复率和光标闪烁的速度。双击“鼠标”图标，打开“鼠标属性”对话框，在此对话框中可以修改鼠标的常用属性，包括主次（左右）键的互换、双击的速度、指针形状、鼠标移动速度、鼠标转轮的速度等。

（3）设置声音设备。双击“声音”图标，可以代开“声音”对话框，可以查看和设置播放时的扬声器，录制时的麦克风，系统声音方案和 PC 电话的相关属性。

（4）设置显示属性。双击“显示”图标，在“显示”窗口中可进行与系统显示有关的操作，通过这些操作，用户可以设置更绚丽多彩的，富有个性的显示风格。显示属性的设置主要包括分辨率调整、个性化设置等，在这里主要介绍这两个操作。

①分辨率调整。分辨率指的是图像包含的像素点（每个像素点可以设置一种颜色）的数量，在一定程度上决定了图像的显示效果。在“显示”窗口中，选择“调整分辨率”命令直接完成设置。

②个性化设置。个性化设置包括设置桌面图标、更改鼠标指针、设置桌面背景、选择桌面背景图片、窗口颜色管理和屏幕保护程序等六个项目。这六个项目的组合被称为“主题”，可以将设置结果保存为一个主题文件（扩展名为 theme），以备再次设置相同主题时使用，也可以将该主题共享给其他用户使用。

在“显示”窗口中选择“个性化”命令，打开“个性化”窗口选择“桌面背景”，可以为桌面选择背景颜色或背景图片，可以点击“浏览”按钮将计算机任意位置上的图片设置为桌面背景，也可以设置图片显示时间间隔，以幻灯片的方式来显示。

被选择作为桌面的图片，可以选择“填充”“适应”“居中”“平铺”和“拉伸”五种变形效果，以使图片适应屏幕。选择“窗口颜色”，打开“窗口颜色和外观”对话框，可以更改系统中各种界面的按钮样式、颜色方案、窗口或菜单字体大小、颜色等。

用户暂时不操作计算机时，屏幕自动播放的活动画面被称为“屏幕保护程序”，使用屏幕保护程序既可以隐藏操作界面保护隐私，又可以避免长时间静止的画面损伤屏幕。点击“屏幕保护程序”图标，打开“屏幕保护程序”对话框，在屏幕保护程序下拉框内选择保护程序的样式，点击“预览”按钮可以看到所选样式的效果，点击“应用”后设置完成。

③日期、时间和区域语言设置。双击“日期和时间”图标可以更改系统的日期、时间和所在时区。双击“区域和语言”图标，在打开对话框中的“格式”选项卡中可以修改用户所在的国家，不同国家有不同的货币和时间表示方式，点击“其他设置”按钮可以详细设置货币、数字、时间、日期的格式和排序方式。

④在“键盘和语言选项卡”中点击“更改键盘”按钮，打开“文本服务和输入语言”对话框，可以进行选择默认输入法、添加和删除输入法、调整语言栏的位置、设置输入法启动切换快捷键等操作。

（5）用户账户管理。Windows 7 支持多用户，每个用户有以用户名命名的专属文件夹，不同的用户可独立进行个性化设置。不同的用户拥有不同的权限，如果系统为每一个用户独立分配权限，用户管理会变得非常复杂，所以 Windows 7 采用了用户组的策略。将拥有不同权限的用户进行分组，称为用户组，系统只为用户组分配权限，然后将用户放到对应的组中，用户拥有系统赋予组的权限。

①Windows 7 用户组。Windows 7 有很多的用户组，最常用的有三个，Administrators、Power Users 和 Guests。Administrators 用户是管理员用户，拥有最高权限。Guests 是来宾用户，拥有较少的权限。以上两个用户是系统的默认用户，可以更改用户名，但不可删除。Power Users 组中的用户是超级用户，除了少量 Administrator 保留任务外，该组中的用户拥有与 Administrators 类似的权限。

②创建新用户。双击“用户账户”图标，打开“用户账户”窗口，点击“管理其他账户”，打开“管理账户”窗口，单击“创建一个新账户”，根据内容提示向导，完成账户创建，并将用户加入到一个用户组中。

③账户管理。在“管理账户”窗口中，单击一个已经存在的账户，打开“更改账户”窗口，可以进行更改账户名称，创建、修改和删除密码，更改账户类型等操作。

④删除账户。在“更改账户”窗口中，单击“删除账户”，可将该账户删除，删除时系统会提示“是否保留用户文件”，用户可根据实际情况决定是否保留。

（6）管理工具。双击“管理工具”图标，打开管理工具窗口，可以看到这里集合了Windows 7系统自带的查看及修改系统设置的各种工具，熟练地应用这些管理工具可以提高用户操作计算机的速度，加强系统的安全性。下面介绍两个比较有用的工具——系统配置和服务。

①系统配置。有些用户开机时会同时启动各种应用软件，致使系统缓存大量消耗，开机缓慢。可以双击“管理工具”窗口列表中的“系统配置”选项，在“系统配置应用程序”对话框中解决这一问题。首先在“系统配置”对话框“常规”选项卡种中选择“有选择的启动”，然后切换到“启动”选项卡，在启动选项卡中列表显示了当前可以开机自动启动的所有项目，用户可以根据需要选择哪些项目在开机时启动，如图3-4所示。

图3-4　系统配置“启动”项

②服务。Windows 7为用户提供了大量的服务程序，有些服务是必需的，有些服务则很少使用（例如用户不使用或者很少使用打印机时，Print Spooler服务就属于这种情况），有些服务根本没有用处（例如不使用无线网络的计算机上的WLAN AutoConfig服务），有些服务基本不使用而且很不安全（例如Remote Regestry服务），对这些服务进行合理的管理，关停部分服务不但可以节省系统资源，还可以提高系统的安全性。

启动服务窗口方法：在管理工具中双击“服务”，打开“服务”窗口，选择一个服务在左侧服务描述栏中显示该服务的描述。双击该服务可以查看服务名称、服务描述、服务的程序、服务启动类型、启动和关闭服务，查看该服务与其他服务的依存关系等。

服务的启动类型有：禁用、手动、自动、自动（延迟启动）。

- 禁用，服务无法启动，某些存在安全隐患或无用的服务应设置为禁用。
- 手动，服务只有在需要时才会启动，一些使用频率较小的服务应设置为手动。
- 自动，服务在开机时会自动启动，一些系统常用的服务应设置为自动。

· 自动（延迟启动），系统启动后再自动启动服务，节约缓存，提高开机速度，对于配置相对较低的计算机，建议多采用这种启动方式。

2. 中文输入法的添加和卸载

（1）添加/卸载输入法的具体操作步骤如下所述。

①在“控制面板”窗口中双击“区域和语言选项”图标，打开“区域和语言选项”对话框。

②在“语言”选项组中单击“详细信息”按钮，打开“文字服务于输入语言”对话框。

③单击“添加”按钮，在“添加输入语言”对话框中选定“键盘布局/输入法”复选框，在其下拉列表框中选择需要的输入法；若要删除某个输入法，可在“已安装的服务”列表框中选择需要删除的输入法，单击“删除”按钮，可删除该输入法。

有些输入法的添加，如五笔输入法、紫光拼音输入法等，应下载相应的输入法软件进行安装。如果安装后在语言栏中没有相应的输入法，可以在“文字服务于输入语言”对话框中添加相应的输入法。

（2）输入法的使用方法如下所述。

①启动和关闭输入法：按“Ctrl+Space”组合键。

②输入法切换：按“Ctrl+Shift”组合键，或单击“输入法指示器”，在弹出的输入法菜单中选择一种汉字输入法。

③全角/半角切换：按“Shift+Space”组合键，或单击输入法状态窗口中的“全角/半角切换”按钮。此复选框被选定时，当另一个用户登录到计算机当前用户的程序仍然继续运行；如果清除此复选框，那么当用户注销时程序将自动关闭。

④中英文标点切换：按“Ctrl+.”组合键，或单击“输入法指示器”中的“中英文标点切换”按钮。另外，特殊字符的输入，如希腊字母、数学符号等，通过输入法指示器上的“软键盘”输入较为方便。

3.2.4 Windows 7 的主要功能

1. 磁盘管理

Windows 的磁盘管理操作可以实现对磁盘的格式化、空间管理、碎片处理、磁盘扫描和查看磁盘属性等功能。

（1）格式化。磁盘出厂前一般要进行低级格式化，为磁盘划分柱面、磁道和扇区。当用户使用时还要进行高级格式化，划分逻辑分区，清除磁盘原有数据，检查磁盘错误，修复坏道和扇区，使用文件系统配置磁盘。本书所讲的格式化就是高级格式化选中要格式化的硬盘，关闭该硬盘上的所有文件和程序，在快捷菜单中选择“格式化”，在对话框中选择容量，文件系统和分配单元大小后开始格式化。

（2）快速格式化。该对话框中可以选择快速格式化命令，快速格式化仅仅删除磁盘上的所有文件，而不能像格式化一样扫描和修复磁盘上的坏扇区。

（3）不能进行的格式化。当磁盘上有文件打开时，格式化是无法完成的，此外磁盘损坏也会导致格式化无法完成。一个从未进行过高级格式化的磁盘无法快速格式化。

（4）磁盘检查。磁盘经过长时间的使用，尤其是经常的错误关机和重启，有可能会出现损坏的扇区，造成数据丢失，严重时会影响系统的正常工作。此时可以采用磁盘检查，诊断并修复磁盘上的错误，恢复损坏的扇区。

打开磁盘快捷菜单，选择“属性”命令，打开“属性”对话框，选择“工具”选项卡，点击“开始检查”按钮，在弹出的“检查磁盘”对话框中，选择“自动修复文件系统错误”和“扫描并尝试恢复坏扇区”两个复选框，点击“开始”按钮。磁盘检查必须先关闭磁盘上的文件和程序，否则无法进行修复操作，所以系统盘的修复只能在完成设置后重新启动，在系统加载时进行检查与修复。

（5）磁盘碎片整理。磁盘在经过长时间的使用后速度可能会越来越慢，这可能是磁盘碎片造成的。磁盘碎片也叫文件碎片，是磁盘读写过程中产生的不连续文件。系统读写这些文件时需要不断的移动磁头，这一方面降低了磁盘的响应速度，另一方面也影响了磁盘的寿命。

磁盘属性对话框工具选项卡中，点击“立刻进行碎片整理”，在对话框中选择一个磁盘，点击“分析磁盘”，系统将给出碎片文件的百分比，如果超过10%，建议点击“磁盘碎片整理”按钮，进行清理。可以通过对话框中的“配置计划”，设置定期（每个多少时间）整理磁盘碎片。清理磁盘碎片要求磁盘有 15%的空间，否则无法进行。清理磁盘碎片对磁盘有一定损伤，因此不建议频繁进行。

（6）磁盘清理。用户进行读写操作、安装应用程序时，会在磁盘上生成一些临时文件和不再使用的文件，这些文件不仅占用磁盘空间，而且还会降低系统文件检索的速度。可以通过磁盘属性对话框中的“常规”选项卡下的“磁盘清理”，删除这些临时文件。

2. *程序管理*

（1）应用程序的概念。应用程序是指为了完成某项或某几项特定任务而运行于操作系统之上的计算机程序，有时也被笼统的称为“应用软件”。用户使用计算机的主要目的就是在计算机上运行各种应用程序，满足用户某方面的需求。

（2）应用程序安装。应用程序分为绿色软件和安装版软件。绿色软件，无需安装，直接使用；安装版软件，安装时需要运行“setup.exe”或“install.exe”通常包括自解压、生成安装文件夹、写入注册表、在开始菜单添加程序组等过程；卸载时在开始菜单程序组中运行卸载程序，或运行 uninstall.exe。

（3）程序和功能窗口。Windows 7 系统的程序和功能窗口也可以方便卸载程序。打开“开始”菜单，单击“控制面板”，在控制面板中双击“程序和功能”图标，可以打开“程序和功能”窗口中选择“程序”，单击卸载，如图 3-5 所示。

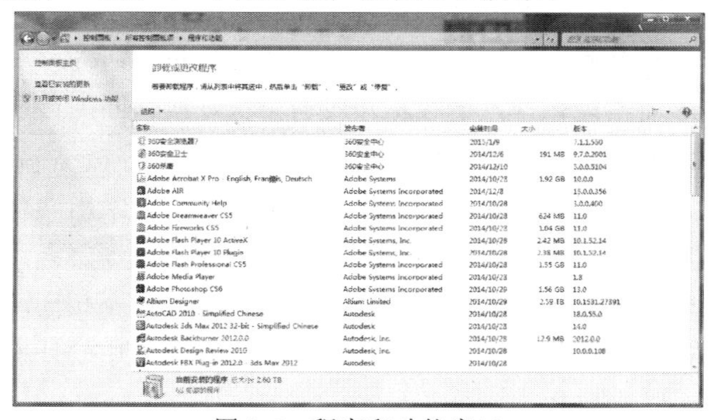

图 3-5　程序和功能窗口

在程序和功能窗口中，点击“打开和关闭 Windows 功能”命令，可以打开“Windows 功能”对话框。该对话框提供了已安装的 Windows 功能的列表，用户可以根据个人需求，关闭或打开这些功能，如图 3-6 所示。

3. 任务管理

因打开程序太多、出现运行错误、系统缓存太小等原因，系统可能会变得响应速度很慢，各种操作长时间得不到响应，可以使用任务管理器来结束掉某些进程解决问题，如图 3-7 所示。在任务栏的空白处右键点击，在快捷菜单中选择“启动任务管理器”命令打开任务管理器，或者使用 Ctrl+Shift+Esc 快捷键直接打开。

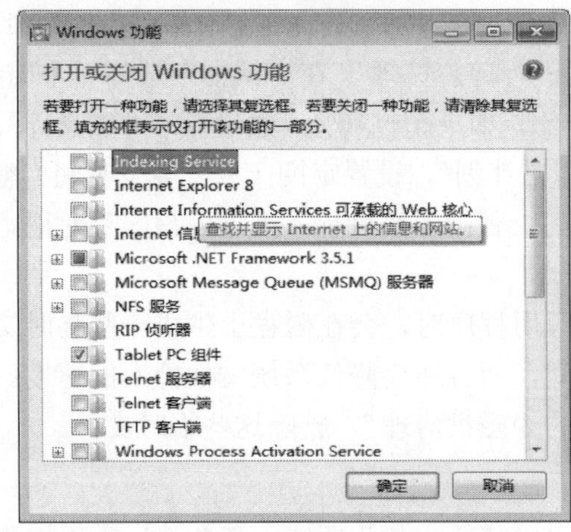

图 3-6　Windows 功能

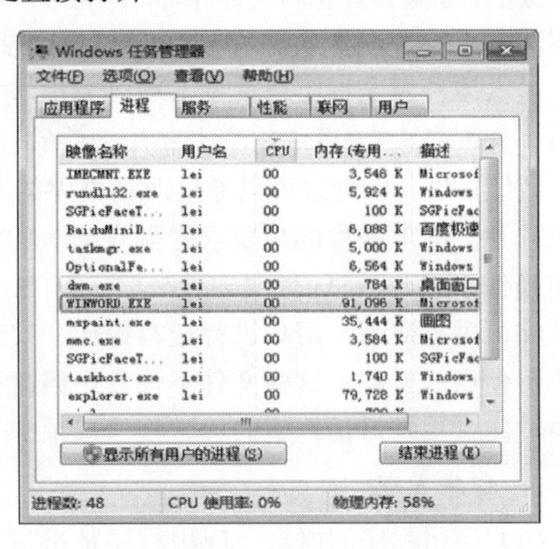

图 3-7　Windows 任务管理器

4. 设备管理

用户在使用计算机时，可能会出现一些硬件设备无法使用的情况，例如无法播放声音文件，打印机无响应等，排除硬件物理损坏的原因，一种常见的可能是设备驱动出了问题，需要打开设备管理器进行设备管理。在桌面上选择“计算机”图标，打开快捷菜单，单击“管理”命令，在打开的计算机管理窗口中选择“设备管理器”，可以进行设备的各种管理。这些操作包括查看设备的状态、安装和更新驱动程序、配置和卸载设备等功能。

设备管理器以树形结构列出了连接到计算机的设备，在用户名上右键打开快捷菜单，选择“扫描硬件更新”命令，状态异常的设备用特殊符号标示出来。

（1）红色错号：设备被停用，可以在该设备的快捷菜单中启动该设备。

（2）黄色问号：设备不能识别，继续操作没有意义，应该断掉该设备的连接。

（3）黄色叹号：设备驱动程序未安装或安装不正确。

在设备的快捷菜单中选择“更新驱动程序”命令，系统会给出两个选择，一个是自动更新驱动程序，系统将自动搜索本地计算机和网络上的驱动程序资源，另外一个是由用户指定驱动程序所在文件夹，进行安装。不同设备的驱动程序各不相同，即便同一厂家生产的设备驱动程序也有不小的区别，因此建议安装驱动前，先使用硬件检测工具先行检测设备的型号，再准备相应的驱动程序。

3.3 网络操作系统

网络操作系统 NOS（network operating system），是网络的心脏和灵魂，是向网络计算机提供服务的特殊的操作系统。它在计算机操作系统下工作，使计算机操作系统增加了网络操作所需要的能力。在计算机网络上配置 NOS，是为了管理网络中的共享资源，实现用户通信以及方便用户使用网络，因而网络操作系统是作为网络用户与网络系统之间的接口。现代操作系统的主要特征之一就是具有上网功能，因此，除了在 20 世纪 90 年代初期，Novell 公司的 Netware 等系统被称为网络操作系统之外，人们一般不再特指某个操作系统为网络操作系统。

3.3.1 网络操作系统功能

网络操作系统功能通常包括：处理机管理、存储器管理、设备管理、文件系统管理以及为了方便用户使用操作系统向用户提供的用户接口，网络环境下的通信、网络资源管理、网络应用等特定功能。其常用功能包括以下几类。

（1）网络通信，这是网络最基本的功能，其任务是在源主机和目标主机之间，实现无差错的数据传输。

（2）资源管理，对网络中的共享资源（硬件和软件）实施有效的管理、协调用户对共享资源的使用、保证数据的安全性和一致性。

（3）网络服务，常用的网络服务有电子邮件服务，文件传输，存取和管理服务，共享硬盘服务，共享打印服务。

（4）网络管理，其最主要的任务是安全管理，一般这是通过“存取控制”来确保存取数据的安全性，以及通过“容错技术”来保证系统故障时数据的安全性。

（5）互操作能力，所谓互操作，在客户/服务器模式的 LAN 环境下，指连接在服务器上的多种客户机和主机，不仅能与服务器通信，而且还能以透明的方式访问服务器上的文件系统。

3.3.2 常见局域网网络操作系统

1. Windows 类

对于这类操作系统相信用过电脑的人都不会陌生，这就是全球最大的软件开发商微软公司开发的。微软公司的 Windows 系统不仅在个人操作系统中占有绝对优势，它在网络操作系统中也是具有非常强劲的力量。这类操作系统配置在整个局域网配置中是最常见的，但由于它对服务器的硬件要求较高，且稳定性能不是很高，所以微软的网络操作系统一般只是用在中低档服务器中，高端服务器通常采用 Unix、Linux 或 Solairs 等非 Windows 操作系统。在局域网中，微软的网络操作系统主要有：Windows NT 4.0 Server、Windows 2000 Server/Advance Server，以及广泛使用的 Windows 2003 Server/ Advance Server 等，工作站系统可以采用任一 Windows 或非 Windows 操作系统，包括个人操作系统，如 Windows 9x/ME/XP 等。

在整个 Windows 网络操作系统中最为成功的还是 Windows NT4.0 系统，它几乎成为中、小型企业局域网的标准操作系统，一则是它继承了 Windows 家族统一的界面，使用户学习、使用起来更加容易；再则它的功能比较强大，基本上能满足所有中、小型企业的各项网络求。虽然相比 Windows 2000/2003 Server 系统，Windows NT 4.0 系统在功能上要逊色一些，但它对服务器的硬件配置要求要低，可以更大程度上满足许多中、小企业的 PC 服务器配置需求。

2. NetWare 类

1983 年，伴随着 Novell 公司的面世，NetWare 局域网操作系统出现了。NetWare 能够提供“共享文件存取”和“打印”功能 ，使多台 PC 可以通过局域网同文件服务器联接起来，共享大硬盘和打印机。

如今 NetWare 操作系统远不如早几年那么风光，在局域网中早已失去了当年雄霸一方的气势，但是 NetWare 操作系统仍以对网络硬件要求较低的优势（工作站只要是 286 机就可以了）而受到一些设备比较落后的中、小型企业，特别是学校的青睐。人们一时还忘不了它在无盘工作站组建方面的优势，也忘不了它那毫无过分需求的大度。因为它兼容 DOS 命令，其应用环境与 DOS 相似，经过长时间的发展，具有相当丰富的应用软件支持，技术完善、可靠。目前常用的版本有 3.11、3.12、4.10、V4.11、V5.0 等，NetWare 服务器对无盘站和游戏的支持较好，常用于教学网和游戏厅。当前这种操作系统的市场占有率呈下降趋势，其市场主要被 Windows NT/2000 和 Linux 系统瓜分了。

3. Unix 系统

常用的 Unix 系统版本主要有：Unix SUR4.0、HP-UX 11.0，SUN 的 Solaris8.0 等。支持网络文件系统服务，提供数据等应用，功能强大，由 AT&T 和 SCO 公司推出。这种网络操作系统稳定和安全性能非常好，但由于它多数是以命令方式来进行操作的，不容易掌握。正因如此，小型局域网基本不使用 Unix 作为网络操作系统，Unix 一般用于大型的网站或大型的企、事业局域网中。Unix 网络操作系统历史悠久，其良好的网络管理功能已为广大网络用户所接受，拥有丰富的应用软件的支持功能。Unix 是一种集中式、分时多用户体系结构。因其体系结构不够合理，Unix 的市场占有率呈下降趋势。

4. Linux

这是一种新型的网络操作系统，它的最大的特点就是源代码开放，可以免费得到许多应用程序。目前也有中文版本的 Linux，如 REDHAT（红帽子）、红旗 Linux 等。在国内得到了用户充分的肯定，主要体现在它的安全性和稳定性方面，它与 Unix 有许多类似之处。目前，这类操作系统主要应用于中、高档服务器中。

总的来说，对特定计算环境的支持使得每一个操作系统都有适合于自己的工作场合，这就是系统对特定计算环境的支持。例如，Windows 2000 Professional 适用于桌面计算机，Linux 目前较适用于小型的网络，而 Windows 2000 Server 和 Unix 则适用于大型服务器应用程序。因此，对于不同的网络应用，需要有目的的选择合适的网络操作系统。

网络操作系统可使网络上的计算机方便而有效地共享网络资源，为网络用户提供各种服务的软件和有关规程的集合。网络操作系统与通常的操作系统有所不同，它除了应具有通常操作系统具有的处理机管理、存储器管理、设备管理和文件管理外，还应具有两大功能：提供高效、可靠的网络通信能力；提供多种网络服务功能，如远程作业录入并进行处理的服务功能、文件转输服务功能、电子邮件服务功能、远程打印服务功能。

本章小结

本章在介绍操作系统的基本概念、功能及其分类的基础上，重点介绍了微软公司的 Windows 7 操作系统的基本操作，包括 Windows 7 资源管理器的使用、控制面板的使用、Windows 7 的功能特点等；最后介绍了常见的网络操作系统的功能及其分类。

希望通过本章知识的学习大家能够对操作系统有一个系统的认识，为后续章节的学习奠定基础。

本章习题

一、巩固理论

1．在 Windows 7 窗口中，用鼠标拖曳（　　），可以移动整个窗口。

A．菜单栏　　B．标题栏　　C．工作区　　D．状态栏

2．在 Windows 7 中，若要将剪贴板上的信息粘贴到某个文档窗口的插入点处，正确的操作是（　　）。

A．按“Ctrl＋X”键　　B．按“Ctrl＋V”键

C．按“Ctrl＋C”键　　D．按“Ctrl＋Z”键

3．在 Windows 7 中，“任务栏”的主要功能是（　　）。

A．显示当前窗口的图标　　B．显示系统的所有功能

C．显示所有已打开过的窗口图标　　D．实现任务间的切换

4．在“Windows 资源管理器”的左窗格中，单击文件夹中的图标，（　　）。

A．在左窗口中显示其子文件夹

B．在左窗口中扩展该文件夹

C．在右窗口中显示该文件夹中的文件

D．在右窗口中显示该文件夹中的子文件夹和文件

5．在 Windows 7 中，可使用桌面上的（　　）来浏览和查看系统提供的所有软硬件资源。

A．我的文档　　B．回收站　　C．计算机　　D．网络

6．在 Windows 7 中，要选中不连续的文件或文件夹，先用鼠标单击第一个，然后按住（　　）键，用鼠标单击要选择的各个文件或文件夹。

A．Alt　　B．Shift　　C．Ctrl　　D．Esc

7．“回收站”是（　　）文件存放的容器，通过它可恢复误删的文件。

A．已删除　　B．关闭　　C．打开　　D．活动

8．清除“开始”菜单的“文档”项中的文件列表的正确方法是（　　）。

A．在“任务栏和开始菜单属性”对话框的“开始菜单”选项卡中单击“清除”按钮

B．用鼠标右键把文件列表拖到“回收站”中

C．通过鼠标右键的快捷菜单中的“删除”命令

D．通过“资源管理器”进行删除

9．改变资源管理器中的文件夹图标大小的命令是在（　　）菜单中。

A．文件　　B．编辑　　C．查看　　D．工具

10．在 Windows 7 附件中可对图像文本（包括传真文档和扫描图像）进行查看、批注和执行基本任务的工具是（　　）。

A．记事本　　B．写字板　　C．画图　　D．映像

11．“画图”程序可以实现（　　）。

A．编辑文档　　B．查看和编辑图片

C．编辑超文本文件　　D．制作动画

12．下列情况在“网络”中不可以实现的是（　　）。

A．访问网络上的共享打印机　　B．使用在网络上共享的磁盘空间

C．查找网络上特定的计算机　　D．使用他人计算机上未共享的文件

13．要退出屏幕保护但不知道密码，可以（　　）。

A．按下“Ctrl＋Alt＋Delete”键，在出现的“Windows 服务管理器”对话框中选择“屏幕保护程序”，然后单击“结束任务”按钮，即可终止屏幕保护程序

B．按下“Alt＋Tab”切换到其他程序中

C．按下“Alt＋Esc”切换到其他程序中

D．以上都不对

14．在 Windows 7 中用鼠标左键把一文件拖曳到同一磁盘的另一个文件夹中，实现的功能是（　　）。

A．复制　　B．移动　　C．制作副本　　D．创建快捷方式

二、解答题

1．操作系统的概念和功能。

2．Windows 7 操作系统的安装方法。

三、知识扩展

选择其中感兴趣的一种常见的网络操作系统，作进一步深入的了解。

第 4 章　办公自动化应用软件

本章学习目标

- 理解 Office 2010 的基本功能
- 了解 Office 2010 的常用套件及其特性
- 熟练掌握 Word 2010、Excel 2010、PowerPoint 2010 的基本操作与应用

4.1　办公自动化应用软件概述

计算机技术的普及，使计算机在生产、生活中的应用更加广泛。自 1936 年，美国首次提出办公自动化（office automation，OA）的概念以来，通过计算机技术处理办公信息的技术迅速发展，而其中最具影响力的则是通用办公自动化软件的应用。目前，常用的办公自动化软件有中国金山公司的 WPS（word processing system）和美国微软公司的 Office。

4.1.1　WPS Office

WPS Office 是根据中国人处理文字的特点开发的一款办公自动化软件，它包含文字处理、电子表格、幻灯片制作、电子邮件、网页浏览、图片浏览六项功能。具有兼容免费、体积小、在线资源丰富、多种界面灵活切换并带有“云”办公的特点。

1989 年 9 月，金山公司发布了 WPS 1.0，提供了模拟显示功能。

1997 年 9 月，发布的 WPS 97，提供了“所见即所得”引擎，成为首款运行在 Windows 平台上的中国本土的文字处理软件。

2001 年 5 月，金山公司将 WPS 正式更名为 WPS Office。

2007 年 5 月，发布的 WPS Office 2007 包含了 WPS 文字、WPS 表格、WPS 演示功能。

2013 年 5 月，WPS Office 2013 的发布使其功能及易用性有了更大的提升。为了适应移动设备的应用，该版本还提供了相应的 Android 版。

4.1.2　Microsoft Office

Microsoft Office 是由美国微软公司为 Microsoft Windows 和 Apple Macintosh 操作系统开发的办公自动化软件，由于其发布时间早且初期市场占用率高，致使到目前为止，该软件仍然是各办公室应用最广泛的软件。

Office 的前身是 1979 推出的 WordStar，该产品提供文字编辑功能，于 1982 年改名为 Microsoft Office。之后，相继推出的 Microsoft Office 2000、Microsoft Office XP、Microsoft Office 2010 版本，在功能及用户体验上不断改进。2012 年度，发布的 Microsoft Office 2013，操作界面大为改善，能更好地支持各种平台。

Microsoft Office 提供了 Word、Excel、PowerPoint、Outlook、Access 和 FrontPage 套件，涉及文字处理、电子表格处理、演示文稿制作、邮件管理、数据管理和网页制作等办公应用的各个方面。在众多版本中，Microsoft Office 2010 是当前被普遍使用的一个版本。

4.2　Word 2010

4.2.1　初识 Word 2010

Word 是 Microsoft Office 套件中的文字处理组件，可用来创建、编辑文档，它是 Office 套件中使用率最高的一个组件。

1. Word 2010 的工作窗口

Word 2010 的工作窗口如图 4-1 所示，它主要包括标题栏、窗口控制按钮、快速访问工具栏、功能区、状态栏、视图栏、视图显示比滑块、文档编辑区。

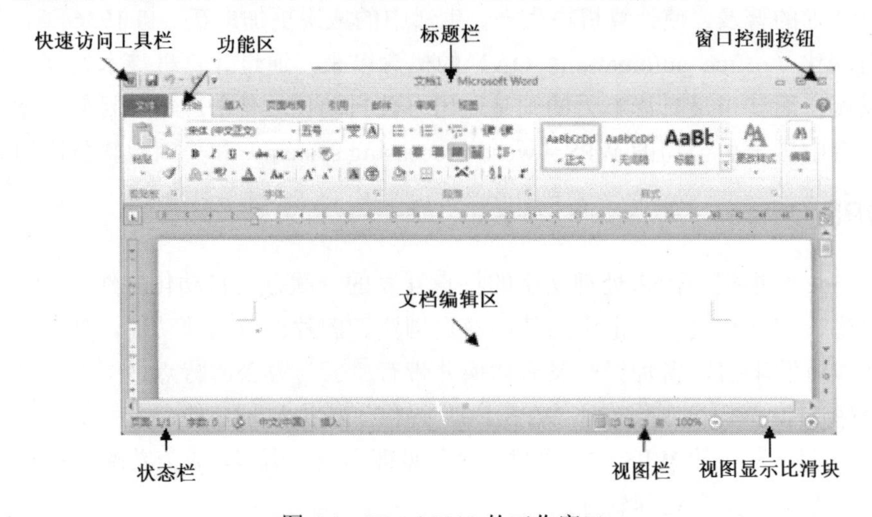

图 4-1　Word 2010 的工作窗口

（1）标题栏和窗口控制按钮。标题栏用于显示文档的名称，窗口控制按钮位于工作界面的右上角，单击窗口控制按钮，可以最小化、最大化、恢复或关闭程序窗口。

（2）状态栏位于窗口左下角，用于显示文档页数、字数及校对信息等。

（3）视图栏和视图显示比滑块位于窗口右下角，用于切换视图的显示方式以及调整视图的显示比例。

（4）文档编辑区又称文档窗口，是 Word 2010 操作窗口中最大的区域，文档录入、编辑和排版等操作过程都将在该区域中进行。文档编辑区包括水平标尺、垂直标尺、垂直滚动条、水平滚动条和视图切换等按钮。

（5）状态栏一般位于窗口的底部，通常用来显示有关操作的简要说明和一些提示信息，以便给出当前操作的各种状态。在 Word 2010 的状态栏中显示内容包括：插入点所在的页码/总页数、节，插入点所在的行、列位置等，并显示当前操作的提示信息。双击状态栏中的“改写”按钮，可实现“插入”与“改写”状态的切换。

（6）功能区。Word 2010 功能区通过选择卡的形式按操作功能进行分区，通过鼠标点击进行相应功能区面板的切换。每个功能区根据功能的不同又分为若干个组。

2. 常规操作

1）打开文档

随着办公自动化系统的普及，文件的流转主要是电子文件方式。日常办公中，往往需要对现有的电子文档按要求进行编辑处理，则首先要做的工作就是在相应存储位置中找到并打开目标文件。打开已经存在的 Word 文档通常有以下四种方法。

（1）打开 Word 2010 应用程序，选择“文件”→“打开”命令，或者单击“开始”→“常用”→“打开”，将弹出如图 4-2 所示的对话框。在对话框中选择需要打开文件，单击“打开”按钮或者直接双击该文件。

图 4-2　打开对话框

（2）在存储设备中找到需要打开的文档，双击该文档。

（3）使用快捷键 Ctrl＋O 或 Ctrl+F12，打开“打开”对话框，在对话框中打开相应文档。

（4）在 Word 中，如果打开最近使用过的文档，可在“文件”选项卡中找到最近使用的文档，直接点击并打开该文档。

2）新建文档

新建 Word 文档的 3 种方法如下：

（1）单击“开始”→“常用”→“新建空白文档”，Word 2010 会自动创建一个新的空白文档，新的空白文档是基于 Normal 模板的。

（2）使用快捷键 Ctrl+N，即可创建一个新的空白文档。

（3）单击“文件”→“新建”命令，在弹出的“新建文档”面板中选择“空白文档”或“样本模板”，单击“创建”按钮。

3）保存文档与保护文档

用户输入和编辑的文档是存放在内存中并显示在屏幕上的，如果不及时存盘，一旦死机或断电，所做的工作就会丢失。新建文档或新编辑过的文档只有在外存（如磁盘）上才可以长期保存。

（1）保存文档：单击“文件”→“保存”按钮，单击快速访问工具栏上的“保存”按钮，使用快捷键 Ctrl+S。

文件处理时及时保存是很好的使用习惯，但很多用户没有养成及时保存文件的习惯，为确保在断电、死机或类似问题发生之后，能够自动恢复尚未保存的工作，文档保护功能起到了重要的作用。

（2）保护文档，包括自动保存文档和为文档设置密码两种功能。通过开启 Word 2010 的自动保存功能实现文档的自动保存。执行“文件”→“选项”命令，打开“选项”对话框，选择“保存”选项卡，设定“自动保存时间间隔”（系统默认的是 10 分钟）即可完成自动保存设置。

如果对一些内容不易公开的保密文件进行保护时，在“文件”页面，单击“保护文档”按钮，在弹出的菜单中选择“用密码进行加密”，在弹出的“加密文档”对话框中输入密码。加密后的文件，打开时需要正确输入密码后方可操作。

3. 常用命令

Word 2010 常用命令包括四种，即选择命令、撤销命令、恢复命令和重复命令。

1）选择命令

选择命令有三种常用方法。

（1）用鼠标左键点击不同的功能区，在不同的功能组当中选择不同的命令按钮。

（2）利用鼠标右键菜单选择不同的命令。

（3）利用快捷键。

2）撤销命令

Word 具有记录近期刚完成的一系列操作步骤的功能。若用户操作失误，可以通过“常用”工具栏中的“撤销”按钮或执行“编辑|撤销”菜单命令（Ctrl+Z），取消对文档所做的修改，使操作回退一步，但前提是文件在此期间没有被保存过。Word 2010 还具有多级撤销功能，连续单击“撤销”按钮即可完成多级撤销。用户也可以单击“撤销”按钮右边向下的三角箭头，打开一个下拉列表，该表按从后向前的顺序列出了可以撤销的所有操作，用户只要在该表中用鼠标选定需要撤销的操作步数，就可以一次撤销多步操作。

3）恢复命令

快速访问工具栏上有一个“恢复”按钮，其功能与“撤销”按钮正好相反，它可以恢复被撤销的一步或任意步操作。如果上一次的操作不是撤销操作，“常用”工具栏的“恢复”按钮就不可用。

4）重复命令

如果需要多次进行某种同样的操作时，可以通过执行 Ctrl＋Y，重复前一次的操作。

4.2.2 Word 2010 文档的排版

文档的排版通常又称为文档的格式化，是指对文档中的字符、段落、图片等内容显示方式进行设置和修改，包括字体、字号、字的颜色及段落格式等，主要是为了改变文档的外观，使文档更符合用户需求。

1. 更改文字外观

在一篇文档中，不同的内容应该使用不同的字体和字形，这样才能使文档层次分明，使阅读的人能够一目了然，抓住重点。

1）使用“开始”功能区编辑文本

使用“开始”→“字体”，可以快速地设置文字格式，例如字体、字号、字形等，从而提高工作效率。在某插入点设置字体格式（如字号、字体等），则插入点之后输入的文本将都采用这些格式，直至再一次更改格式设置。

2）使用“字体”对话框

使用“字体”对话框可以进行以下操作。

（1）按下 Ctrl+D 组合键，将打开“字体”对话框，其中，“效果”选项组可以用来设置文字的多种效果，如隐藏文字、阴文、阳文、上标、下标和空心字等。

（2）切换到“高级”选项卡，在“间距”下拉列表可以调整文字之间的空距。

2. 设置上、下标

在文字处理过程中，经常会输入上下标，例如：H_2SO_4，$fx=x_a$，x^2 等。Ctrl+Shift+=组合键设置上标；Ctrl+=组合键设置下标，再次按该组合键可恢复到正常状态。

3. 段落格式化

1）使用“格式”工具栏格式化段落

使用“段落”对话框可以快速有效的设置段落的对齐方式、行距以及左缩进量。在段落组中包含有 4 个对齐按钮、一个行距下拉列表和两个缩进按钮。对齐按钮分别为“两端对齐”按钮、“居中对齐”按钮、“右对齐”按钮、“分散对齐”按钮。两个缩进按钮分别为“减少缩进量”按钮和“增加缩进量”按钮。其中“两端对齐”按钮用来设置段落中除最后一行外的所有行的左右两端分别以文档左右两边界为基准向两端对齐；“居中对齐”按钮用来设置段落中的文本使其位于文档左右两边界的中间；“右对齐”按钮用来设置段落中的文本使其在文档右边界对齐，而左边界不规则；“分散对齐”按钮用来设置段落中的文本使其所在行的左右两端分别沿文档的左右边界对齐。对齐样式如图 4-3 所示。

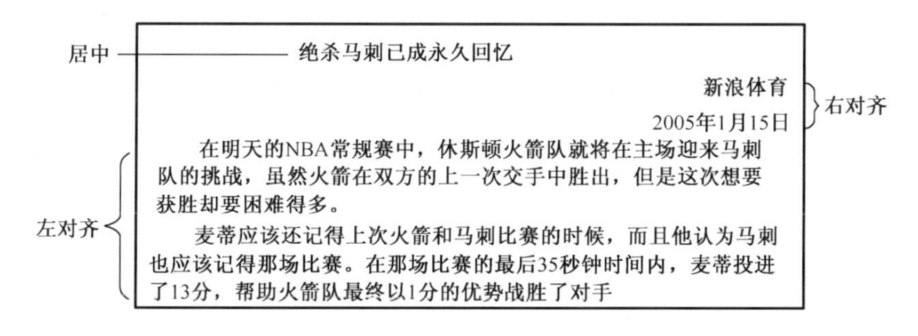

图 4-3　“格式”工具栏中的对齐、缩进和行距按钮

2）使用“段落”对话框格式化段落

使用“段落”对话框格式化段落，除了能完成段落的对齐方式、行距以及缩进量设置之外，还能进行段落文本的大纲级别、段落的段前间距、段后间距等项目的设置。

行距决定段落中各行文本间的垂直距离。其默认值是单倍行距，意味着间距可容纳所在行的最大字符并附加少许额外间距。

段落间距决定段落的前后空白距离的大小。当按下 Enter 键重新开始一段时，光标会跨过段间距到下一段的开始位置，此时可以为每一段更改设置。操作如下。

（1）选中要更改间距的段落。

（2）单击“开始”→“段落”，切换到“缩进和间距”选项卡。如图 4-4 所示。

（3）在“间距”选项组中，在“段前”或“段后”微调框中，输入所需的间距，如输入段前和段后的间距各为 1 行；也可以使用磅数表示，如输入 8 磅。

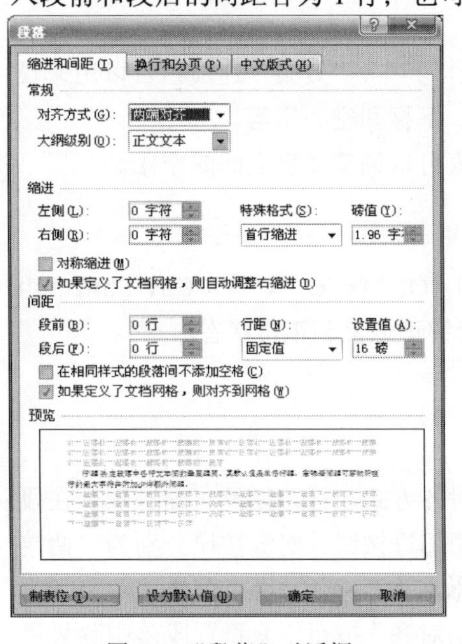

图 4-4 “段落”对话框

（4）在“行距”下拉列表框中，选择行距的类型。

3）使用格式刷

格式刷主要用于对字符和段落的格式化。其工作原理是将已设定好的样本格式快速应用到文档或工作表中需设置此格式的其他部分，使之自动与样本格式一致。在进行版面格式的编排时，使用格式刷可以避免大量的重复性操作，大大提高工作效率。操作如下。

（1）选中包含所需格式（例如楷体、五号、带下划线、红色）的字符或段落。

（2）单击“开始”→“剪贴板”→“格式刷”按钮以提取样本格式，这时鼠标指针变为。

（3）移动鼠标指针到需要此格式的文本的开始位置，按下鼠标左键并拖动格式刷到结束位置，松开鼠标时，刷过的文本范围内的所有字符格式自动与样本格式一致。

（4）完成后，按 Esc 键或再次单击。

提示：采用上述操作方法，只能将格式应用一次，如果要将格式连续应用到多个文本块，则应将上述第（2）步的单击操作改为双击。或者当执行完一次格式刷操作之后，再选中其他文本，按 F4 键（重复上一步操作）。

4. 添加边框和底纹

为了突出文档中某些文本、段落、表格、单元格的打印或显示效果，可以给它们添加边框或底纹以表示强调。

给文本添加边框，首先选定需要添加边框的文本。单击“页面布局”→“页面边框”命令，打开“边框和底纹”对话框，再选择“边框”选项卡，如要设置底纹，再单击底纹选项卡，选择相应样式，根据需要进行设置。

5. 添加项目符号和编号

项目符号和编号可以使文档条理清楚和重点突出，提高文档编辑速度。添加项目符号和编号的两种方法是：单击“开始”→“段落”，点击 ，选择所需要的项目符号和编号。

6. 查找与替换

1）查找

在文档编辑过程中，经常需要查找一些字符，有的时候文章很长，如果要找到某些内容仅仅依靠人工需要花费很长的时间，Word 2010 提供了强大的查找功能，具体操作步骤如下。

（1）单击“开始”功能区→“编辑”组替换命令将打开“查找和替换”对话框。如图 4-5 所示。

图 4-5　“查找”选项卡

（2）在“查找内容”文本框中输入要查找对象的内容，例如“教育”。

（3）单击“查找下一处”按钮，Word 会自动在文档中搜索，找到第一个符合条件的内容，同时该文本内容以高亮度显示。如果继续查找，可单击“查找下一处”按钮，否则单击“取消”按钮。

2）替换

在文档处理过程中，当需要从很长的文档中将某些文本替换成别的文本时，如果使用鼠标一个一个的修改，不仅速度慢，而且不一定能全部找到。这时可通过替换功能来快速、有效地完成文本替换。替换文本是在查找文本的同时进行替换，具体操作步骤如下。

（1）单击“编辑”→“替换”命令，或按下 Ctrl+H 快捷键，将打开“查找和替换”对话框。也可以在上述“查找和替换”对话框中选择“替换”选项卡。

（2）在“查找内容”文本框中输入需要被替换的文本，例如“教育”，在“替换为”框中输入替换的文本，如“现代教育”。

（3）如果要把文档中的“教育”全部替换成“现代教育”，就可以单击“全部替换”按钮。如果只是需要替换文章中的一部分，就单击“替换”按钮，Word会在文档中自动查找第一个符合替换条件的文本，并以高亮度显示。如果需要对当前查找到的文本进行替换，就单击“替换”按钮，否则单击“查找下一个”按钮，在文档中继续进行搜索。

提示：

- “区分大小写”——规定在搜索时，根据输入“查找内容”框中的文本区分英文大小写。
- “全字匹配”——不搜索包括单词的其他单词。例如，在“查找内容”文本框中输入查找内容“the”，并选中“全字匹配”复选框，系统将忽略包含the的单词，如：them、there、other等。
- “使用通配符”——在文中能够扩大和缩减搜索。

4.2.3 Word 2010 图文混排

1. 插入图片

1）插入图片或剪贴画

单击“插入”→“图片”→“剪贴画”命令，打开“插入剪贴画”任务窗格。

提示：插入图片文件，最快捷的方法是在“资源管理器”或其他程序中复制图片文件后，切换到Word文档，然后按下Ctrl+V组合键即可；也可以单击“插入”→“插图”→“图片”，然后在打开的对话框中选择要插入的图片。

这里的图片不仅仅指Word中自带的图片，还包括由其他文件创建的图形，如位图、扫描的图片和照片等。使用“图片格式”工具和“绘图格式”工具可以实现插入、更改和增强图片效果的功能。

2）设置图片格式

双击图片，会在Word 2010功能区弹出图片工具格式功能区，通过该功能区中各个组中的命令按钮对所选中的图片进行相应的设置。

2. 插入艺术字

Word 2010提供了强大的艺术字功能，使用艺术字功能可以创建具有艺术效果的文字来美化文档，它可以作为图形对象处理。可创建带阴影的、扭曲的、旋转的和拉伸的文字，也可按预定义的形状创建文字。插入艺术字的具体操作步骤如下。

（1）单击“插入”→“艺术字”命令。

（2）选择一种艺术字样式，单击“确定”按钮，打开“编辑‘艺术字’文字”对话框。

（3）选择字体、字号和字型，然后输入文字，单击“确定”按钮。

（4）双击艺术字会弹出如图4-6所示的艺术字编辑工具功能区，通过相应的功能按钮对艺术字进行编辑。

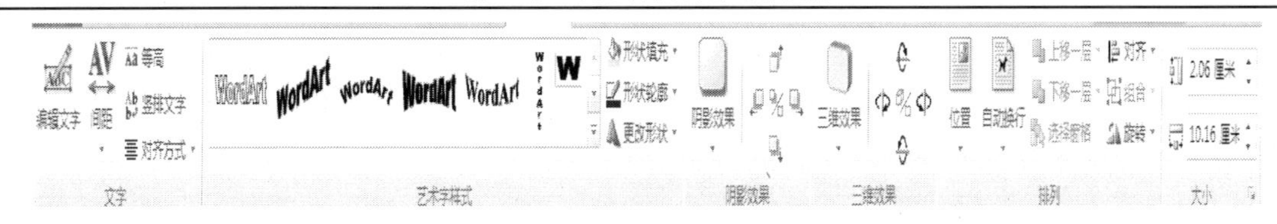

图 4-6　艺术字编辑工具

3．插入自选图形

Word 为用户提供了一套绘制图形的工具，并且提供了大量的可以调整形状的自选图形，将这些图形和文本交叉混排在文档中，可以使文档更加生动有趣。选择“插入”→“插图”→“形状”就可以看到各种可用的自选图形，包括的图形有：线条、连接符、基本形状、流程图元素、星与旗帜、标注。

图形可以调整大小、旋转、翻转、着色以及组合方式生成更复杂的图形。许多图形都有调整控点，可以用来更改图形的大多数重要特性。例如，可以更改箭头中箭尖的大小；可以将文本添加到图形，添加的文本将成为图形的一部分，如果旋转或翻转该图形，则文本将与其一起旋转或翻转。

将光标定位于要绘制图形的位置，单击“插入”→“插图”→“形状”命令按钮，选择相应的自选图形，由绘图起始点位置按住鼠标左键，拖动到结束位置释放即可，双击所绘图形就会在 Word 2010 的功能区出现绘图工具，通过该工具，即可实现对所绘图形的编辑。

4.2.4　Word 2010 制作表格

1．创建表格

在 Word 2010 中创建表格有多种方法，主要有直接插入表格和手工绘制表格，表格完成后可以向表格添加内容，还可以实现文本与表格间的转换。如果已经在文档中输入了数据，但是这些数据又需要成为表格中的内容，Word 2010 提供了将文本直接转化为表格的功能。在将文本转换为表格之前，必须确保文本中已经添加了分隔符，如逗号、空格或其他分隔符等，以便在转换的过程中将文本放入不同的列中。

使用“插入”→“表格”→“表格”命令按钮，在弹出的对话框中选择你所插入表格的行数和列数，最后点击确定。

2．编辑表格

在表格制作过程中如果需要绘制比较复杂的表格，则常用的表格编辑技巧必不可少，下面来介绍常用的编辑技巧。

1）合并表格和单元格

合并表格就是把两个或多个表格合并为一个表格，拆分表格则刚好相反，是把一个表格拆分为两个以上的表格。

2）拆分表格和单元格

如果要将一个单元格拆分为多个单元格的话，首先选中被拆分的单元格，然后点击右键，在弹出的菜单当中选择拆分单元格命令则弹出“拆分单元格”对话框，根据需要进行设置。

3）插入行、列和单元格

在表格中选择某行或某列，或者将插入点置于要插入行或列的位置，然后点击鼠标右键，在弹出的菜单中选择插入行、列或单元格的操作。

3. 设置表格列宽和行高

1）用鼠标改变列宽和行高

（1）将鼠标指针移到要调整列宽或行高的表格边框线上，使鼠标指针变成“←||→”形状。

（2）按住鼠标左键，出现一条垂直或水平的虚线表示改变单元格的大小，再按住鼠标左键向左或向右或向上或向下拖动，即可改变表格列宽或行高。

2）用“表格属性”对话框设置列宽和行高

（1）选定需调整宽度的一列或多列，如果只有一列，只需把插入点置于该列中。

（2）单击“表格”→“表格属性”命令，切换到“列”选项卡。

（3）选中“指定宽度”复选框，在后面的文本框中输入指定的列宽，在“列宽单位”下拉列表框中选定单位，如果要设置其他列的宽度，可以单击“前一列”或“后一列”按钮。

（4）单击“确定”按钮完成。

（5）如果要精确设置表格的行高，可以切换到“行”选项卡，选中“指定高度”复选框，在后面的文本框中输入指定的行高。

4. 设置表格中的文字方向

Word 表格的每个单元格，都可以单独设置文字的方向，这大大丰富了表格的表现力。在表格中设置文字方向的具体操作步骤如下。

（1）选中要设置文字方向的表格或表格中的任一单元格。

（2）单击右键，在弹出的菜单中选择文字方向命令。

（3）选择所要设置的文字方向后，单击“确定”按钮，就可以将选中的方向应用在单元格的文字上。

5. 设置文字对齐方式

在表格中，单元格中的文字垂直居中的处理与水平居中的设置一样，具体操作步骤如下。

（1）选中表格中要垂直居中的文本或图片所在单元格。

（2）在“表格工具”→“布局”→“对齐方式”工具栏中，选择相应的对其方式即可。

6. 设置表格的对齐方式

在 Word 文档中表格可以像图形一样处理，可以使用不同的对齐方式。表格的对齐操作方法有以下两种。

（1）选中整个表格，单击“开始”功能区，在“段落”组当中，通过对齐功能按钮进行相应的设置。

（2）选中整个表格后，单击鼠标右键，选择“表格属性”，弹出表格属性对话框，按照要求设置相应的对齐方式。

4.2.5　Word 2010 版面设计与打印

在 Word 中打印文档很简单，在页面设置好的情况下会保持原样打印出来。

1. 页面排版

“页”实际上就是文档的一个版面，一篇文档内容编辑的再好，如果不进行恰当的页面设置和页面排版，显示或打印出来的文档效果就很难令人满意。因此，应该根据需要合理的设置页面的大小和方向、背景效果、页眉和页脚等，以达到需要的效果。

1）页面设置

页面设置主要包括文字方向、页边距、纸张方向、纸张大小、分栏等。

单击“页面布局”→“页面设置”，根据需要点击相应的功能命令按钮进行设置。

2）设置页眉和页脚

页眉和页脚是在文档页的顶部和底部重复出现的文字或图片等信息。在普通视图中无法看到页眉和页脚；页面视图中看到的页眉和页脚会变淡，但是不影响打印的效果。

单击“插入”→“页眉和页脚”，在页眉和页脚组点击页眉命令按钮下的小三角，选择“编辑页眉”命令对文档页眉进行编辑；点击页脚命令按钮下的小三角，选择“编辑页脚”命令对文档页脚进行编辑。

2. 打印

1）打印预览

为了避免不必要的纸张浪费，Word 提供了“打印预览”功能。“打印预览”功能完全将文档按照打印后的效果展示出来，而且能够对文档的局部进行放大和缩小，或者多个页面同时预览。

2）打印设置

当文档编辑完成之后，可以使用“文件”按钮下的“打印”功能先预览一下效果，若发现有不合适的地方，可以再返回去修改。

（1）执行“文件”按钮中的“打印”命令，进入图 4-7 所示页面，页面右侧显示当前文档打印预览效果，页面左侧可调整当前文档的打印参数。

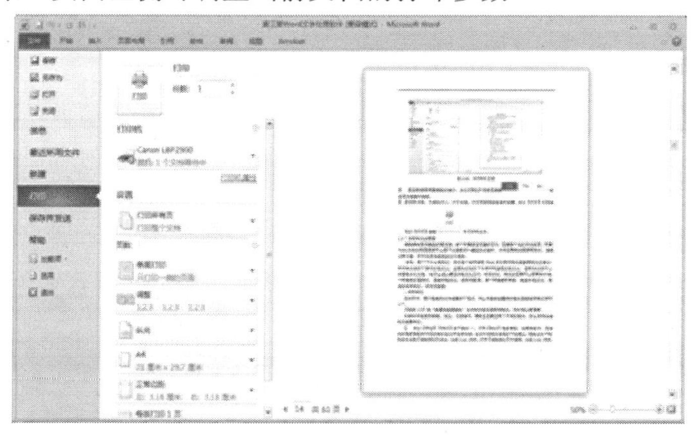

图 4-7　“打印”页面

（2）若发现还有需要修改的地方，单击“开始”功能区按钮“开始”选项卡，返回原文档进行编辑。

（3）若没有问题，对纸张大小、打印份数、打印范围等参数进行设置，单击“打印”页面左侧的“打印”按钮，即可打印文件。

4.3　Excel 2010 电子表格

Excel 2010 是美国微软公司发布的 Office 2010 办公套装软件中的一个重要组成部分，它不仅具有一般电子表格软件所包括的处理数据、制表和图形功能，还具有智能化的计算和数据管理、数据分析能力，因其具有界面友好，操作方便、功能强大、易学易会的特点，深受广大用户的喜爱。

4.3.1　制作学生成绩表

工作簿是 Excel 用来储存并处理数据的文件，Excel 2010 工作簿文件的默认扩展名为.xlsx。它是使用 Excel 制作表格数据的基础，所有新建的工作表都保存在工作簿中。工作簿的基本操作包括新建工作簿、保存工作簿、打开工作簿、关闭工作簿。首先让我们熟悉工作簿的基本操作。

1. 新建工作簿

1）创建空白工作簿的操作步骤

（1）启动 Excel 2010 后，单击“文件”→“新建”命令，弹出“新建”对话框。

（2）在“可用模板”下，双击“空白工作簿”，即可新建一个空白工作簿，如图 4-8 所示。

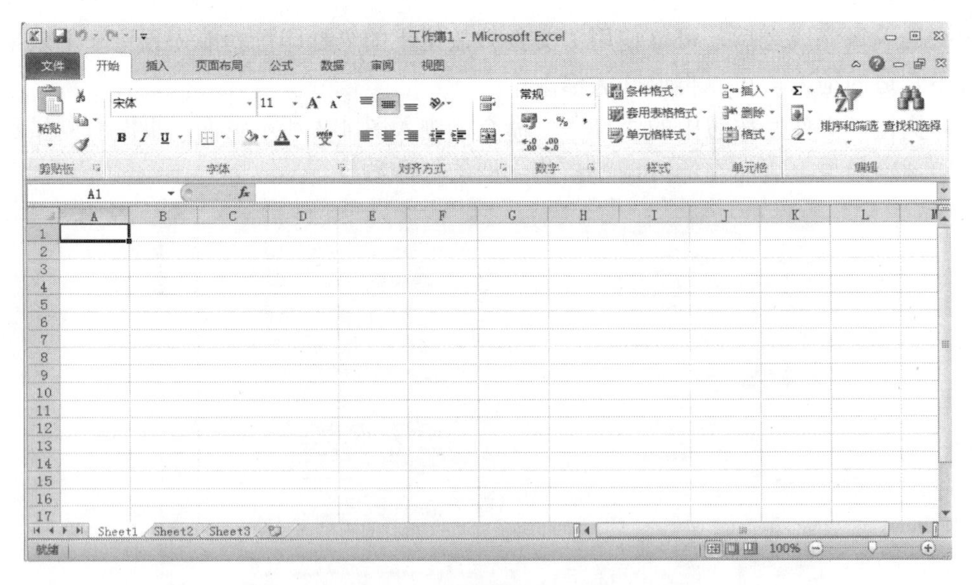

图 4-8　新建空白工作簿

2）对 Excel 工作界面说明

（1）数据编辑栏：对 Excel 工作表中的数据进行编辑，它由单元格名称栏、工具栏和编辑栏三部分组成。

（2）单元格名称栏：由列标和行号组成，如名称栏中的“A1”，A 是列标，1 是行号。

（3）工具栏：单击“输入”按钮和“取消”按钮可确定和取消编辑。单击“输入函数”按钮 fx 可在打开的“输入函数”对话框中选择要输入的函数。

（4）编辑栏：显示单元格中输入或编辑的内容，也可在此处直接输入或编辑。

（5）列标：在工作表的上方以英文显示，每个工作表列标用字母 A，B，…，Z，AA，AB…表示，共 256 列。

（6）行号：在工作表的左方以数字显示，行标题用数字 1，2，…，65536 表示，共 65536 行。

（7）工作表：由许多矩形小方格组成，这些小方格也叫做单元格，它是组成工作表的基本单位。一个工作表有 256×65536 个单元格。

（8）切换工作条：此处可以通过单击“工作表标签滚动显示”按钮和“工作表标签”对工作表进行切换操作。此外，单击“插入工作表”按钮，还可以在工作簿中添加新的工作表。

3）基于现有工作簿创建新工作簿的操作步骤

（1）单击“文件”→“新建”命令。在“模板”下单击“根据现有内容新建”命令。

（2）在“根据现有内容新建”对话框中，选择要打开的工作簿的驱动器、文件夹或 Internet 位置。

（3）选择工作簿，然后单击“新建”按钮。

4）基于模板创建新工作簿的操作步骤

（1）单击“文件”→“新建”命令。

（2）在“可用模板”下，单击“样本模板”或“我的模板”。选择一个 Excel 模板，如“个人月预算”，如图 4-9 所示。

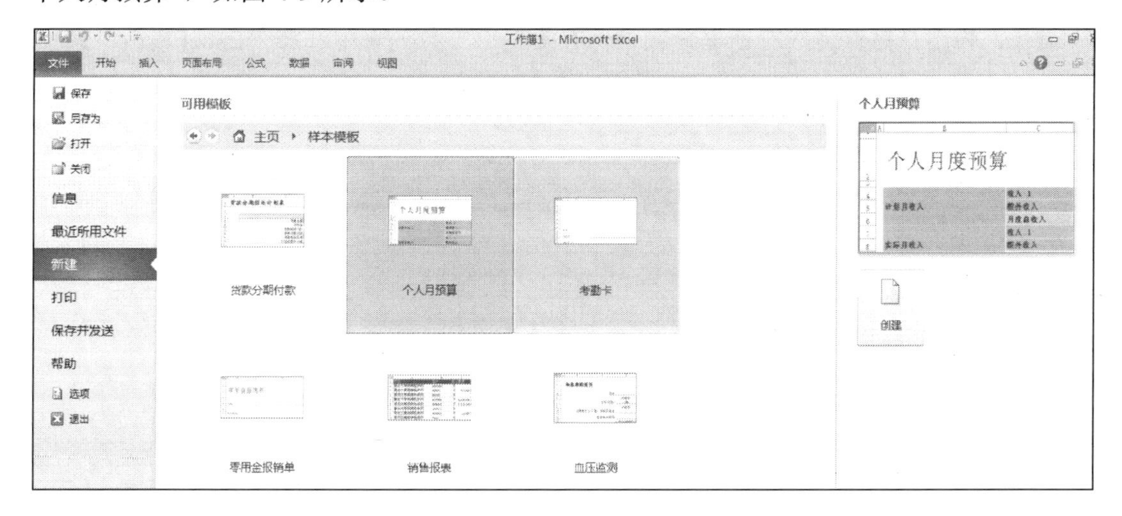

图 4-9　选择“个人月预算”模板

若要使用某个 Excel 默认安装的样本模板，在“可用模板”下，双击要使用的模板。若要使用自己的模板，在“个人模板”命令上，双击要使用的模板。

（3）选择所使用的模板后，单击右边“创建”按钮，新建的工作簿如图 4-10 所示。

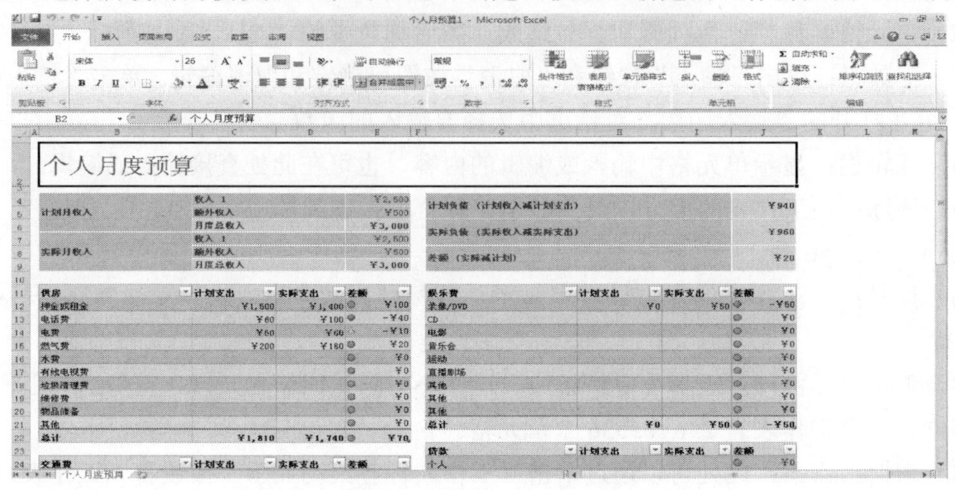

图 4-10　根据模板新建工作簿

（4）创建完成点击“保存”按钮，或者按 Ctrl+S 组合键保存。

【例 4.1】 使用“个人预算”模板制作个人预算表。

操作步骤如下。

①单击“文件”→“新建”命令，在“可用模板”下，单击“样本模板”命令，选择“个人月预算”模板，在窗口右侧单击“创建”按钮。

②打开“个人月度预算”工作簿，然后将其关闭。

【例 4.2】 自定义“公司员工考勤表”模板。

如果在 Excel 提供的模板中不包含所需要的表格，可以自定义模板内容，以满足需要。制作自定义“公司员工考勤表”模板步骤如下。

①先创建一个“空白工作簿”，制作出如图 4-11 所示的形式，单击“文件”→“另存为”命令，弹出“另存为”对话框，在“保存类型”下拉列表中选择“Excel 模板”选项。

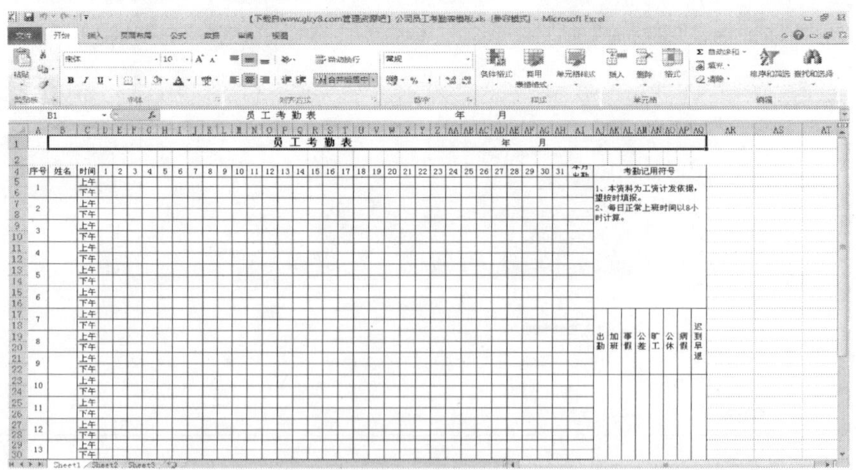

图 4-11　员工考勤表

②单击“确定”按钮，完成自定义模板的操作。

③单击“文件”→“新建”命令，在“可用模板”下，单击“我的模板”按钮，弹出“新建”对话框，在此对话框中可以看到刚刚自定义的模板。

④如果想删除此模板，在模板上点鼠标右键，在弹出的快捷菜单上选择“删除”。

2. 工作表的操作

工作簿像一个容器，包含若干张工作表，而所有的数据和图表都在工作表中进行操作处理。工作表的基本操作包括选择工作表、插入工作表、移动工作表、复制工作表、重命名工作表、删除工作表和保护工作表。

在创建新的工作簿时，会默认创建 3 张工作表（Sheet1、Sheet2、Sheet3），工作表由位于表格底部的工作表标签标识名称。

1）插入工作表

当工作簿中默认的 3 张工作表不能满足需要时，需要在工作簿中插入新的工作表。插入工作表的方法如下。

（1）单击工作表标签中“插入工作表”按钮，即可插入一张新的工作表。或者用快捷键 Shift+F11 添加。

（2）右击任意一个工作表标签，在弹出菜单中选取“插入”命令，在“插入”对话框中选择“工作表”命令，单击“确定”按钮。

（3）单击“开始”→“单元格”→“插入”命令，从下拉菜单中选择“插入工作表”命令。

2）移动工作表

单击选择需要移动的工作表标签，按住鼠标左键拖动，此时在经过的区域上方会出现一个小三角形，拖动到目标位置后释放鼠标左键，即可将选定的工作表移动到小三角形所在的位置。

3）复制工作表

单击需要复制的工作表标签，按住“Ctrl”键拖动，拖动到目标位置后释放鼠标左键，即可复制选定的工作表到当前位置。

4）重命名工作表

双击要重命名的工作表标签，该工作表标签将高亮显示，输入新名称，按“Enter”键即可完成重命名，或右击要重命名的工作表，在弹出菜单中选取“重命名”命令，输入新名称也可完成重命名。

5）删除工作表

右击要删除的工作表，在弹出菜单中选取“删除”命令，即可完成工作表的删除，或单击需要删除的工作表标签，单击“开始”→“单元格”→“删除”命令，从下拉菜单中选择“删除工作表”命令完成工作表的删除。

6）保护工作表

（1）在工作簿中选择要设置保护操作的工作表，单击“审阅”→“更改”→“保护工作表”命令，弹出“保护工作表”对话框，如图 4-12 所示。

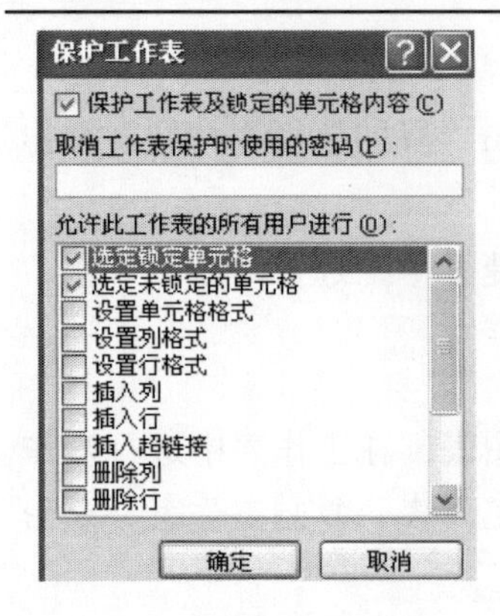

图 4-12 “保护工作表”对话框

（2）“取消工作表保护时使用的密码”文本框中输入密码。取消选中“允行此工作表的所有用户进行列表框中的所有命令”，以禁止用户可以进行的操作行为。

【例 4.3】 在所创建的“学生成绩表”工作簿中插入新的工作表“Sheet4”，移动和复制工作表“Sheet4”，并将这两个工作表删除。重命名工作表“Sheet1”为“学生成绩表”并对其进行保护操作。

操作步骤如下。

①单击“文件”→“打开”命令，弹出“打开”对话框。

②选择“员工工资表”工作簿，单击“打开”按钮。

③在打开的工作簿中，单击工作表标签中“插入工作表”按钮，插入一张新的工作表“Sheet4”。

④单击工作表标签“Sheet4”，选中该工作表，将其拖拽到“Sheet1”工作表前释放鼠标左键。

⑤单击“Sheet4”标签，按住“Ctrl”键，将其拖拽到“Sheet3”之后，将复制了一个新的工作表“Sheet4（2）”。

⑥单击“Sheet4”标签，按住“Ctrl”键同时单击“Sheet4（2）”标签，将同时选中工作表“Sheet4”和“Sheet4（2）”，右击鼠标，在弹出的菜单中选择“删除”命令，将这两个工作表删除。

⑦双击“Sheet1”标签，该工作表标签反白显示，输入工作表名称“学生成绩表”按“Enter”键，完成工作表“Sheet1”的重命名。

⑧在菜单栏中单击“审阅”→“更改”→“保护工作表”命令，弹出“保护工作表”对话框。

⑨在“取消工作表保护时使用的密码”文本框中输入密码。取消选中“允行此工作表的所有用户进行”列表框中的所有命令，以禁止用户可以进行的操作行为。

⑩单击“确定”按钮，弹出“确认密码”对话框，再次输入相同密码，单击“确定”按钮，完成对“学生成绩表”的保护。

3. 数据输入

制作数据表格的主要任务是在表格中输入各种数据，这些数据包括文本、数字、日期、时间等。在输入大量数据时，需要掌握一些数据输入的便捷方法，从而达到事半功倍的效果。在输入大量相同或有规律的数据时，可以使用自动填充功能快速输入数据，为了确保数据输入的正确性，可以为工作表数据设置数据有效性。如果事先已经具有某些数据文件，也可以直接通过外部数据导入的方法，根据实际需要将相应的数据导入工作表。

具体数据类型有以下几种。

（1）字符型数据，是指由字母、汉字或其他符号组成的字符串。在单元格中默认为左对齐。一些如电话号码、身份证号码等不参与运算的数据也属于字符型数据。

（2）数值型数据，如果输入的数字超过单元格宽带，系统自动以科学计数法表示。

（3）日期时间型数据，在单元格内输入可识别的时间和日期数据时，单元格的格式自动从“通用”格式转换为相应的“日期”或“时间”格式。

1）一般数据的输入

一般数据输入，指手工依次向单元格中输入数据。操作步骤如下。

（1）在单元格内双击输入数据。然后将其单元格选中，在“开始”选项卡中单击“数字”组中的“数字格式”下三角按钮，在弹出的下拉列表中选择相应的数据类型。如果需要输入其他特殊内容，可以选择“其他数字格式”，在弹出的“设置单元格格式”对话框中进行定义。

（2）单击某个单元格使其成为活动单元格，然后在该单元格内输入数据或在编辑栏中输入数据。

（3）按 Enter 键移动到下一行单元格，按 Tab 键移动到下一列单元格。若要在单元格中另起一行输入数据，只要按 Alt+Enter 组合键，输入光标自动跳到下一行。

2）使用自动填充输入数据

向工作表的行或列中输入数字或数据是相当枯燥的工作。Excel 的自动填充功能可以很好地解决上述问题。对于有规律的数据，如日期序列、项目序列或自定义的数据列，可以使用数据自动填充功能。

当选中一个单元格或单元格区域后，在单元格的右下角出现一个黑点，这就是“填充柄”。鼠标指针指向填充柄时，鼠标指针变成实心十字形，此时按住鼠标左键拖动至最后一个单元格，即可完成有规律数据的输入即数据填充。

3）快速输入序列数据

若要输入一系列连续的数据，如日期、月份、职工编号或递增数据，可以使用拖动填充柄的方法快速完成。具体操作步骤如下。

（1）在一个单元格中输入起始值，然后在下一个单元格中再输入一个值，建立一个模式，例如，要输入序列“2，4，6，8…”，在第一个单元格中输入“2”，在下一个输入“4”，两个起始数值之差，将决定该序列的步长。

（2）选定包含起始值的单元格区域，根据需要按下鼠标左键拖动填充柄至相应的单元格。如果按升序填充，则从上向下或从左到右拖动；如果按降序排列，则从下向上或从右到左拖动。

4）自定义序列

在实际应用中，对于经常出现的有序数据，如学生名单和学号等，可以使用自定义序列功能将它们添加到自动填充序列内。其操作步骤如下。

（1）单击“文件”→“常规”命令，在弹出的“Excel 命令”对话框中选择“高级”→“常规”→“编辑自定义列表”按钮。

（2）对弹出的“自定义序列”对话框中，选择“新序列”命令，在“输入序列”文本框中输入需要定义的序列，在“自定义序列”列表中选择默认的“新序列”项，在“输入序列”中分别输入序列的每一项，每输入完一项后按 Enter 键。

（3）单击“添加”按钮，将所定义的序列添加到“自定义序列”的列表中。也可直接单击“确定”按钮退出对话框。

（4）按上述方法定义好自定义序列后，就可以利用填充柄使用它了。

5）使用数据记录单输入数据

记录单可以帮助用户在一个小窗口中完成数据的录入。通过记录单增加记录的操作步骤如下。

（1）打开要使用记录单输入数据的工作表。

（2）单击“文件”→“选项”命令，在弹出的“Excel 命令”对话框中选择“快速访问工具栏”命令，然后单击右侧“从下来位置选择命令”，从中选择“不在功能区中的命令”命令，在下面的列表框中选择“记录单”命令，单击“添加”按钮，如图 4-13 所示。

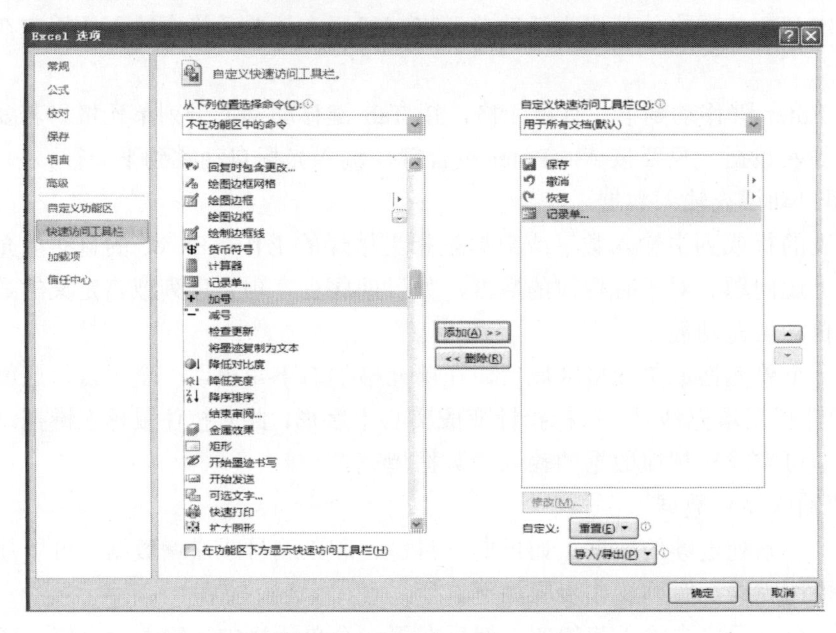

图 4-13 快速访问工具设置

（3）设置好后单击“确定”按钮，即可在快速访问工具栏中添加“记录单”按钮。

（4）单击“记录单”按钮，打开“记录单”对话框。单击“上一条”或“下一条”按钮，可以浏览表格中的数据。

（5）单击“新建”按钮，在弹出的对话框中将新建一条记录，只要往其中输入新记录的数据即可。

（6）所有的记录添加完毕后，单击“关闭”按钮，返回 Excel 工作表，这时，在数据表中将显示新记录。

6）移动和复制数据

在 Excel 中复制数据的方法有三种，通过右击“数据编辑栏”、右击“单元格”以及通过“开始”选项卡中的“剪贴板”组来实现。

在“数据编辑栏”选择需要移动或复制的数据，右击鼠标，在弹出的下拉菜单中选择“复制”选项 。选择需要粘贴的单元格，右击鼠标，在弹出的下拉菜单中选择“粘贴”选项，即可将复制后的内容粘贴到该单元格。

如果在单元格上右击鼠标，在弹出的下拉菜单中选择“复制”和“粘贴”选项，也可以达到移动和复制数据的目的。除此之外，还可通过单击“剪贴板”组中的“复制”和“粘贴”按钮来实现。

7）查找和替换数据

（1）打开工作表，单击“开始”选项卡下的“查找和选择”按钮，在弹出的下拉列表中选择“查找”选项，在“查找内容”文本框中输入相应的数字，单击“查找全部”按钮。

（2）在“查找和替换”对话框中选择“替换”选项卡，在该选项卡中的“替换为”文本框中输入相应的内容，单击“全部替换”按钮，完成内容的替换。

【例 4.4】 在上一个任务中创建的学生成绩表中输入数据。操作步骤如下。

①启动 Excel 2010，打开“学生成绩表”工作簿，在该工作簿的“Sheet1”工作表的 A1:I16 单元格区域内输入如图 4-14 所示的数据内容。

A1　fx　学号

	A	B	C	D	E	F	G	H	I
1	学号	姓名	性别	数学	语文	英语	物理	化学	计算机
2	2014001	包宏伟	男	88	98	82	85	82	89
3	2014002	曾令煊	男	100	98	54	97	99	100
4		陈万红	女	89	87	87	85	56	50
5		杜学江	男	7	96	96	50	100	96
6		符合	男	91	43	43	97	80	88
7		吉祥	男	97	94	94	90	89	90
8		李娜娜	女	56	93	93	96	85	80
9		李涛	男	96	92	92	84	90	54
10		刘康锋	女	85	68	68	74	43	81
11		刘鹏举	男	34	89	89	87	94	86
12		倪冬声	女	87	43	43	96	57	68
13		齐飞扬	男	94	84	84	43	84	94
14		苏解放	女	50	77	77	80	68	49
15		孙玉敏	男	93	27	27	48	50	85
16		王菲	女	34	69	69	79	56	80

图 4-14　样表数据

②单击快速访问工具栏中的“记录单”按钮，在弹出的提示对话框中单击“确定”按钮，可以看到各项记录。单击“新建”按钮，添加一条信息“张松，男，78，88，69 ，91，79，85”。

③利用自填充功能将学号填写完整。

4. 单元格的操作

用户向工作表中输入数据时，需要对单元格进行相应的操作，如选中单元格、调整单元格大小、插入单元格或删除单元格。单元格的基本操作包括选取单个或多个单元格、插入单元格、删除单元格、合并单元格、拆分单元格、重命名单元格等。

1）选择单个单元格

使用鼠标单击要选择的单元格，选中的单元格被一个小黑框包围，在名称框中显示该单元格的名称，并且其所对应的行号和列标都突出显示，选择行或列时，只需单击行标头或列标头。如果选择连续的行或列，只需拖动行标头或列标头即可。

2）选择多个单元格

（1）将光标定位在所选连续单元格的左上角，然后将鼠标从所选单元格左上角拖动到右下角，或者在按下 Shift 键的同时，单击所选单元格的右下角。其区域名称为“左上角单元格名称：右下角单元格名称”，例如 B4:D7、A2:F8 等。第一个选择的单元格为活动单元格，其为白色状态，其他选择区为具有透明度的浅蓝色状态。在选择操作的过程中，名称框显示选中的第一个单元格名称。

（2）在按下 Ctrl 键的同时，单击所选的单元格，就可以选择不连续的单元格区域。

（3）单击工作表数据编辑区左上角行号和列标交叉处的“全选”按钮，或者使用快捷键 Ctrl+A，就可以选择当前工作表的全部单元格。

3）插入单元格

（1）右击要插入单元格的单元格，在弹出的快捷菜单中选择“插入”命令。弹出“插入”对话框，选择一种插入方式，如“活动单元格右移”单选按钮。单击“确定”按钮，在光标处插入一个新的空白单元格。

（2）选中单元格，单击“开始”→“单元格”→“插入”命令，在弹出的快捷菜单中选择“插入单元格”命令也可以插入单元格。

（3）右击所要插入行或列所在的行号或列标，单击“插入”命令。这时，当前行或列的内容会自动下移或右移。

4）删除单元格

右击要删除的单元格，在弹出的快捷菜单中选择“删除”命令，在弹出的“删除”对话框中选择一种删除方式，单击“确定”按钮，即可将选中的单元格删除。

5）合并单元格

选择需要合并的单元格区域，单击“开始”→“对齐方式”→“合并后居中”命令，在弹出的菜单中选择“合并单元格”，即可将选择的单元格合并为一个单元格。

6）拆分单元格

选择已合并的单元格区域，单击“开始”→“对齐方式”→“合并后居中”命令，在弹出的菜单中选择“取消合并单元格”，即可将选择的单元格拆分为多个单元格。

7）重命名单元格

选择需要重命名的单元格或单元格区域，单击“名称框”并输入相应的名称，任何按 Enter 键，即可完成单元格的重命名。

【例 4.5】 对已建立的“学生成绩表”使用单元格基本操作完善学生成绩表。

操作步骤如下。

①在表中第一行数据前插入新的一行，在 A1 单元格输入“学生成绩表”。选择 A1:I1 单元格区域，单击“开始”→“对齐方式”→“合并后居中”命令将其合并。

②在“Sheet1”工作表中，将 A1:I16 单元格区域的水平对齐方式和垂直对齐方式均设置为居中。

③选择 A1: I16 单元格区域，单击名称框并输入“学生成绩表”按 Enter 键，为该单元格区域重命名。

④单击“名称框”右侧下拉箭头，在弹出的下拉列表中选择“学生成绩表”，就可以选中员工工资表的整个数据区域。

⑤将“Sheet1”工作表中的 A1: I16 单元格区域的内容复制到“Sheet2”工作表的 A1: I16 单元格区域中。

⑥将工作表“Sheet1”“Sheet2”分别重命名为“基本操作 A”“基本操作 B”。

⑦删除工作表“Sheet3”。

5．工作表的打印

打印 Excel 工作表比较随意，可以在各个方向上延伸。打印工作表时如果不设置打印格式，就好打印出许多与内容无关的分页符，因此将整张表打印出来，需要对打印区加以限定。

1）设置打印区域

打印工作表时，Excel 首先检查工作表中是否有设置好的打印区域。如果有，将只打印此区域的内容；如果没有，则打印整个工作表的已使用区域。因此，如果只想打印工作表中的部分区域，应将此区域设置为打印区域。设置打印区域的操作步骤如下。

（1）选择打印区域，单击“页面布局”→“打印区域”按钮，即可完成打印区域的设置。

（2）如果设置打印区域，单击“快速访问工具栏”中的“快速打印”或文件菜单下“打印”按钮，Excel 只打印所设置的区域。

（3）设置打印区域后，如果用户在最下方添加行或在最右侧添加列，新的数据不会出现在打印页面上。

2）插入分页符

在打印工作表时，Excel 会自动插入分页符将表格分成几个部分，以适应所选纸张的大小。若要插入分页符，需要先选中插入点下方单元格并拖至最右端的单元格，然后单击“页面布局”→“分隔符”→“插入分页符”命令，将所选单元格位置插入分页符。Excel 视图中有一个“分页预览”的视图命令。这个命令可以看到所有分页符，并可以通过单击和拖动来调整分页符位置。

3）添加页眉页脚

设置页面页脚可以帮助显示工作表的页数、识别工作表、标明建表时间、创建者姓名等信息。设置页眉页脚的操作步骤如下。

（1）单击“页面布局”→“页面设置”组右端的按钮，打开“页面设置”对话框。

（2）单击“页眉/页脚”命令，添加或编辑页眉和页脚。单击“自定义页眉”或“自定义”，根据各命令项设置页眉页脚。页眉和页脚自定义对话框还可以插入图片。

（3）Excel 默认工作表中页眉和页脚的大小均为 0.8 厘米，可以通过单击“页面设置”→“页边距”命令，设置“页眉”“页脚”“上”“下”等数值来调整位置。

4）使用相同标题打印多页

对于有多页的工作表，可以在每页上使用相同的一行或多个行或列作为数据的标题，这为我们查看工作表数据提供了很大的方便。具体设置如下。

（1）单击“页面布局”，打开“打印标题”命令。

（2）单击“左端标题列”设置列标题，单击“顶端标题行”在每页上设置行标题。

（3）在需要添加标题的列或行中单击任一单元格。

（4）单击“打印预览”按钮，确认输入标题的正误，然后单击“打印”按钮，将打印出多页相同标题的工作表。

5）设置指定的页数打印工作表

在打印时可以调整数据的大小、缩放的比例。如果指定打印输出的工作表必须满足具体的页数要求，Excel 可以通过缩放比例计算出页数。具体设置如下。

（1）单击“页面布局”→“页面设置”→“页面”命令。

（2）调整页面到合适的缩放比例，在“调整到正常尺寸”框中输入 10～140 之间的数值。

（3）要调整打印输出到某一固定的页高或页宽，选择“调整为”命令，使用微调控制项调整到合适的打印页数。

（4）单击“打印预览”确定工作表的打印设置正确无误，单击“打印”按钮，即可打印出指定页数的工作表。

4.3.2 格式化学生成绩表

工作表建立后，其格式是按缺省格式，用户可以根据需要对其行高、列宽、字体等进行调整。为了使工作表更美观，用户可以在工作表中插入文本框、艺术字、剪贴画、图片、形状、SmartArt 图形等。

1. 单元格格式化

在完成对工作表中数据的输入后，可能存在一些数据格式或呈现方式不符合用户日常习惯，用户可以通过单元格的格式化操作，对其中的数据按照不同需要进行设置，如设置单元格数据格式、单元格字体格式、数据的对齐方式、单元格的边框和底纹。

1）设置单元格数据格式

Excel 提供了多种数字格式，在对数字格式化时，可以设置不同小数位数、百分号、货币符号等，这时屏幕上的单元格表现的是格式化后的数字，编辑栏中表现的是系统实际存储的数据。

（1）用工具栏按钮格式化数字。

利用开始面板中的数字组格式按钮可以方便地格式化数字。选中数字单元格（如 1234.567），按设置需求选定数字组格式工具栏中的某一格式按钮（“货币样式”“百分比样式”“千位分隔样式”“增加小数位数”或“减少小数位数”）完成设置。

（2）用打开“设置单元格格式”命令格式化数字。

选定要格式化数字的单元格或单元格区域，单击“开始”→“数字”组右端的按钮，在弹出的菜单中选择“设置单元格格式”命令，或右击鼠标，在弹出的快捷菜单中选择“设置单元格格式”命令，在对话框中选择“数字”选项卡，在“分类”列表框中选择相应的数据类型，比如“数值”“文本”“日期”等，再设置相应数字类型的格式，如数值类型中小数位数等。单击“确定”按钮完成操作。

2）设置单元格的边框和底纹

为了使表格数据之间层次鲜明，易于阅读，可以为表格中不同的部分添加边框。设置边框的方法有三种：单击边框按钮 田 、通过对话框设置以及手动绘制边框。这里主要介绍使用对话框设置边框的方法，具体操作步骤如下。

①选择需要设置边框的单元格，单击“开始”→“字体”→“边框”按钮，在弹出的菜单中选择“其他边框”命令。

②在弹出的“设置单元格格式”对话框中单击“边框”选项卡，在“样式”列表中选择一种边框线条和样式。

③单击“颜色”下拉列表框，从中选择一种边框颜色。单击“边框”命令组中各种框线按钮。

④设置完成后单击“确定”按钮，可以看到设置边框后的效果。底纹的设置可通过“设置单元格格式”对话框中的“填充”选项卡来完成。

3）调整行（列）的高度（宽度）

新建工作表时，Excel 中所有单元格具有相同的宽度和高度，行高以本行中最高的字符为准，列宽预设 8 个字符位置。在单元格宽度固定的情况下，向单元格中输入字符的长度超过单元格列宽时，如果这时右侧单元格有内容，则超长部分将被截去，数字则用“######”来表示。适当调整单元格的行高和列宽，才能完整地显示单元格中的数据。调整行（列）的高度（宽度）步骤如下。

（1）用鼠标拖动调整行高和列宽非常方便，也是最常用的方法。把鼠标指针指向横（纵）坐标轴格线上，当指针变成双箭头（或）时，按下鼠标左键拖动行（列）标题的下（右）边界，调整到合适的高度（宽度）后放开鼠标左键。在拖动过程中，将显示高度（宽度）值，选定要更改的所有行（列），拖动其中一个行（列）标题的下（右）边界，可以更改多行（列）的高度（宽度）。

（2）选择所需调整的区域，单击“开始”→“格式”→“行高”（或“列宽”）命令，弹出“行高”（或“列宽”）对话框。在对话框中键入行高（或列宽）的精确数值，单击“确定”按钮。

【例 4.6】 对前面完成的“学生成绩表”进行单元格格式化处理，以达到美化工作表的目的。操作步骤如下。

在工作表“基本操作 A”中，完成下列操作。

①在“学号”所在行之上插入一个空白行。

②合并 A1:I1 单元格区域，并在合并后的单元格中输入“Excel 基本操作练习”。

③将合并后的单元格 A1 中的字体设置为楷体_GB2312、倾斜、18 号，字体颜色为红色，字形为加粗，水平对齐方式设置为居中。

④为单元格区域 A2:I16 设置“套用表格样式”中的“表样式中等深浅 4”格式。

⑤设置所以分数的单元格格式的数字分类为数值型，保留小数点后 2 位。

⑥保存所有更改。

在工作表“基本操作 B”中，完成下列操作。

①将“学号”所在列删除。

②在“姓名”列之左插入一个空白列，在该空白列的单元格 A1～A16 中依次输入“序号”“001”“002”“003”……“015”“016”，并将单元格区域 A1:A16 的水平对齐方式设置为居中。

③将单元格区域 B3:E16 所在行的行高值设置为 17，所在列的列宽值设置为 11。

④为单元格区域 A1:I16 设置外框线为金色细双实线，内框线为蓝色细单实线。

⑤将 A1:I1 单元格区域的底纹颜色设置为金色，底纹图案的类型和颜色分别设置为细水平剖面线和黄色。

⑥保存所有更改。

⑦将该工作簿以“Excel 基本操作.xlsx”为文件名保存到 E 盘根目录下。

2. 应用条件格式

条件格式是使数据在满足不同的条件时，显示不同的字体、颜色或底纹等数字格式。通过为数据应用“条件格式”，用户可以快速浏览并立即识别一系列数值中存在的差异。

1）突出显示单元格规则

（1）打开工作表，选择应用条件格式的单元格区域。

（2）单击“开始”→“样式”→“条件格式”按钮，在弹出的菜单中选择“突出显示单元格规则”，在弹出的菜单中选择一项条件，如“大于”命令。

（3）弹出“大于”对话框，在左侧的文本框中输入条件，在右侧的“设置为”下拉列表框中选择满足左侧条件时显示的格式。

（4）单击“确定”按钮，返回工作表，用户可以创建符合个人要求的条件格式或清除相应区域的条件格式等。

（5）单击“开始”→“样式”→“条件格式”按钮，在弹出的菜单中选择“清除规则”命令，在其子菜单中选择“清楚所选单元格的规则”或“清除整个工作表的规则”命令，将清除相应区域的条件格式。

（6）单击“开始”→“样式”→“条件格式”按钮，在弹出的菜单中选择“新建规则”命令，在弹出“新建格式规则”对话框，在该对话框中可以创建符合个人要求的条件格式。

2）项目选取规则

当单元格内的数字恰好属于工作表中所有数值的“值最大的 10 项”“值最大的 10%项”“值最小的 10 项”或“值最小的 10%项”（用户可以改变数值选项）时，可通过“项目选择规则”命令按照用户的规定设置单元格的格式。

（1）使用彩条数据。彩条数据是基于选择区域内数据的相对值而显示的彩色数据条，当用户选择了一个单元格区域，单击“条件格式”→“数据条”命令，便会出现一系列可供选择的彩色数据条，选择其中一种类型，Excel 自动会把一个彩色条图表覆盖在所选定区域中数据的上方，用户能很快看到各个数值之间的对比。彩色数据条和其他条件格式一样，用户可以创建数据条的格式，只要选择“其他规则”即可。

（2）使用色阶。色彩的明暗梯度特征称为色阶，其功能与数据条类似，单元格背景颜色的深浅取决于此单元格中的数值与其他选中的单元格数值比值大小。使用色阶时，选择一个单元格区域，单击“条件格式”→“色阶”命令，选择色阶样式列表中一种样式，Excel 根据用户所选择的样式为单元格着色。其他条件格式的操作相同，用户可以通过“其他规则”自定义色阶的格式条件。

（3）套用单元格样式。使用系统自带的单元格样式可以给单元格设置填充色、边框色和字体格式等。单击“单元格样式”旁的下三角按钮，可弹出“单元格样式”下拉列表。选中单元格后，在此列表下选择相应的单元格样式，即可使表格的内容变得清晰易懂。

（4）套用表格样式。单击“套用表格样式”旁的下三角按钮，可弹出“套用表格样式”下拉列表。用户在选择表格的基础上，选择“套用表格样式”下拉列表中的样式，可将表格设置成现有的样式。

【例 4.7】 对“学生成绩表”进行条件格式的操作，将高于 90 分和小于 60 分的成绩以不同的颜色填充，以便于查看。

（1）设置不及格成绩特殊格式显示。

①选择 D2:I16 单元格区域，以选中“学生成绩表”整个分数区。

②单击“开始”→“样式”→“条件格式”按钮，在弹出的菜单中选择“突出显示单元格规则”，在弹出的菜单中选择“小于”命令。

③弹出“小于”条件对话框，在数值文本框中输入“60”，在“设置为”下拉列表框中选择“自定义格式”，设置字体颜色为红色，填充灰色底纹。

④单击“确定”，可以看到表中分数低于 60 分的数据都以设置的特殊样式突出显示，效果如图 4-15 所示。

	A	B	C	D	E	F	G	H	I
1	学号	姓名	性别	数学	语文	英语	物理	化学	计算机
2	2014001	包宏伟	男	88	98	82	85	82	89
3	2014002	曾令煊	男	100	98	54	97	99	100
4		陈万红	女	89	87	87	85	56	50
5		杜学江	男	7	96	96	50	100	96
6		符合	男	91	43	43	97	80	88
7		吉祥	男	97	94	94	90	89	90
8		李娜娜	女	56	93	93	96	85	80
9		李涛	男	96	92	92	84	90	54
10		刘康锋	女	85	68	68	74	43	81
11		刘鹏举	男	34	89	89	87	94	86
12		倪冬声	女	87	43	43	96	57	68
13		齐飞扬	男	94	84	84	43	84	94
14		苏解放	女	50	77	77	80	68	49
15		孙玉敏	男	93	27	27	48	50	85
16		王菲	女	34	69	69	79	56	80

图 4-15　分数低于 60 数据特殊样式

（2）设置高于 90 分成绩特殊格式显示。

①选择 D2:I16 单元格区域，以选中“学生成绩表”整个分数区。

②单击“开始”→“样式”→“条件格式”按钮，在弹出的菜单中选择“突出显示单元格规则”，在弹出的菜单中选择“大于”命令。

③弹出“大于”条件对话框，在数值文本框中输入“90”，在“设置为”下拉列表框中选择“绿填充色深绿色文本”命令。

④单击“确定”，可以看到表中分数高于 90 分的数据都以设置的特殊样式突出显示。

3. 定制工作表

在处理 Excel 工作表时用户可以根据自己的个人爱好定制工作表，改变工作表窗口的大小及配置可以简化对数据的操作，这对大型工作表来说最为有效。

1）隐藏或显示表格的行或列

如果工作表中的数据较多，而此时只需要对部分数据进行操作，这时可以将一些不需要的行、列或工作表隐藏起来。隐藏行、列的具体操作步骤如下。

（1）打开需要隐藏数据的工作表，选择需要隐藏的行或列。单击“开始”→“单元格”→“格式”按钮，在弹出的菜单中选择“隐藏和取消隐藏”→“隐藏行”或“隐藏列”命令。

（2）如果要取消隐藏行、列，可选择跨越隐藏行、列的单元格，再选择“开始”→“单元格”→“格式”按钮，在弹出的菜单中选择“隐藏和取消隐藏”→“取消隐藏行”或“取消隐藏列”命令，即可将隐藏的行或列显示出来。

（3）也可以通过右击需要隐藏的行或列，通过选取“隐藏行”或“隐藏列”命令进行设置。

2）隐藏或显示整个工作表

（1）选中要隐藏的工作表标签，单击“开始”→“单元格”→“格式”按钮，在弹出的菜单中选择“隐藏和取消隐藏”→“隐藏工作表”命令。

（2）右击工作簿中任意一个工作表标签，在弹出的快捷菜单中选择“取消隐藏”命令。

（3）弹出“取消隐藏”对话框，在“取消隐藏工作表”列表框中选择要显示的工作表，单击“确定”按钮，即可将隐藏的工作表显示出来。

3）拆分窗口

当工作表中的数据很多时，可以将工作表拆分成多个窗口，以便用户对多个窗口进行相同的操作。这样可以方便查看表格中不同位置的数据。拆分窗口的方法如下。

（1）打开需要拆分的工作表，将光标移动到Excel工作表中垂直滚动条上方的“ ”上，按住左键，向下拖动鼠标，即可将工作表拆分为上下两部分，拖动拆分横线可以调整上下窗口的大小。

（2）如果需要将工作表拆分成两个以上窗口，可以单击要从上方或左侧拆分的单元格，单击“视图”→“窗口”→“拆分”按钮，可以将工作表拆分成4个小窗口。

4）冻结窗格

一般的工作表都将第一行或第一列作为标题行或标题列。对于数据项较多的工作表，查看后面的数据时，由于无法看到标题，往往无法分清单元格中数据的含义。“冻结窗格”命令可以将工作表中所选单元格上边的行或左边的列冻结在屏幕上，使得在滚动工作表时在屏幕上一直显示它们。冻结窗格的操作步骤如下。

（1）打开工作表，单击表头所在行的下一行中任一单元格。

（2）单击“视图”→“窗口”→“冻结窗格”命令。窗格冻结后，在基准单元格的上面显示一条黑色细线，此时无论怎样上下滚屏，工作表上面的内容始终保持不变。

4.3.3　统计分析

制作学生表的目的是用来对数据进行查询、统计、计算、分析和处理，以及根据数据分析的结果绘制各种图形图表，因此公式和函数是电子表格系统的重要内容，是数据分析的基础。

1. 公式的使用

Excel 中最强大的功能之一是数据的计算功能，在进行数据计算时，需要输入各种公式、函数，并在公式中对单元格进行不同类型的引用，以便计算结果。公式的使用包括单元格引用、输入公式、编辑公式、复制和移动公式等。

公式是对工作表中数据进行计算的表达式，公式必须以等号“=”开头，后面跟表达式。公式包括函数、引用、运算符和常量。

1）单元格的引用

单元格的引用用于标识工作表上的单元格或单元格区域，并告知 Excel 在何处查找公式中所使用的数值或数据。通过引用，可以在一个公式中使用不同区域的数据，或者在多个公式中使用同一个单元格的数值，或者引用同一个工作簿中其他工作表上的单元格中的数据。单元格的引用包括绝对引用、相对引用、混合引用、外部引用四种方式。

（1）绝对引用。

公式中的相对单元格引用是指复制公式时地址跟着发生变化，如：C1 单元格有公式：=A1+B1 ，当将公式复制到 C2 单元格时变为：=A2+B2 ，当将公式复制到 D1 单元格时变为：=B1+C1 。

（2）相对引用。

用户通过在相对引用的列标和行号前面加上“$”符号将其转换为绝对引用。公式中的绝对单元格引用是指复制公式时地址不会跟着发生变化，如：C1 单元格有公式“=$A$1+$B$1”，当将公式复制到 C2 单元格时仍为“=$A$1+$B$1”，当将公式复制到 D1 单元格时仍为“=$A$1+$B$1”。

（3）混合引用。

如果单元格引用地址一部分为绝对引用，另一部分为相对引用，例如$B1 或 B$1，则称为混合引用地址。如果“$”符号在行号前，则表明该行位置是绝对不变的，而列位置仍随目的位置的变化做相应变化。反之，如果“$”符号在列名前，则表明该列位置是绝对不变的，而行位置仍随目的位置的变化做相应变化。

（4）外部引用。

同一工作表中的单元格之间的引用称为“内部引用”。在 Excel 中还可以引用同一工作簿中不同工作表中的单元格，也可以引用不同工作簿中的工作表的单元格，这种引用称之为“外部引用”，也称为“链接”。

引用同一工作簿中不同工作表中的单元格格式为“=工作表名!单元格地址”。例如，“=Sheet2!A1+Sheet1!A4”表示将 Sheet2 中 A1 单元格的数据与 Sheet1 中的 A4 单元格的数据相加，放入目标单元格中。

引用不同工作簿工作表中的单元格格式为“=[工作簿名]工作表名!单元格地址”。例如，“=[Book1]Sheet2!$A$1-[Book2]Sheet1!B3”表示将 Book1 工作簿中 Sheet2 工作表中的 A1 单元格的数据与[Book2]工作簿中 Sheet1 工作表中的 B3 单元格的数据相减，放入目标单元格，前者为绝对引用，后者为相对引用。

2）公式的输入和使用

（1）直接输入公式。单击要输入公式的单元格，输入等号“=”，然后输入公式，公式会同时显示在单元格和编辑栏中。例如，在 J3 单元格中直接输入公式“= D3+E3+F3…”，效果如图 4-16 所示。输入完毕后，按 Enter 键。此时，在单元格中，将显示出公式的计算结果而不是公式。

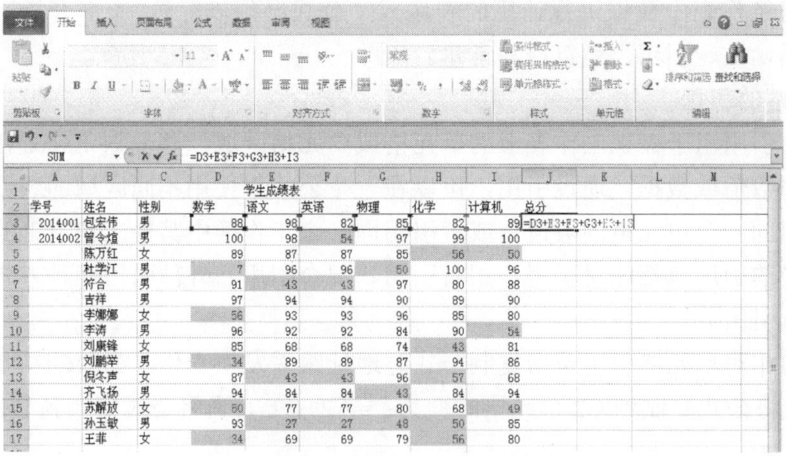

图 4-16　输入公式操作

（2）选择单元格引用输入公式。单击要输入公式的单元格，输入等号“=”，然后单击公式中要引用的第一个单元格，此时单元格的引用会显示在单元格中，输入运算符，单击要引用的单元格，再输入运算符，如此重复，直到完成公式为止，按 Enter 键或单击“输入”按钮完成操作。

（3）编辑公式。要修改公式，单击含有公式的单元格，然后再编辑栏中进行修改，修改完毕按 Enter 键即可。要删除公式，可单击含有公式的单元格，然后按 Delete 键。

（4）复制公式。在一个单元格中输入公式后，如果相邻的单元格中需要进行同类型的计算（如数据行合计），可以利用公式的自动填充功能。

单击公式所在的单元格，拖动“填充柄”，到达目标区域后放开鼠标左键，公式将自动填充至目标单元格。如果对填充的格式有要求，可单击“自动填充选项”按钮，从下拉菜单中选择需要的选项。

（5）自动求和。求和计算是一种最常用的公式计算，Excel 提供了自动求和功能。使用工具栏上的“求和”按钮，可自动对活动单元格上方或左侧的数据进行求和计算。自动求和下拉列表框中有“平均值”“计数”“最大值”“最小值”等选项，支持不同的计算。

【例 4.8】 计算“学生成绩表”中每位学生的总成绩。

操作步骤如下。

①单击 J2 单元格，输入“总分”列标题，设置文本字体为“宋体”，大小为“12”，颜色为“红色”，字形为“加粗”。

②单击 I3 单元格，在编辑栏输入公式“=D3+E3+F3+G3+H3+I3”，回车或单击编辑栏上的“输入”按钮，可计算出该学生的总成绩。

③单击 J3 单元格，将鼠标指针移到该单元格填充柄，按住鼠标左键不放，将其拖到 J17 单元格后释放鼠标。

2. 函数的使用

Excel 为用户提供了丰富的函数功能，用户通过使用这些函数就能对复杂的数据进行计算。函数由函数名和参数组成，期中函数名表示函数的功能，参数表示函数将作用的数值，通常是一个单元格区域。

1）Excel 中的常用函数

Excel 的公式和函数功能强大，系统自带的函数较多，常用的函数如表 4-1 所示。

表 4-1　Excel 常用函数

函数名	格式	功能
SUM	SUM(A1,A2,...)	计算一组参数的和。A1、A2 等参数可以是数值，也可以是单元格的引用，参数个数最多为 30 个
AVERAGE	AVERAGE(A1,A2,...)	计算一组参数的平均值。A1、A2 等参数可以是数值，也可以是单元格的引用
MAX	MAX(A1,A2,...)	求一组参数中的最大值
MIN	MIN(A1,A2,...)	求一组参数中的最小值
COUNT	COUNT(A1,A2,...)	返回包含数字以及包含参数列表中数字的单元格个数。利用该函数可以计算单元格区域或数字数组中数字字段的输入项个数
ROUND	ROUND(A1,A2)	返回某个数字按制定位数取整后的数字，即进行四舍五入后的数值。如果 A2 大于 0，则四舍五入到 A2 指定的小数位；如果 A2 等于 0，则四舍五入到最接近的整数；如果 A2 小于 0，则对小数点左侧第 A2 位进行四舍五入
IF	IF(P,T,F)	判断条件 P 是否满足，如果 P 为真，则取 T 表达式的值，否则取 F 表达式的值，如 IF(3>2,8,10)的值为 8
INT	INT(A1)	求不大于 A1 的最大整数，如 INT(1.65)的值为 1
ABS	ABS(A1)	求 A1 的绝对值
SUMIF	SUMIF（range，criteria，sum_range）	返回满足条件的单元格区域中数字之和
COUNTIF	COUNTIF(range,criteria,sum_range)	返回满足条件的单元格区域中数字的个数
RANK	RANK(Number,Ref,Order)	返回指定数值在数组中的排位

2）在单元格内输入函数

对于比较简单的函数，可以直接在单元格内输入函数名及其参数值。例如，需要求出数学成绩的最小值，可直接在 D18 单元格中输入“=MIN(D3:D17)”。输入确认后，在单元格中显示值。如果输入的是小写字母，则在编辑框中自动转换为大写字母。

3）通过“插入函数”对话框选择函数

对于比较复杂的函数，可采用下面的方法进行选择。

（1）选中要插入函数的单元格。

（2）单击常用工具栏上的“插入函数”按钮 *fx*，或者单击“公式”→“函数库”→“插入函数”按钮。

（3）弹出“插入函数”对话框，在“选择函数”列表框中选择合适的函数（如“AVERAGE”）。

（4）单击“确定”按钮，弹出“函数参数”对话框，如图 4-17 所示。

（5）单击按钮，在工作表中拖动鼠标选择需要参与计算的单元格区域，选择好后，单击按钮，返回“函数参数”对话框。单击“确定”按钮，完成公式的插入，在对应单元格中返回计算结果。

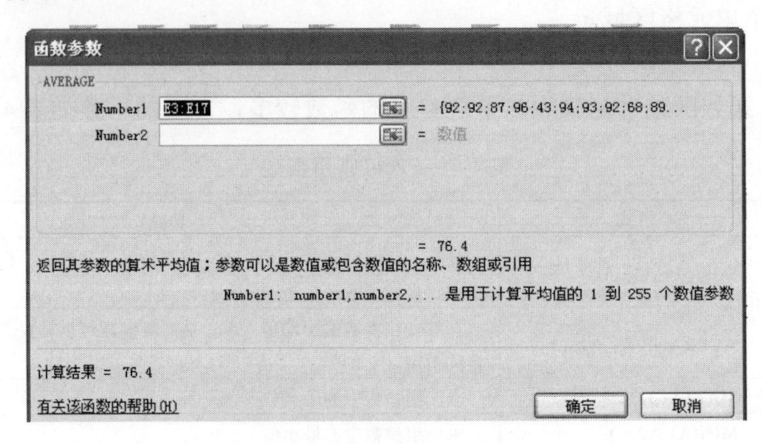

图 4-17 “函数参数”对话框

【例 4.9】 在 D 盘根目录下创建工作簿“Excel 操作练习 2.xlsx”，然后按要求完成下列操作，完成后将该工作簿按原文件名保存。

（1）在“Sheet1”工作表中制作如图 4-18 所示的工作表，并进行下列操作。

①用公式计算“平均值”行的内容，单元格格式的数字分类为数值，保留小数点后 2 位。

②用公式计算“所占比例”列的内容（所占比例 = 5 分题的积分/总积分），单元格格式的数字分类为数值，保留小数点后 2 位。

（2）在“Sheet2”工作表中制作如图 4-19 所示的工作表，并进行下列操作。

	A	B	C	D	E
1	某竞赛选手各分值题答对数量统计表(单位:道)				
2	选手	5分题	3分题	2分题	所占比例
3	0301	5	4	9	
4	0302	9	3	6	
5	0303	7	6	8	
6	平均值				

Sheet1 / Sheet2 / Sheet3

图 4-18 “Sheet1”工作表

	A	B	C	D	E
1	产品名称	单价	数量	销售额	所占比例
2	电冰箱	1800	15		
3	洗衣机	1500	23		
4	电视机	1300	18		
5	总计				

Sheet1 / Sheet2 / Sheet3

图 4-19 “Sheet2”工作表

①用公式计算“销售额”列的内容（销售额 = 单价 × 数量）。

②在 D5 单元格内计算销售额的总计。

③用公式计算“所占比例”列的内容（所占比例=销售额/总计），单元格格式的数字分类为百分比，保留小数点后 2 位。

（3）在“Sheet3”工作表中制作如图 4-20 所示的工作表。

进行下列操作。

①在 C11 和 D11 单元格内分别计算奖金、工资的总计（利用 Sum 函数）。

	A	B	C	D	E	F
1	姓名	部门	职称	年龄	奖金	工资
2	张国庆	企划部	中级	29	560	2050
3	莫一丁	企划部	初级	30	310	2100
4	孙小红	企划部	初级	42	360	2810
5	曾晓军	人事部	中级	38	680	2310
6	王清华	人事部	初级	50	335	2460
7	齐小小	销售部	高级	22	460	2000
8	郭晶晶	销售部	高级	28	340	2500
9	宋子文	销售部	高级	35	200	2630
10	侯大文	销售部	中级	44	470	2350

图 4-20 “Sheet3”工作表

②在 C12 和 D12 单元格内分别计算奖金、工资的平均值（利用 Average 函数），单元格格式的数字分类为数值，保留小数点后 3 位。

③在 C13 和 D13 单元格内分别计算奖金、工资的最高值（利用 Max 函数）。

④在 C14 和 D14 单元格内分别计算奖金、工资的最低值（利用 Min 函数）。

⑤在 C15 单元格内计算普遍工资（利用 Mode 函数）。

⑥在 C16 单元格内计算需要发放工资的总人数（利用 Count 函数）。

⑦在 C17 单元格内计算工资在 1300 元及以上的人数（利用 Countif 函数）。

⑧在 C18 单元格内计算职称为高级的人员工资总和（利用 Sumif 函数）。

⑨在 C19 单元格内计算工资在 1300 元及以上的人员的平均工资（利用 Sumif 函数计算工资在 1300 元及以上的人员的工资总和），单元格格式的数字分类为货币，货币符号为￥，保留小数点后 2 位。

⑩在 C20 单元格内计算职称为初级的人员的平均工资（先利用 Sumif 函数计算职称为初级的人员的工资总和，再利用 Countif 函数计算职称为初级的人数）。

⑪按奖金的递增次序计算“奖金排名”列的内容（利用 Rank 函数）。

⑫计算“工资差额”列的内容（工资差额为工资与普遍工资之间的差值的绝对值，利用 Abs 函数）。

⑬在“备注”列内给出以下信息：年龄在 38 岁以上为“定期体检”，其他为“加强锻炼”（利用 If 函数）。

3. 创建学生成绩图表

Excel 工作表中的数据往往看起来不够直观了，有时需要对多组数据进行对比、分析。借助图表功能，将表中数据按照需要生成某种类型的图表，利用图表的直观性帮助用户发现数据存在的关系、信息和规律。

1）常用图表类型

（1）柱形图。柱形图的主要用途为显示或比较多个数据组，显示一段时间内数据的变化情况，或者显示不同项目之间的比较情况。主要类型包括簇状柱形图、堆积柱形图、百分比堆积柱形图、三维簇状柱形图、三维堆积柱形图、三维百分比堆积柱形图、三维柱形图等。

（2）条形图。条形图的用途与柱形图类似，更适用表现项目间的比较。类型有簇状条形图、堆积条形图、百分比堆积条形图、三维簇状条形图、三维堆积条形图、三维百分比堆积条形图。

（3）折线图。折线图显示各个项目之间的对比以及某一项目的变化趋势（例如数学成绩的变化）类型有折线图、堆积折线图、百分比折线图、数据点折线图、堆积数据点折线图、百分比堆积数据点折线图、三维折线图等。

（4）饼图。饼图显示组成数据系列的项目在项目总和中所占的比例。饼图通常只显示一个数据系列。饼图类型有饼图、三维饼图、复合饼图、分离型饼图、分离型三维饼图、复合条饼图等。

（5）XY 散点图。这种图表类型适合比较成对的数值。例如两组数据的不规则间隔。具体类型有散点图、平滑线散点图、无数据点平滑线散点图、折线散点图、无数据点折线散点图等。

（6）面积图。面积图显示数值随时间或类别的变化趋势，通过显示已绘制的值得总和，面积图还可以显示部分与整体的关系。其类型有面积图、堆积面积图、百分比堆积面积图、三维面积图、三维堆积面积图、三维百分比堆积面积图等。

除此之外，Excel 还提供曲面图、气泡图、股价图、圆环图、雷达图等图表类型，在此不再赘述。

2）创建基本图表

对于大多数图表（如柱形图和条形图），用户可以根据工作表的行或列的数据绘制成图表。但是，某些图表类型则需要特定的数据排列方式。创建图表的具体步骤如下。

（1）在工作表中输入建立图表所需要的数据。数据区域应包含数据标题，其中包括数据系列的标题和分类标题。

（2）选择需要用图表呈现的数据所在的单元格区域。

（3）单击“插入”→“图表”命令，执行下列操作之一。

①单击图表类型，然后选择需要使用的图表子类型。

②若要查看所有可用的图表类型，单击 以启动“插入图表”对话框，然后单击相应箭头以滚动方式浏览图表类型。当鼠标指针停留在任何图表类型或图表子类型上时，屏幕提示将显示图表类型的名称。

默认情况下，图表嵌入在工作表内。如果要将图表放在单独的工作表中，则可以通过执行步骤（5）的操作来更改位置。

（4）单击图表中的任意位置以将其激活，将显示“图表工具”，其中包括“设计”、“布局”和“格式”命令。

（5）单击“设计”→“位置”→“移动图表”命令。在“选择放置图表的位置”下，执行下列操作之一。

①若要将图表作为单独的工作表显示，选择“新工作表”命令。

②如果需要替换图表的建议名称，则可以在“新工作表”框中输入新的名称。

③若要将图表作为此工作表中的内嵌图表，单击“对象位于”，然后在“对象位于”框中单击工作表。

3）图表元素

图表中包含许多元素，默认情况下会显示一部分元素，其他元素可以根据需要添加，可以通过移动图表元素到图表中、调整图表元素的大小或更改格式来改变图表元素的显示，也可以根据需要删除不希望显示的元素。图表元素的构成如图 4-21 所示。

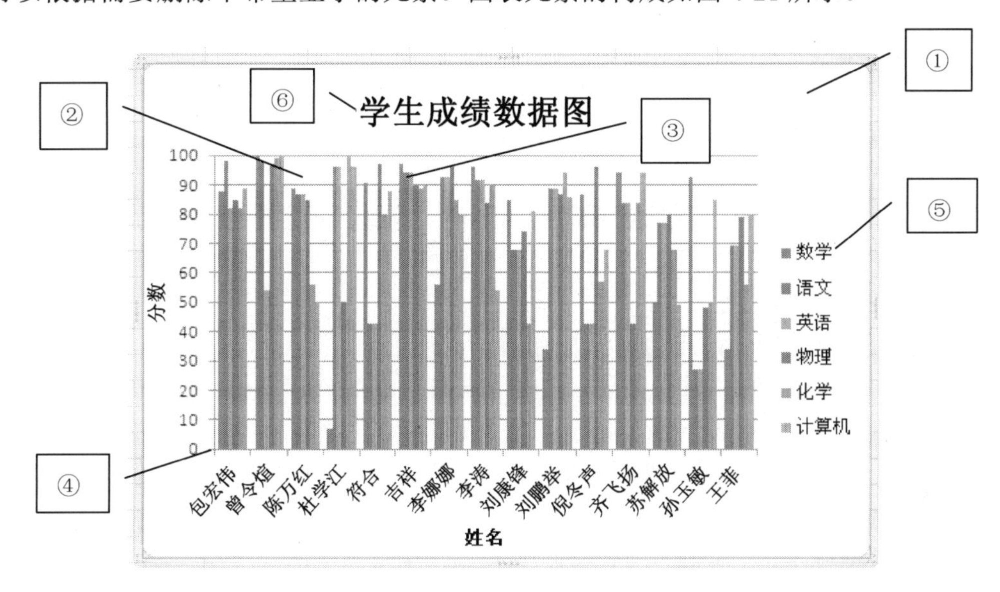

图 4-21　数据图表元素

①图表区：指整个图表及其全部元素。

②绘图区：在二维图表中，通过轴来界定的区域、包括所有数据系列。在三维图表中，同样是通过轴来界定的区域，包括所有数据系列、分类名、刻度线标志和坐标轴标题。

③数据系列：指图表中绘制的相关数据点，这些数据来自数据表的行或列。图表中的每个数据系列具有唯一的颜色或图案并且在图表的图例中表示。可以在图表中绘制一个或多个数据系列，但饼图只有一个数据系列。

④坐标轴：指界定图表区的线条，用作度量的参考框架，Y 轴通常为垂直坐标轴，X 轴通常为水平轴并包含分类 ，数据沿着横坐标轴和纵坐标轴绘制在图表中。

⑤图例：是一个方框，用于标识图表中的数据系列或分类指定的图案或颜色。

⑥图表标题：是说明性的文本，可以自动与坐标轴对齐或在图表顶部居中。

【例 4.10】 为“学生成绩工作表”创建“学生成绩图表”，以便于更直观的分析学生成绩，操作步骤如下。

①选择 B2:B17，按住“Ctrl”键继续选择 D2:I17 单元格区域，单击“插入”→“图表”→“柱形图”按钮，在弹出的菜单中选择“三维簇状柱形图”。

②单击图表中任意位置将其激活，单击“设计”→“位置”→“移动图表”按钮。

③在弹出的“移动图表”对话框，选择“对象位于”单选按钮，在其下拉列表框中选择“Sheet2”。

④单击“确定”按钮，将此图表移动到“Sheet2”工作表中。双击“Sheet2”标签，将其重命名为“学生成绩图表”。

4. 编辑学生成绩图表

不同类型的图表对于分析不同的数据有着各自的优势。在分析不同数据时，有时需要将已经创建好的图表进行类型转换，以适合数据的查看和分析。同样，为了使图表更加美观，可以设置图表的外观式样，也可以通过直接套用默认样式，快速美化图表。

1）应用预定义图表布局设置外观

单击图表中的任意位置，显示包含“设计”“布局”和“格式”命令的“图表工具”；在“设计”命令上的“图表布局”组中，单击要使用的图表布局。

2）手动更改图表元素的布局

单击图表中的任意位置，根据设置需要，选择“图表工具”中对应的命令，更改相应图表元素。

3）添加标题和数据标签

为增强图表的可理解性，可为其添加标题。

（1）添加图表标题。单击选中图表，点击“布局”→“标签”→“图表标题”按钮，选中“居中覆盖标题”或“图表上方”命令，在“图表标题”文本框中输入所需的标题信息。

（2）添加坐标轴标题。选中图表，单击“布局”→“标签”→“坐标轴标题”按钮，根据设置需要选择“主要横坐标轴标题”或“次要横坐标轴标题”。

（3）添加数据标签。

① 根据数据点类型，单击不同的图表位置。若要为所有数据系列的所有数据点添加数据标签，则单击图表区；若要为一个数据系列的所有数据点添加数据标签，则单击该数据系列中需要标签的任意位置；若要向一个数据系列的单个数据点添加数据标签，则单击包含要标记的数据点的数据系列，然后单击要标记的数据点。

② 在“布局”命令上的“标签”组中，单击“数据标签”按钮，然后单击所需要的显示命令。

【例 4.11】 为了让“学生成绩图表”更美观，需要对图表布局及格式进行设置。添加图表标题“学生成绩图表”；坐标轴标题为“学生成绩”；图例放置于底部；设置“水平（类别）轴”格式为“堆积”；设置图表的背景样式为“细微效果—强调颜色 3”。

操作步骤如下。

① 在“学生成绩图表”工作表中选择图表，单击“布局”→“标签”→“图表标题”按钮。

② 在下拉菜单中选择“图表上方”命令。将文本框中的文字更改为“学生成绩图表”。

③ 单击“布局”→“标签”→“坐标轴标题”按钮，在下拉菜单中选择“主要纵坐标轴标题”→“竖排标题”命令。将文本框中的文字更改为“学生成绩”。

④ 单击“布局”→“标签”→“图例”按钮，在弹出的菜单中选择“在底部显示图例”命令，将图表的图例放置在图表的下方。

⑤ 单击选中“水平（类别）轴”，单击右键，在弹出的菜单中选择“设置坐标轴格式”命令。

⑥ 弹出“设置坐标轴格式”对话框，选择“对齐方式”，单击“文字方向”文本框右侧下拉按钮，选择“堆积”命令，单击“关闭”按钮。

⑦选中图表，单击“格式”→“形状样式”→“其他”按钮，在弹出的下拉列表框中选择“细微效果—强调颜色 3”命令，设置图表的背景样式。

⑧单击“格式”→“艺术字样式”→“其他”按钮，在弹出的下拉列表框中选择“渐变填充—强调文字颜色 6，内部阴影”命令，设置图表背景样式。通过布局和格式设置，“学生成绩图表”，设置效果如图 4-22 所示。

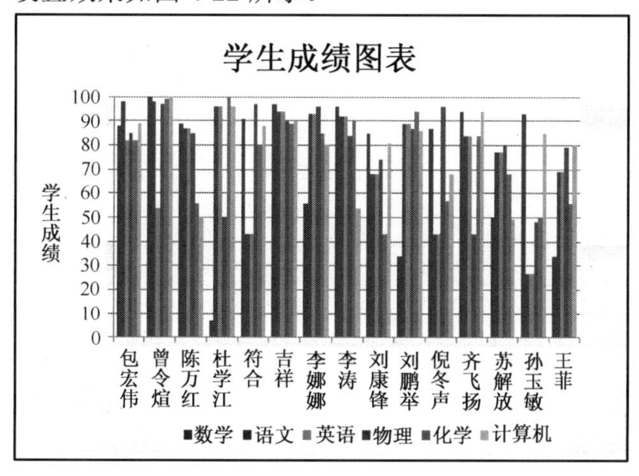

图 4-22　美化后的学生成绩图表

4.3.4　信息管理

在 Excel 中可以通过排序、筛选和分类汇总等对数据进行分析和管理。

1. 数据的有效性设置

在日常工作中，存在诸多具有取值范围的数据，如年龄、成绩等，为避免用户因操作失误而录入错误数据，Excel 提供了数据有效性约束功能。数据有效性是指从单元格的下拉列表中选择设置好的内容进行输入的方法。

数据有效性设置方法如下。

选择一个或多个需要验证的单元格，单击“数据”→“数据工具”→“数据有效性”命令，将弹出如图 4-23 所示的对话框，单击“设置”选项卡，根据需要设置“有效性条件”。

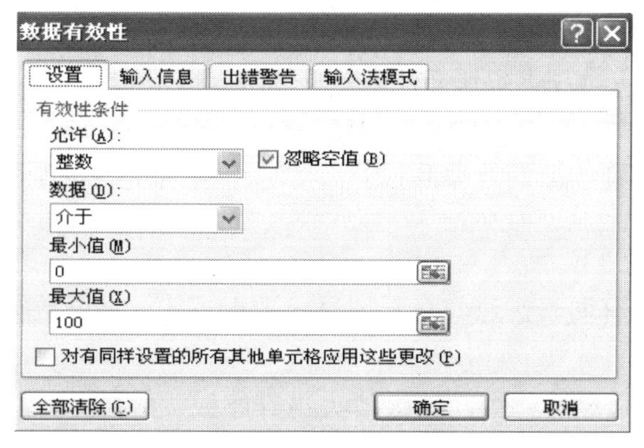

图 4-23 有效性设置

【例 4.12】 在“员工工资表”中添加“补贴”字段，为“补贴”列设置数据有效性并输入具体补贴数据。补贴发放标准为：高级职称 110 元，中级职称 90 元，初级职称 50 元。要求单元格能提供下拉菜单，供用户选择输入；当用户输入错误数据时，显示的出错警告样式为“停止”、出错信息为“不是‘补贴’值”。

操作步骤如下。

①打开“员工工资表”，如图 4-24 所示。

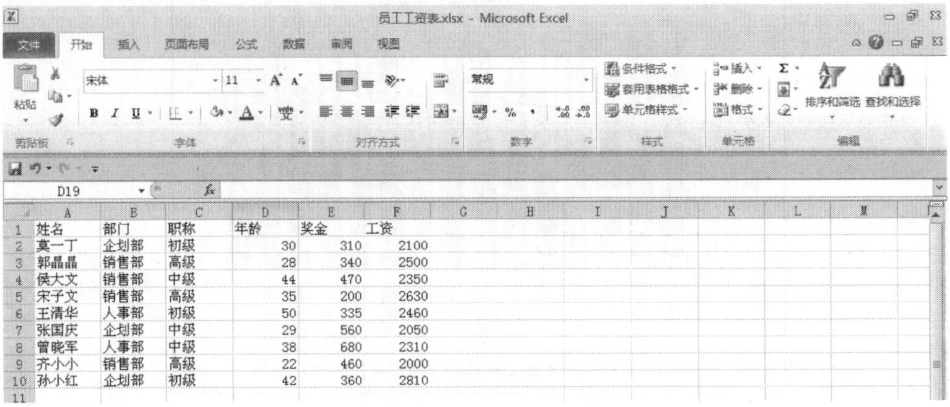
员工工资表.xlsx - Microsoft Excel
文件 开始 插入 页面布局 公式 数据 审阅 视图
D19
姓名 部门 职称 年龄 奖金 工资
莫一丁 企划部 初级 30 310 2100
郭晶晶 销售部 高级 28 340 2500
侯大文 销售部 中级 44 470 2350
宋子文 销售部 高级 35 200 2630
王清华 人事部 初级 50 335 2460
张国庆 企划部 中级 29 560 2050
曾晓军 人事部 中级 38 680 2310
齐小小 销售部 高级 22 460 2000
孙小红 企划部 初级 42 360 2810

图 4-24　员工工资表

②选中 E 列，单击“开始”→“单元格”→“插入”按钮，在弹出的菜单中选择“插入工作表列”命令。

③在 E1 单元格输入“补贴”字段，设置整个表格数据对齐方式为“居中对齐”。单击选中 A1 所在行，设置标题列格式：字体为“宋体”，字号为“12”，字体颜色为“红色”并“加粗”。

④为“补贴”所在列设置数据有效性。单击选中 E1 所在列，单击“数据”命令，在“数据工具”组中，选择“数据有效性”命令，在弹出的菜单中选择“数据有效性”命令。

⑤在打开的“数据有效性”对话框中选择“设置”选项卡，在“允许”下拉列表框中选择“序列”，并勾选“提供下拉箭头”复选框，在“来源”文本框中输入“110，90，50”。

⑥单击“输入信息”选项卡，在“标题”文本框中输入“选择补贴值输入”。在：“输入信息”文本框框中输入“高级：110，中级：90，初级：50”。

⑦单击“出错警告”选项卡，在“样式”下拉列表框中选择“停止”命令。在“错误信息”文本框中输入：不是“补贴”值。设置好后单击“确定”按钮，返回工作表。为每位

⑧职工输入与其职称相应的补贴数据。

2. 数据排序

对数据进行排序，有助于快速、直观地呈现数据规律，增强数据的可理解性，便于快速组织、查找所需数据。

Excel 提供了按字母顺序排列，按数值大小升序或降序排序，按颜色或图标对行进行排序，根据特定需要按照自定义序列排序等方式。

1）对列进行简单排序

选中数据表中要排序列中的任意一个单元格，在“数据”→“排序和筛选”组中，单击“升序”按钮，则将数据按从小到大的顺序排列；如单击“降序”按钮，则将数据按从大到小的顺序排列。

2）对行进行简单排序

选中数据表中要排序的行中任意一个单元格，单击“数据”→“排序和筛选”→“排序”按钮，弹出“排序”对话框，选择“排序选项”对话框中“方向”下的“按行排序”单选项，单击“确定”按钮。

3）多关键字复杂排序

当排序字段出现相同值时，通过多关键字排序功能进行调整，操作如下。

选择排序字段，单击“数据”→“排序和筛选”→“排序”按钮，Excel 会自动选择整个记录区域，并弹出“排序”对话框，在“主要关键字“下拉列表框中选择排序的主要关键字，单击“添加条件”按钮，在“排序”对话框中添加“次要关键字”项，从其下拉列表框中选择次要关键字，如图 4-25 所示。继续单击“添加条件”按钮，可以添加更多的排序条件，也可以单击“删除条件”按钮来删除多余的条件。添加所需条件后，单击“确定”按钮。

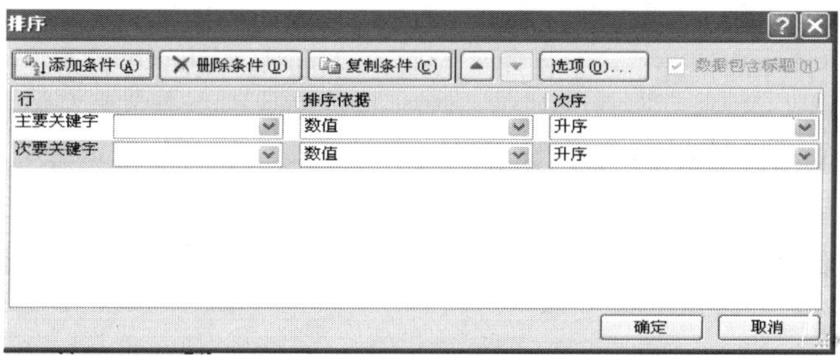

图 4-25　多值排序

4）自定义序列排序

在实际工作中，如果需要对一些字段进行特殊排序，则可通过自定义排序来实现。自定义排序的操作步骤如下。

（1）打开需要排序的工作表，单击“文件”→“选项”→“高级”→“常规”，单击“编辑自定义列表”按钮，弹出“自定义序列”对话框，如图 4-26 所示。

（2）选择“新序列”命令，在“输入序列”文本框中输入需要定义的序列（每行输入一项，按 Enter 键换行），单击“添加”按钮，

（3）单击“数据”→“排序和筛选”→“排序”按钮，弹出“排序”对话框，在“主要关键字”下拉列表中选择排序的主要关键字，在“次序”下拉列表框中选择“自定义序列”命令，选择刚才定义的数据序列，确定无误后，单击“确定”按钮，返回工作表。

【例 4.13】 将“员工工资表”中的数据按照主要关键字“部门”的递减次序，次要关键字“年龄”的递减次序，第三关键字“工资”的递增次序进行排序，以及按照自定义的职称顺序进行排序。

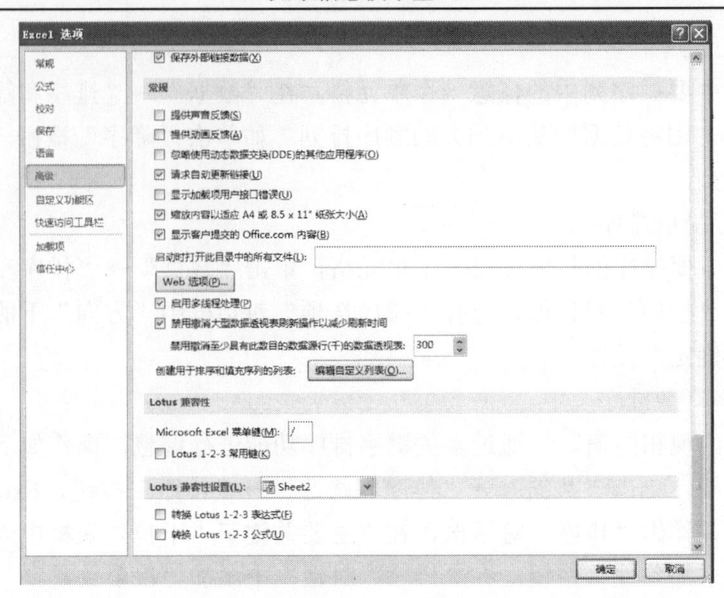

图 4-26　“自定义序列”命令

（1）多字段排序操作步骤。

①按照“部门”“年龄”“工资”排序，选中“员工工资表”中任意一个单元格，单击“数据”菜单→“排序和筛选”→“排序”按钮，Excel 会自动选择整个记录区域，并弹出“排序”对话框。

②在“主要关键字下拉列表框中选择“部门”，单击“添加条件”按钮，在“排序”对话框中添加“次要关键字”项，从其下拉列表框中选择“年龄”，继续单击“添加条件”按钮，在“排序”对话框中添加“次要关键字”项，从其下拉列表框中选择“工资”，操作结束，结果如图 4-27 所示。

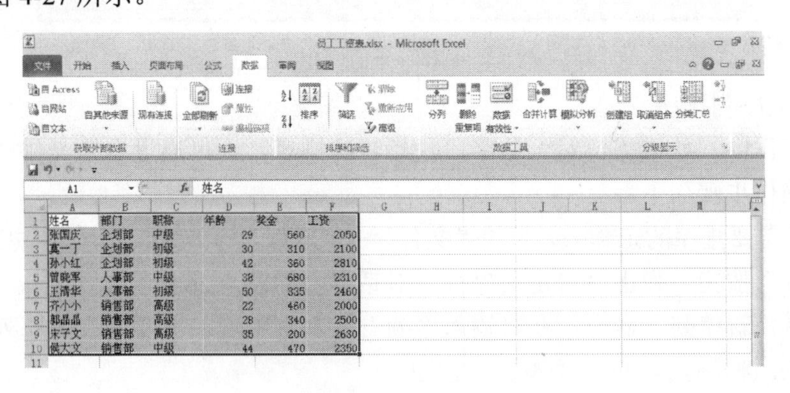

姓名	部门	职称	年龄	奖金	工资
张国庆	企划部	中级	29	560	2050
真一丁	企划部	初级	30	310	2100
孙小红	企划部	初级	42	360	2810
曾晓军	人事部	中级	38	680	2310
王清华	人事部	初级	50	335	2460
齐小小	销售部	高级	22	460	2000
郭晶晶	销售部	高级	28	340	2500
宋子文	销售部	高级	35	200	2630
侯大文	销售部	中级	44	470	2350

图 4-27　排序后的“员工工资表”

（2）按照自定义的职称顺序进行排序。

单击“数据”菜单→“排序和筛选”→“排序”按钮，在弹出的对话框中的“次序”下拉列表框中选择“自定义序列”命令，在“输入序列”文本框中输入“高级，中级，初级”序列，单击“添加”按钮，单击“确定”按钮，返回“排序”对话框，在“主要关键字”下拉列表框中选择“职称”，点击“确定”按钮完成操作。

3．数据筛选

当数据表中的记录较多时，通过筛选可以快速查找到所需要的数据，其余不需要的记录将暂时被隐藏起来。

1）使用自动筛选

自动筛选提供了快速查找工作表中数据的功能。操作步骤如下。

（1）选择数据表中的任意单元格，单击“数据”→“排序和筛选”→“筛选”按钮，这时在每个字段旁显示出下拉箭头，即为筛选器箭头，如图 4-28 所示。

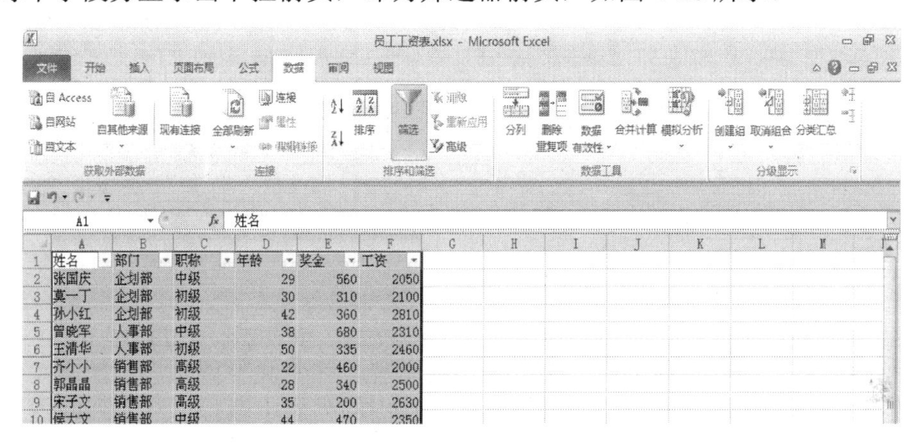

图 4-28　自动筛选

（2）从列表中选择值并进行搜索，这是最快的筛选方法。在启用了筛选功能的列中单击按钮时，该列中的数值都会显示在列表中，根据需要可以选择按颜色筛选或按数字筛选，单击“确定”按钮完成操作。

2）使用自定义筛选

自定义筛选可以设定多个筛选条件，使筛选出的数据更接近预期结果，其具有很大的灵活性。操作步骤如下。

（1）选择筛选数据表中的任意单元格，单击“数据”→“排序和筛选”→“筛选”按钮，单击列表题右侧的下拉按钮，在弹出的菜单中选择“数字筛选”→“自定义筛选”命令，弹出“自定义自动筛选方式”对话框。

（2）选择一个条件，然后选择或输入其他条件。如果多个条件同时满足则点击“与”按钮，如果只需要满足多个条件中的某个，则选择“或”按钮。单击“确定”按钮完成操作。

3）使用高级筛选

高级筛选，指通过创建一个条件区域，进行筛选。

高级筛选的操作步骤如下。

（1）打开要进行筛选的工作表，在工作表的其他空白区域创建一个条件区域（如在 C12:D13），在此区域的单元格中输入筛选条件。如图 4-29 所示。

（2）单击“数据”→“排序和筛选”→“高级”按钮，弹出“高级筛选”对话框，根据需要在“方式”中选择“在原有区域显示筛选结果”或“将筛选结果复制到其他位置”。

（3）单击“列表区域”右侧的按钮，选择要进行筛选的数据区域。再单击“列表区域”右侧的按钮，还原“高级筛选”对话框。单击“条件区域”右侧的按钮，选择已经设置好的条件区域（如 C12：D13）。

（4）单击“条件区域”右侧的按钮，还原“高级筛选”对话框。如图 4-30 所示，单击“确定”按钮，返回工作表可以看到筛选出工资小于 2300 且奖金大于 300 的数据。

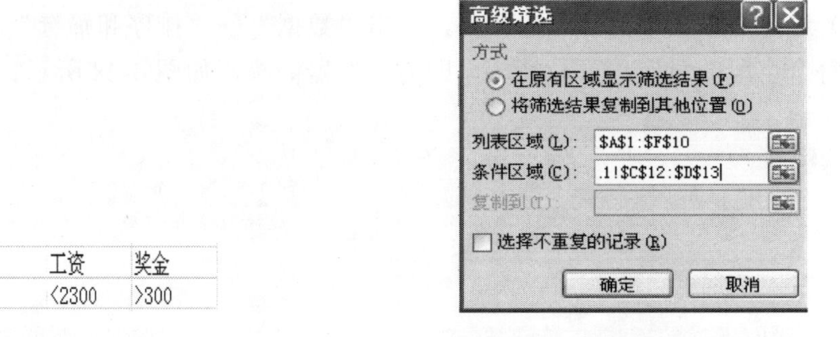

图 4-29　筛选条件区域　　　　图 4-30　“高级筛选”对话框

4）清除筛选

筛选结束后，要返回到筛选前的工作表状态，则需要清除筛选设置。

单击需要清除列标题上的“筛选”按钮，在弹出的列表中选择“从‘列标题’中清除筛选”命令。如果要清除工作表中所有筛选并重新显示所有行，单击“数据”→“排序和筛选”→“清除”按钮。

【例 4.14】 在“员工工资表”中用“自定义筛选”筛选出工资大于等于 2500 且小于 2800、部门为销售部的员工信息；再筛选奖金小于 500、职称为中级或高级的数据。

操作步骤如下。

①打开员工工资表，并为该工作簿添加 1 张新的空白工作表，此时该工作簿中总共包含有 4 张空白工作表。

②将这 4 张工作表的名称从左到右依次重命名为“自动筛选-1”“自动筛选-2”“高级筛选-1”“高级筛选-2”。

③对“自动筛选-1”工作表中的数据清单的内容进行自动筛选，筛选条件为工资大于等于 2500 且小于 2800、部门为销售部。

④单击数据表中的任意单元格。单击“数据”→“排序和筛选”→“筛选”按钮。

⑤单击“工资”列标题中的按钮，弹出筛选器选择列表。

⑥设置筛选条件。在弹出的筛选器选择列表中选择“数字筛选”→“自定义筛选”命令，在文本框中选择“大于或等于”2500，单击“与”命令，在下面的文本框中选择“小于”2800。单击“确定按钮”，将筛选出满足条件的数据。

⑦单击“部门”列标题中的按钮，弹出筛选器选择列表。在筛选条件中选择“销售部”。

⑧以同样的方法对“自动筛选-2”工作表中的数据清单的内容进行自动筛选，筛选条件为奖金小于 500、职称为中级或高级。

【例 4.15】 在“员工工资表”中用“高级筛选”筛选出为工资小于 2300 且奖金大于

300（在数据表前插入三行，前两行作为条件区域），筛选后的结果显示在原有区域；再筛选条件为年龄在 40 岁及以上或者职称为高级（在数据表前插入四行，前三行作为条件区域），筛选后的结果显示在 A17:F25。

操作步骤如下。

①在“高级筛选-1”数据表前插入三行，在 E1:F2 单元格区域输入筛选条件。

②单击数据表中的任意单元格。单击“数据”→“排序和筛选”→“高级”，弹出“高级筛选”对话框，对话框中进行如图 4-31 所示的设置 ，单击“确定”按钮，返回工作表可以看到筛选出工资小于 2300 且奖金大于 300 的数据。

③在“高级筛选-2”数据表前插入四行，在 C1:D3 单元格区域输入筛选条件。选择数据表中的任意单元格，单击“数据”→“排序和筛选”→“高级”，在“高级筛选”对话框中进行如图 4-32 所示的设置 ，单击“确定”按钮，返回工作表可以看到筛选出年龄在 40 岁及以上或者职称为高级的数据。

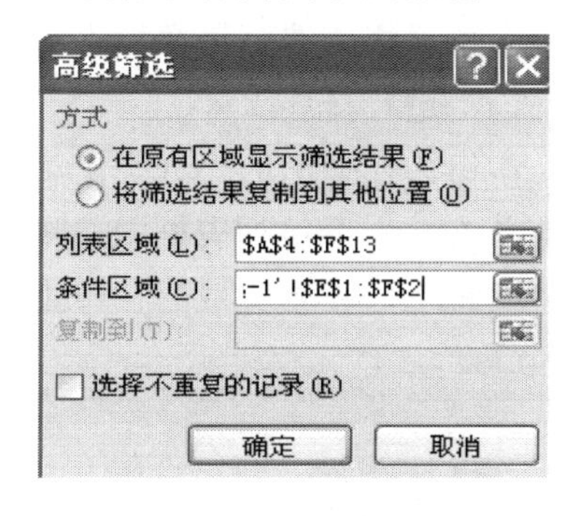

图 4-31　设置高级筛选-1

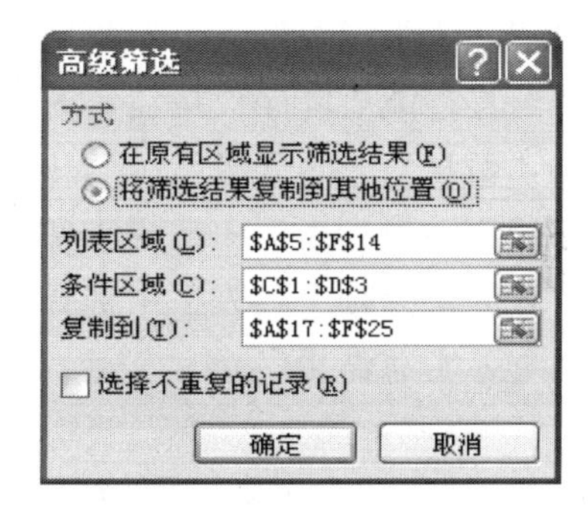

图 4-32　设置高级筛选-2

4. 数据分类汇总

对于数据量比较大的表格，往往通过分类汇总的方式统计结果，为进一步分析数据提供便利。

1）创建分类汇总

首先，在操作前需要确保数据区域中进行分类汇总计算的每一列的第一个单元格都有一个标题，每一列包含相同含义的数据，且该区域不包含任何空白行或空白列。其次，需要对分类字段进行排序。具备上述条件后，通过以下方式创建分类汇总。

（1）打开需要进行分类汇总的工作表，单击数据区域中任意一个单元格。选择“数据”→“排序和筛选”→“升序”或“降序”按钮，对数据按照某个列标题进行排序。

（2）单击“数据”→“分级显示”→“分类汇总”按钮，弹出如图 4-33 所示的“分类汇总”对话框。

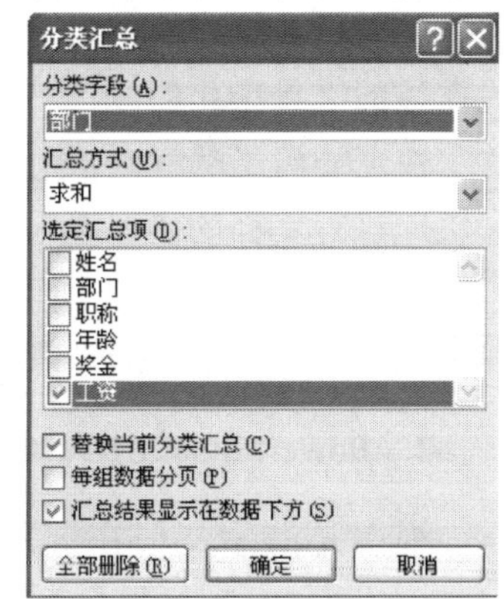

图 4-33　“分类汇总”对话框

（3）在“分类字段”下拉列表框中选择已经排序的字段名称如“部门”。在“汇总方式”下拉列表框中选择汇总的方式，如“求和”。在“选定汇总项”列表框中选择要进行汇总的项目，如“工资”，设置完成后，单击“确定”按钮，即可显示汇总结果。

在分类汇总结果工作表中，单击屏幕左边的“-”按钮，可以仅显示汇总结果而隐藏原始数据库的数据，这时屏幕左边将变为“+”按钮；如果再次单击“+”按钮，将恢复显示隐藏的原始数据。

2）删除分类汇总

对工作表进行了分类汇总之后希望返回工作表最初状态，则需要删除已经生成的分类汇总。操作如下。

单击分类汇总表中数据区域中任意单元格，单击“数据”→“分级显示”→“分类汇总”按钮，在弹出的对话框中单击“全部删除”按钮，点击“确定”按钮，即可删除所有分类汇总，将工作表恢复到汇总前的状态。

【例 4.16】 在“员工工资表”中按照“部门”分类汇总“工资”和奖金的平均值。

操作步骤如下。

①打开“员工工资表”，单击数据区域中任意一个单元格。选择“数据”→“排序和筛选”→“升序”或“降序”按钮，对数据按照“部门”进行排序。

②单击“数据”→“分级显示”→“分类汇总”按钮，在弹出的“分类汇总”对话框的“分类字段”下拉列表框中选择“部门”。在“汇总方式”下拉列表框中选择“求平均值”。在“选定汇总项”列表框中选择“工资”和“奖金”，设置完成后，单击“确定”按钮，即可显示汇总结果。

4.4 PowerPoint 2010 演示文稿

4.4.1 演示文稿的创建

1. PowerPoint 2010 基本组成

PowerPoint 2010 的窗口由标题栏、快速访问工具栏、功能区、“帮助”按钮、工作区、状态栏和视图栏等组成。

标题栏：位于窗口最上方，用来显示应用程序的名字和当前正在编辑文档的名称。设置窗体的“最小化”“最大化”和“关闭”状态。

快速访问工具栏：位于 PowerPoint 2010 工作界面的左上角，由最常用的工具按钮组成，可快速进行文档的“保存”“撤销”和“恢复”等操作。

功能区：位于快速访问工具栏的下方，包含“文件”“开始”“插入”“设计”等选项卡，根据制作需要选择相应选项卡中的功能项进行设置。

2. PowerPoint 2010 的视图方式

视图是演示文稿在屏幕上的显示方式。为方便建立、编辑、浏览、放映幻灯片，PowerPoint 2012 提供了“普通视图”“幻灯片浏览视图”“阅读视图”“母版视图”和“备注页视图”。其中常用的是 3 种视图。

1）普通视图

普通视图是 PowerPoint 的默认方式。在该视图方式下，屏幕的左边显示演示文稿的大纲，右上方是当前幻灯片，右下方是幻灯片的备注页视图。

2）幻灯片浏览视图

该视图以缩略图形式查看幻灯片。在此视图模式下，将显示出演示文稿中所有幻灯片的缩图、完整文本和图片。

3）阅读视图

根据事先设定，将多张幻灯片连接起来以全屏播放的形式进行连续放映，从而看到演示文稿的实际效果。

4.4.2　一个简单的制作实例

演示文稿的制作主要包括演示文稿的编辑、幻灯片的编辑、幻灯片背景设置和填充颜色、设计模板的使用、幻灯片母版的制作、配色方案的使用、影音文件的插入、对象的使用等。本节将通过一个演示文稿的制作实例，介绍 PowerPoint 2010 的基本操作方法。

【例 4.17】 制作一个“生命之水.pptx”的演示文稿。

实现方法与步骤如下。

（1）运行 PowerPoint 2010 应用程序，单击“文件”→“新建”命令，在“可用模板和主题”下，单击“空白演示文稿”命令，单击“创建”按钮。

（2）单击“快速访问”工具栏上的“保存”按钮，或者按 Ctrl+S 组合键，在弹出的“另存为”对话框中的“文件名”所对应的文本框中输入“节约用水”，单击“保存”。

（3）在“设计”选项卡的“主题”功能组中选择“流畅”主题，再应用于所有幻灯片，如图 4-34 和图 4-35 所示。

图 4-34　选择“流畅”主题

图 4-35　将“波形”主题应用于所有幻灯片

（4）在“视图”选项卡的“母版视图”功能组中单击“幻灯片母版”按钮，显示幻灯片母版视图，在“插入”选项卡的“图像”功能组里，点击“图片”，在“PPT 制作素材”文件夹内选择“节水标志.jpg”文件，用鼠标拖动插入图片的边框，调整图片大小，再放置到幻灯片右上角，效果如图 4-36 所示，关闭母版视图。

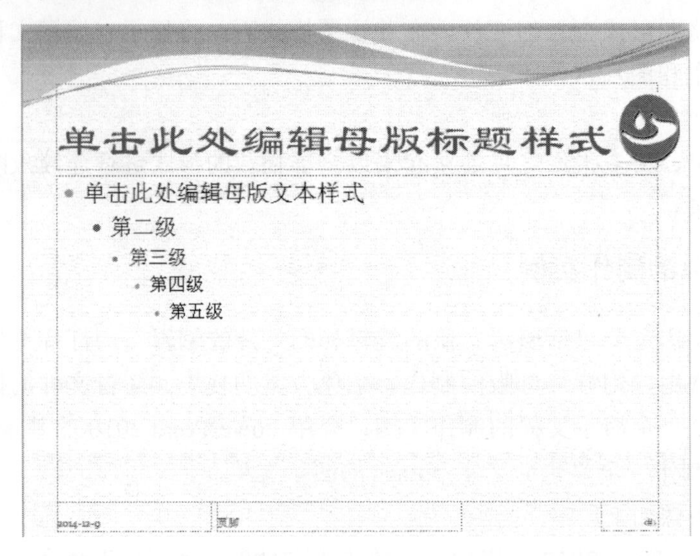

图 4-36　在母版中插入“节水标志”图标

（5）制作第 1 张幻灯片，具体步骤如下。

①将第一张幻灯片作为标题幻灯片，单击幻灯片窗格的“单击此处添加标题”占位符，该占位符被闪烁的光标代替，输入标题文字“生命之水”。

②单击幻灯片窗格的“单击此处添加标题”占位符，该占位符被闪烁的光标代替，输入标题文字“节约用水，保护家园”。

③单击幻灯片窗格的“单击此处添加副标题”占位符，输入副标题文字“请珍惜地球上的每一滴水”。第 1 张幻灯片的最终效果如图 4-37 所示。

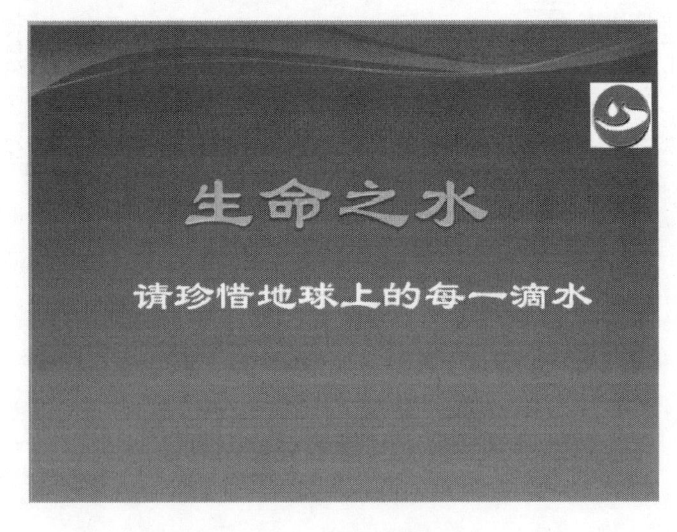

图 4-37　第 1 张幻灯片

（6）制作第 2 张幻灯片，具体步骤如下。

①在“开始”功能组的“幻灯片”里，点击“新建幻灯片”，选择空白版式，建立第 2 张幻灯片。

②选中第 2 张幻灯片，在“设计”功能区的“主题”功能组中选择“Office”主题，再选中“应用于选定幻灯片”，不要改变其他幻灯片的“波形”主题。

③在“插入”功能区的“图像”组里，点击“图片”，在文件夹中选择“地球.jpg”图片文件，插入该幻灯片。

④选中第 2 张幻灯片，在“设计”选项卡的“背景”功能组里，点击“背景样式”，在下拉框中选中“设置背景格式”。在弹出的“设计背景格式”对话框中，选中“纯色填充”，在填充颜色中选择黑色。

⑤单击“插入”选项卡 “文本”组的“文本框”按钮，从中选择要插入的文本框为横排文本框。选择横排文本框后，在幻灯片中单击，然后按住鼠标左键并拖动鼠标指针按所需大小绘制文本框。松开鼠标左键后显示出绘制的文本框，在文本框内输入文本“据科学家研究得出，地球表面可是 70.8%被水覆盖着”。完成输入后，选中这段文字，在“开始”选项卡“字体”组中，设置字体为黄色、加粗、阴影。第 2 张幻灯片的最终效果如图 4-38 所示。

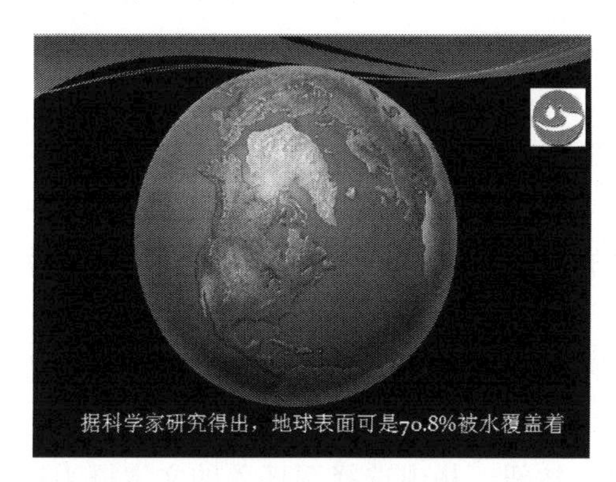

图 4-38　第 2 张幻灯片最终效果

（7）制作第 3 张幻灯片，具体步骤如下。

①在“开始”选项卡的“幻灯片”里，点击“新建幻灯片”，选择空白版式，建立第 3 张幻灯片。

②在“设计”选项卡的“主题”功能组中选择“流畅”主题应用于该幻灯片。

③在“插入”选项卡的“图像”里，点击“图片”，在文件夹内选择“世界水资源现状.jpg”图片文件。第 3 张幻灯片的最终效果如图 4-39 所示。

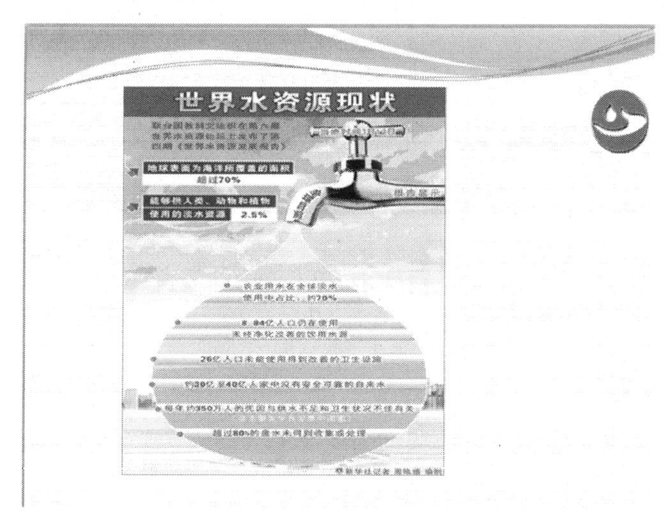

图 4-39　第 3 张幻灯片最终效果

（8）按照图 4-40，制作第 4 张幻灯片。

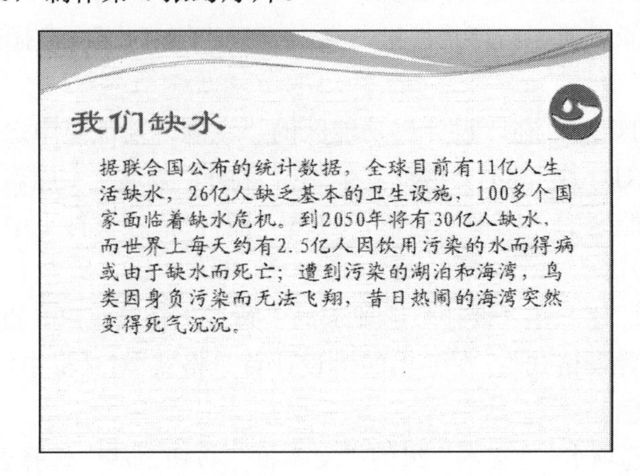

图 4-40　第 4 张幻灯片

（9）制作第 5 张幻灯片，具体步骤如下。

①在“开始”选项卡的“幻灯片”里，点击“新建幻灯片”，选择“标题和两栏内容”版式，建立第 5 张幻灯片。

②在左侧的内容占位符点击插入图表，在弹出的“插入图表”对话框中选择“分离型三维饼图”，在弹出的 Excel 表格中输入数据。

③在右侧的内容占位符点击插入图表，在“插入图表”对话框中选择“三维圆锥图”，在弹出的 Excel 表格中输入数据。

④单击“插入”选项卡 “文本”组的“文本框”按钮，从中选择要插入的文本框为横排文本框，选择横排文本框后，在幻灯片中单击，然后按住鼠标左键并拖动鼠标指针按所需大小绘制文本框，在文本框内输入文本“在全部水资源中，97.47%是咸水，无法饮用。在余下的 2.53%的淡水中，有 87%是人类难以利用的两极冰盖、高山冰川和永冻地带的冰雪。我们真正能够利用的是江河湖泊以及地下水中的一部分，仅占地球总水量的 0.26%。”第 5 张幻灯片的最终效果如图 4-41 所示。

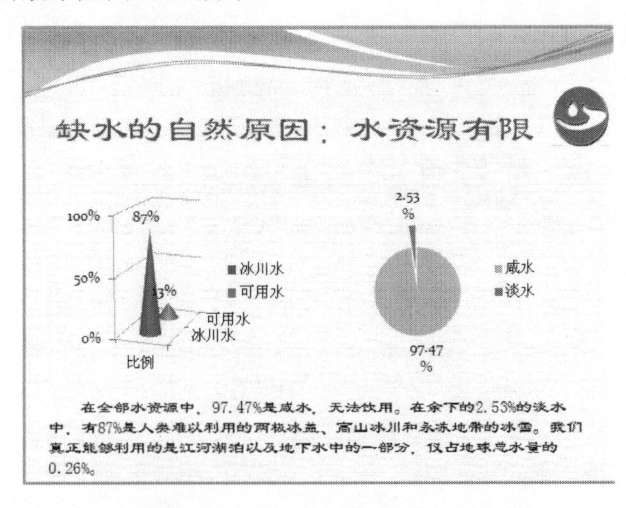

图 4-41　第 5 张幻灯片最终效果

（10）制作第 6 张幻灯片，步骤如下。

①在“开始”选项卡的“幻灯片”里，点击“新建幻灯片”，选择“标题和两栏内容”版式，建立第 6 张幻灯片。

②在左侧的内容占位符点击输入以下文字：

- 用水量迅速增加
- 环境破坏
- 水质污染

③在右侧的内容占位符中点击插入 Smart 图形，在弹出图形对话框里选择“图片题注列表”。双击“图片”按钮，从文件夹里，选择“城市污水排放.png”“工业污水排放.jpg”“污水排入湖泊.jpg”“污水横流.jpg”图片，在图片下侧输入文字“城市污水排放”“工业污水排放”“污水排入湖泊”“污水横流”，第 6 张幻灯片的最终效果如图 4-42 所示。

图 4-42　第 6 张幻灯片

（11）制作第 7 张幻灯片，具体步骤如下。

①在“开始”选项卡的“幻灯片”里，点击“新建幻灯片”，选择“标题和两栏内容”版式，建立第 7 张幻灯片，在“标题”占位符中输入“水资源的合理利用和保护”，在左右两边的“内容”占位符中输入下列文字：

- 水的时间分配不均
- 水的空间分布不均
- 地下水更新周期长
- 用水量的迅速增加
- 水污染严重

- 建立蓄水工程
- 修建跨流域的引水工程
- 合理开采地下水
- 科学用水，节约用水
- 保护水资源，防治水污染

②单击“插入”选项卡的“插图”组的 “形状”按钮，从中选择要插入的箭头，按此步骤连续插入 5 个箭头，第 7 张幻灯片的最终效果如图 4-43 所示。

（12）制作第 8 张幻灯片，效果如下图 4-44 所示。

（13）将第 2 张幻灯片中的文本框的动画设置为“翻转式由远及近”。

（14）将第 6 张幻灯片中 Smart 图形的动画设置为“缩放”。

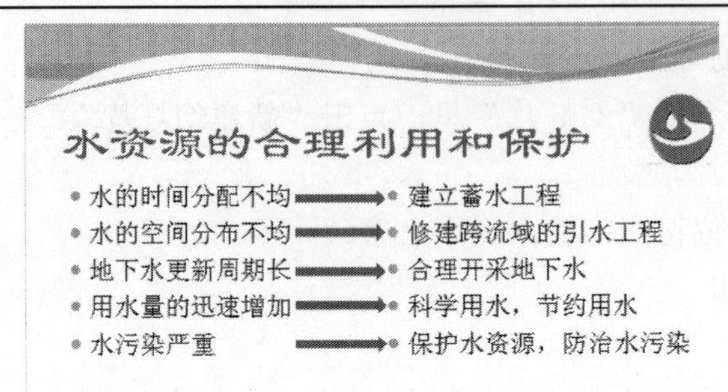

图 4-43　第 7 张幻灯片

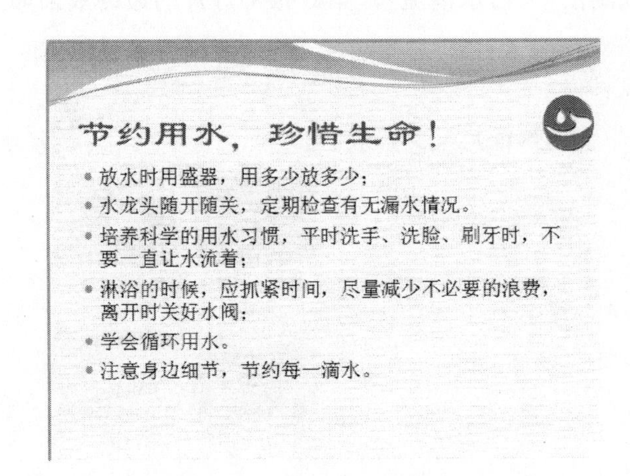

图 4-44　第 8 张幻灯片

（15）将第 7 张幻灯片中的文本和箭头的动画均设置为“擦除”。

（16）将第 8 张幻灯片中的文本动画设置为“棋盘”，动画顺序为如图 4-45 示。

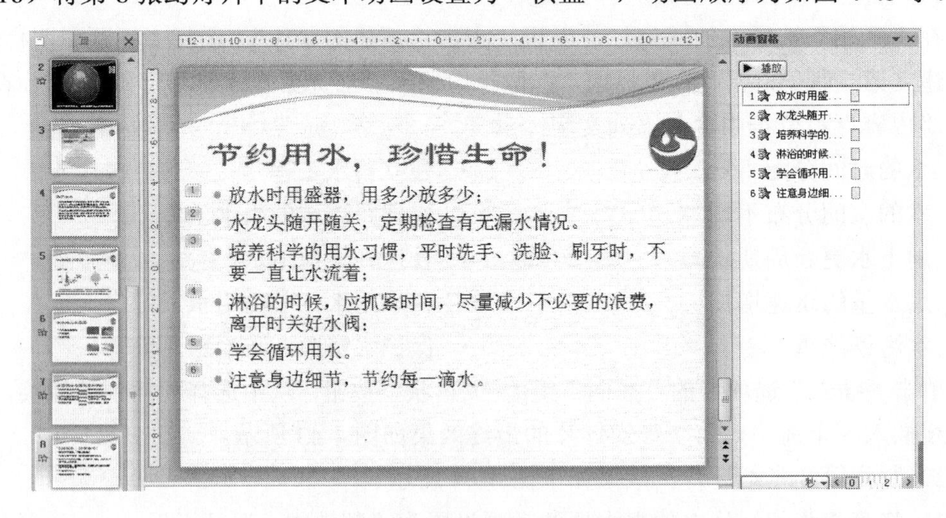

图 4-45　第 8 张幻灯片中的动画设置

本 章 小 结

本章简述了办公自动化相应概念及软件发展历程，通过实例介绍了 Office 2010 中 Word 2010、Excel 2010 和 PowerPoint 2010 的使用方法。通过本章的学习，掌握常用办公自动化软件的操作技巧，辅助读者熟练使用软件，提高工作效率。

本 章 习 题

一、巩固理论

（一）选择题

1．在 Word 2010 文档中需要录入“☆”时，应该选用下列（　　）功能区。

A．插入　　B．编辑　　C．格式　　D．工具

2．在 Word 2010 中，当插入点在“学习”二字的中间时，按 Del 键（　　）。

A．删除“学”字　　B．删除“习”字

C．删除“学习”二字　　D．删除这一行

3．当鼠标位于 Word 2010 文档文字的左边空白处，指针变为指向右上方的箭头时，双击鼠标，此时（　　）。

A．选中鼠标所指的一行文字　　B．选中鼠标所指的一段文字

C．选中全文　　D．选中鼠标所指的第一个文字

4．在 Word 2010 中，想用新名称保存文件，应（　　）。

A．选择“文件”→“另存为”命令

B．选择“文件”→“保存”命令

C．单击工具栏中的“保存”按钮

D．复制文件到新命名的文件夹

5．在 Word 2010 中，用户按 Enter 键，便在文档中插入（　　）。

A．空格　　B．Enter　　C．段落结束标记　　D．打印控制符

6．在 Word 2010 中，录入英文单词时，系统有时会在单词下添加一条红、绿的波浪线，表明（　　）。

A．为了美观　　B．英文的一种书写格式

C．表示有拼写或语法错误　　D．打印设置

7．在 Word 2010 的编辑状态下，在“文件”按钮下“打印”→“设置”→“打印当前页”中的“当前页”是指（　　）。

A．当前光标所在页　　B．当前窗口显示页

C．最后一页　　D．第一页

8．在 Word 2010 的编辑状态中，使插入点快速移动到文档开始处的快捷键是（　　）。

A．Ctrl+End　　B．Ctrl+Home　　C．PageUp　　D．PageDown

9．在 Word 2010 下列视图中，显示效果与实际打印效果最接近的视图方式是（ ）。

A．页面视图　　B．阅读版式视图

C．Web 板式视图　　D．大纲视图

10．执行“文件”菜单下的“打印预览”命令，再单击工具栏中的“打印”按钮，选择“文件”→“关闭”命令，是（ ）。

A．退出 Word 2010 系统

B．关闭 Word 2010 下所有打开的文件窗口

C．将 Word 2010 中当前的活动窗口关闭

D．将 Word 2010 中当前活动窗口最小化

11．当 Word 2010 的标题栏显示文档名为“文档 1”时，用户单击“保存”按钮：（ ）。

A．当前文档被保存到“文档 1”中

B．弹出“另存为”对话框

C．当前文档被保存到默认文件名中

D．弹出错误信息

12．将 Word 2010 文档中的一部分内容复制到别处，先要进行的操作是（ ）。

A．粘贴　　B．复制　　C．选中　　D．剪切

13．在 Word 2010 中，不属于段落格式的是（ ）。

A．段落对齐方式　　B．字间距

C．段落缩进　　D．段间距

14．要将当前编辑的 Word 2010 文档的纸张设为 B5 纸，应该选择（ ）菜单下的命令。

A．文件　　B．视图　　C．编辑　　D．工具

15．Word 2010 的段落对齐命令中提供了几种对齐方式（ ）。

A．2　　B．3　　C．4　　D．5

16．利用 Word 2010 编辑文档，间距默认时，段落中文本行的间距是（ ）。

A．单倍行距　　B．多倍行距　　C．最小值　　D．固定值

17．窗口被最大化后如果要调整窗口的大小，正确的操作是（ ）。

A．用鼠标拖动窗口的边框线

B．单击“还原”按钮，再用鼠标拖动边框线

C．单击“最小化”按钮，再用鼠标拖动边框线

D．用鼠标拖动窗口的四角

18．Word 2010 中保存文档的命令出现在（ ）选项卡里。

A．插入　　B．页面布局　　C．文件　　D．开始

19．在 Word 2010 中，要用模板来生成新的文档，一般应先选择（ ），再选择模板名。

A．“文件”→“打开”　　B．“文件”→“新建”

C．“引用”→“样式”　　D．“文件”→“选项”

20．Word 2010 启动后，将自动打开一个名为（ ）的文档。

A．Book1　　B．Noname　　C．文档 1　　D．文件 1

21．在 Word 2010 中，实现“复制”功能的组合键是（　　）。

A．Ctrl+Z　　B．Ctrl+U　　C．Ctrl+C　　D．Ctrl+X

22．在 Word 2010 中，实现“剪切”功能的组合键是（　　）。

A．Ctrl+A　　B．Ctrl+X　　C．Ctrl+V　　D．Ctrl+C

23．在 Word 2010 中，用户可以利用（　　）很方便、直观地改变段落缩进方式，调整左右边界和改变表格的列宽。

A．标尺　　B．工具栏　　C．菜单栏　　D．格式栏

24．Word 2010 的段落对齐方式中，能使段落中没一行（包括未输满的行）都保持首尾对齐的是（　　）。

A．左对齐　　B．两端对齐　　C．居中对齐　　D．分散对齐

25．下列关于对 Word 2010 中插入的图片进行的操作中，描述正确的是（　　）。

A．图片不能被移动　　B．图片不能被裁剪

C．图片不能被放大或缩小　　D．图片的内容不能进行编辑

26．内置的 SmartArt 图形库，一共提供了（　　）种不同类型的模板。

A．90　　B．85　　C．80　　D．70

27．在 Word 2010 中，用户若要书写诸如积分、矩阵等复杂的数学公式，应通过（　　）选项卡进行。

A．文件　　B．视图　　C．插入　　D．引用

28．在 Word 2010 中，图形组合功能可以通过（　　）选项卡中的“组合”命令来实现。

A．插入　　B．页面布局　　C．视图　　D．引用

29．选定整个表格，按 Delete 键，所删除的是（　　）。

A．表格线　　B．表格中的数据

C．表格与表中的数据　　D．都不能删除

30．将表格中数据进行排序时，汉字的默认排序是以（　　）排序。

A．大小　　B．字母　　C．笔画　　D．不能

31．在 Excel 2010 中，列宽和行高（　　）。

A．都可以改变　　B．只能改变列宽

C．只能改变行高　　D．都不能改变

32．Excel 2010 所属的套装软件是（　　）。

A．Lotus 2003　　B．Windows 2010

C．Office 2010　　D．Word 2010

33．在 Excel 2010 中 ，给当前单元格输入数值型数据时，默认为（　　）。

A．居中　　B．左对齐　　C．右对齐　　D．随机

34．Excel 2010 工作簿文件的默认扩展名为（　　）。

A．doc　　B．xlsx　　C．ppt　　D．mdb

35．在 Excel 2010 的一个单元格中，若要输入文字串 2008-3-5，则正确的输入为（　　）。

A．2008-3-5　　B．’2008-3-5　　C．=2008-3-5　　D．“2008-3-5”

36．在 Excel 2010 中，数据源发生变化时，相应的图表（　　）。

A．手动跟随变化　　B．自动跟随变化

C．不跟随变化　　D．不收任何影响

37．在 Excel 2010 的工作表中最小操作单元是（　　）。

A．单元格　　B．一行　　C．一列　　D．一张表

38．在 Excel 2010 中，求一组数值中的平均值函数为（　　）。

A．AVERAGE　　B．MAX　　C．MIN　　D．SUM

39．在 Excel 2010 中，假定 B2 单元格的内容为数值 15，C3 单元格的内容是 10，则=$B$2-$C$3 的值为（　　）。

A．25　　B．250　　C．30　　D．5

40．在 Excel 2010 中，存储二维数据的表格被称为（　　）。

A．工作簿　　B．文件夹　　C．工作表　　D．图表

41．在 Excel 2010 中，单元格 B2 的列相对行绝对的绝对引用地址为（　　）。

A．B2　　B．$B2　　C．$B$2　　D．B2

42．Excel 2010 主界面窗口中编辑栏上的“fx”按钮用来向单元格插入（　　）。

A．文字　　B．数字　　C．公式　　D．函数

43．在 Excel 2010 中，对电子工作表的选择区域不能进行的设置是（　　）。

A．行高尺寸　　B．列宽尺寸　　C．条件格式　　D．保存

44．Excel 中，“A4:F8”是（　　）。

A．A 列第 4 行的单元格和 F 列第 8 行的单元格

B．从 A4 单元格拖拽至 F8 单元格的所有区域

C．A4 单元格所在的列和 F8 单元格所在的列

D．A4 单元格所在的行和 F8 单元格所在的行

45．插入一个工作表，这个工作表总是在（　　）。

A．所有的工作表的最前面　　B．所有的工作表的最后面

C．在插入前选定的工作表的前面　　D．在插入前选定的工作表的后面

46．公式 COUNT(C2:E3)的含义是（　　）。

A．计算区域 C2:E3 内数值的和　　B．计算区域 C2:E3 内数值的个数

C．计算区域 C2:E3 内字符个数　　D．计算区域 C2:E3 内数值为 0 的个数

47．向单元格输入数字后，若该单元格的数字变成“###”，则表示（　　）。

A．输入的数字有误　　B．数字已被删除

C．记数的形式已超过该单元格列宽　　D．记数的形式已超过该单元格行宽

48．在 Excel 中，选择一些不连续的单元格时，可在选定一个单元格后，按住（　　）键，再依次点击其他单元格。

A．Ctrl　　B．Shift　　C．Alt　　D．Enter

49．在 Excel 2010 的数据库中，自动筛选是对（　　）。

A．记录进行条件选择的筛选　　B．字段进行条件选择的筛选

C．行号进行条件选择的筛选　　D．列号进行条件选择的筛选

50．在 Excel 2000 中，以下公式中正确的是（　　）。

A．=A1+B1　　B．='计算机'&'应用'

C．="计算机"&"应用"　　D．=（计算机）&（应用）

（二）填空题

1．Word 2010 文档的扩展名为＿＿＿＿＿＿＿＿＿＿。

2．Word 2010 窗口中对编辑区的文本进行定位的尺子称为＿＿＿＿＿＿＿＿。

3．Word 2010 窗口中的标尺上有 4 个符号，分别是＿＿＿＿＿＿、＿＿＿＿＿＿、＿＿＿＿＿＿和＿＿＿＿＿＿。

4．Word 2010 启动后，新建的文档区是空的，区中有一个闪烁的垂直条称为＿＿＿＿＿＿＿＿。

5．录入文本到一个自然段结束时，应按＿＿＿＿＿＿键，结束本段的录入。

6．当光标在一个自然段某处时，按一下＿＿＿＿＿＿键，可以分成两个自然段。

7．要恢复误删除的一段文字，可以单击快捷菜单中的＿＿＿＿＿＿按钮。

8．进行段落排版时，常用的对齐方式为＿＿＿＿、＿＿＿＿、＿＿＿＿、＿＿＿＿和＿＿＿＿＿＿。

9．要设定打印纸的大小，应在＿＿＿＿＿＿＿＿选项卡中进行。

10．Word 2010 将页面正文的顶部空白称为＿＿＿＿，页面底部空白称为＿＿＿＿。

二、实践演练

1．输入数据

新建一个工作表，按照图 4-46 所示输入数据。

	A	B	C	D	E	F	G	H
1	姓名	性别	部门	出生年月	职称	工资	附加工资	扣水电费
2	孙学东	男	技术科	1957-3-25	X	1050	200	90
3	林静之	女	技术科	1979-10-21	Y	600	150	40
4	高娟	女	技术科	1948-10-7	X	1380	320	88
5	刘克忠	男	技术科	1971-9-2	Y	900	180	100
6	刘钟	男	技术科	1965-10-8	X	1100	220	90
7	张萍	女	技术科	1975-9-25	Y	650	180	40
8	郑荔慧	女	技术科	1978-4-18	Y	600	160	110
9	苗志超	男	技术科	1981-2-28	Z	450	50	30
10	张艺萍	女	技术科	1966-3-6	X	1100	220	65
11	陆平	男	生产科	1950-11-18	X	1250	200	77
12	王金印	男	生产科	1952-6-24	X	1300	220	80
13	杨洋	女	生产科	1980-7-18	Z	500	50	30
14	陈旭	女	生产科	1969-5-4	Y	900	180	30
15	孟小龙	男	生产科	1970-5-28	Y	850	170	50
16	韩保国	男	总务科	1968-8-1	Y	850	180	40
17	郑魁	男	总务科	1973-11-5	Y	700	150	30
18	王书凯	男	总务科	1950-3-26	X	1350	250	69
19	武志军	男	总务科	1966-5-24	Y	960	180	100
20	赵华	女	总务科	1980-5-23	Z	500	70	35

图 4-46　数据图

2．工作表编辑和格式设置

（1）在"姓名"前，增加"职工编号"列，将职工编号数据格式设置为"00001、00002、00003……"。

（2）在第一行前插入一行，输入标题"职工工资调查表"。

（3）将“工资”字段名改为“职务工资”。

（4）将“职称”列中的 X 替换为“高工”，Y 替换为“工程师”，Z 替换为“助工”。

（5）在“职务工资”后面，插入“奖金”列。

（6）按如下要求，自动填充“奖金”列：

职务工资≥1100，奖金 500；1100＞职务工资≥800，奖金 300；800＞职务工资≥600，奖金 200；职务工资＜600，奖金 100。

可以使用 IF 函数自动填充，其公式为：

“＝IF（职务工资>=1100,500,IF（职务工资>=800,300,IF（职务工资>=600,200,100）））”

（7）在“出生年月”后增加“年龄”列，按“=（today（）-出生年月）/365”自动填充，保留一位小数。

（8）将当前工作表改名为“职工工资情况”。

（9）将“职工工资情况”工作表复制一份，得到“职工工资情况（2）”工作表。

（10）将“职工工资情况（2）”工作表改名为“职工收支情况”。

（11）在“职工收支情况”工作表中增加“洗理费”字段，对“职工收支情况”工作表中的“附加工资”字段，按男职工 8 元，女职工 16 元增加洗理费。

（12）在“职工工资情况”工作表中的增加“实发工资”字段，按“实发工资=职务工资+奖金+附加工资–扣水电费”自动填充“实发工资”列。

（13）在当前工作表中，将生产科职工的 5 位职工的“姓名、职务工资、奖金、附加工资”4 个字段的数据复制到剪贴板。

（14）在一个空工作表中，用“编辑”→“选择性粘贴”→“转置”命令将剪贴板中的“姓名、职务工资、奖金、附加工资”4 个字段复制过来，如表 4-2 所示。将此工作表改名为“生产科职工收入情况”。

表 4-2　生产科职工收入调查表

姓名 收入项	陆平	王金印	杨洋	陈旭	孟小龙	最小值	平均值
职务工资	￥1,250.00	￥1,300.00	￥500.00	￥900.00	￥850.00	￥500.00	￥960.00
奖　　金	￥500.00	￥500.00	￥100.00	￥300.00	￥300.00	￥100.00	￥340.00
附加工资	￥208.00	￥228.00	￥66.00	￥196.00	￥178.00	￥66.00	￥175.00

（15）在“生产科职工收入情况”工作表中，进行如下操作。

①在“孟小龙”后增加“最小值”和“平均值”两项，并用相应函数自动填充。

②设置粗外框线，细内框线，第一行的下边框和第一列的右框线均为双线。

③设置每行高 30，第一列宽为 9，其他列宽 12。

④将第一行和第一列的文字设为楷体、12 磅、加粗。

⑤将表中数值设为货币样式、小数点 2 位，字体为幼圆、12 磅。

⑥将所有单元格的对齐方式设置为水平居中和垂直居中。

⑦将“奖金”单元格文本的水平对齐方式改为“分散对齐（缩进）”，缩进为“0”。

⑧在第一行上方插入一行，合并单元格 A1～H1，添加表格标题“生产科职工收入调查表”，字体为隶书、18 磅、加粗，带“会计用双下划线”，居中对齐。

⑨表格标题下左首第一单元格的格式和内容按表 4-2 所示进行设置。

⑩设置“最小值”和“平均值”两列为斜体，图案为 6.25%灰色。

完成上述操作后的表格格式如上表所示。

3．制作图表

在“生产科职工收入情况”工作表中，根据五个职工的“职务工资”“奖金”“附加工资”制作带数据表的三维簇状柱形图。各图表元素的格式设置请参考图 4-47 自行设置。

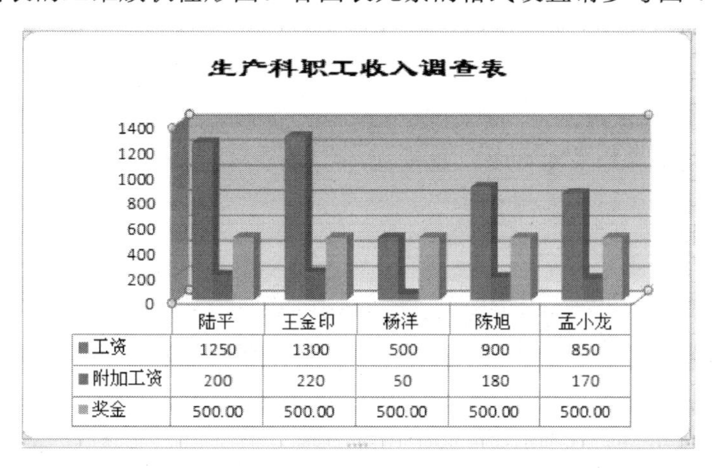

图 4-47　图表格式

三、知识拓展

制作一个完整的演示文稿，要求有明确的主题，由 10 张幻灯片组成，利用母版制作，其中包括文本、表格、图表、SmartArt 图形填充、背景图片、艺术字、公式、音频及动画设置。

第 5 章　数据库技术

本章学习目标

- 了解数据库技术发展现状
- 认识数据库模型
- 理解关系数据库的基本概念、基本性质
- 熟悉关系数据库的基本操作
- 了解 SQL 基本操作命令
- 掌握 Access2010 的基本操作

数据库技术是计算机数据管理的最新技术，是计算机科学的重要分支。目前，数据库技术在企业管理信息系统（management information system，MIS）、计算机集成制造系统（construction management information system，CIMS）、地理信息系统（geographic information system，GIS）、Internet 技术等许多方面得到广泛应用，已成为各行各业存储数据、管理信息、共享资源最常用的技术之一。

5.1　数据库概述

数据库（database）是按照数据结构来组织、存储和管理数据的仓库。随着信息技术的发展，数据资源呈现指数级增长，对数据的保存和管理需借助数据库技术。数据库技术产生于 20 世纪 60 年代，经过几十多年的发展，已取得了辉煌成绩，造就了 C.W.Bachman、E.F.Codd 和 James Gray 三位图灵奖得主，并带动了一个巨大的软件产业——数据库管理系统的发展。当今，数据库技术已经形成相当规模的理论体系和实用技术，被广泛应用于各个领域，在事务处理、情报检索、人工智能、专家系统、计算机辅助设计等方面都表现出了强大的功能。

5.1.1　数据和数据库系统

数据是用来描述现实世界事物的物理符号，包括数字、文字、图形、图像、声音、动画等所有计算机能存储和处理的符号。

数据库（database，DB）是长期存放在计算机内，有组织的、大量的、可共享的数据集合。

数据库中的数据按一定的数据模型组织、描述和存储，具有较小的冗余度、较高的数据独立性和易扩展性，并可为多个用户、多个应用程序共享。

数据库管理系统（database management system，DBMS）是对数据库进行管理的软件系统，是数据库系统的核心。DBMS 在计算机系统中位于操作系统与用户或应用程序之间，主要任务是科学有效地组织和存储数据、高效地获取和管理数据、接受和完成用户提出访问数据的各种请求。常见的 DBMS 有 Microsoft Access、Oracle、Microsoft SQL Server、MySQL、DB2 等。

数据库系统（database system，DBS）数据库系统是指拥有数据库技术支持的计算机系统。它可以实现有组织地、动态地存储大量相关数据，提供数据处理和信息资源共享服务。数据库系统由硬件系统、数据库、数据库管理系统及相关软件、数据库管理员（database administrator，DBA）和用户组成。

5.1.2　数据模型

数据模型是用来描述数据、组织数据和对数据进行操作的框架，即在数据库中用数据模型表示实体和实体间的联系。目前，数据库常用的数据模型有 3 种，即层次模型、网络模型和关系模型。根据使用的模型，数据库可被分成层次型数据库、网络型数据库和关系型数据库。

1. 层次模型

在层次模型中，数据被组织成一棵倒置的树。每一个实体可以有不同的子节点，但只能有一个双亲。层次的最顶端有一个实体，称为根，如图 5-1 所示。

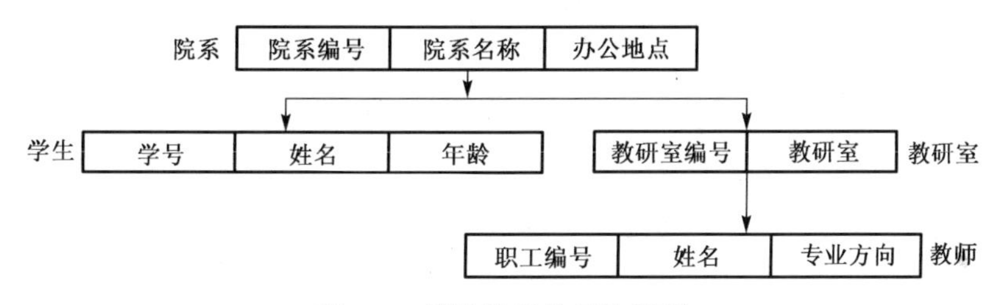

图 5-1　描述院系的层次模型

2. 网状模型

网状模型中，实体通过图来组织，图中的部分实体可通过多条路径来访问，这里没有层次关系，如图 5-2 所示。

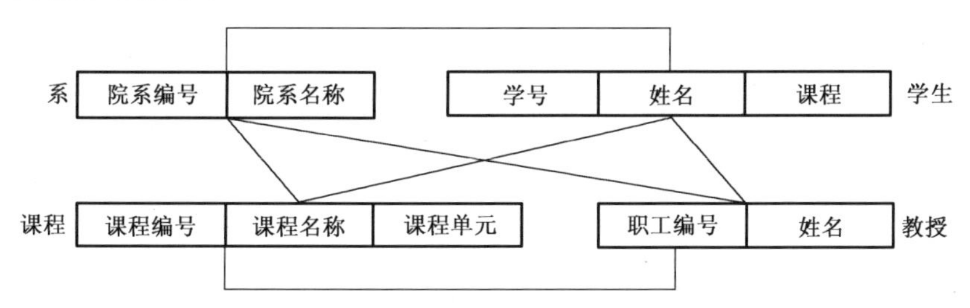

图 5-2　描述院系的网状模型

3. 关系模型

关系模型由 IBM 公司的 E.F.Codd 于 1970 年首次提出，以关系数据模型为基础的数据库管理系统称为关系数据库系统（relational database mangement system，RDBMS）。

关系数据模型建立在严格的数学概念基础上。在关系模型中，数据的逻辑结构是一张被称为关系的二维表，它由行和列组成，如表 5-1 所示。

表 5-1　学生学籍表

学号	姓名	性别	年龄	所在系
00001	张三	男	20	电气信息工程系
00002	李四	男	18	电气信息工程系
00012	王五	女	19	经济管理系

与非关系数据模型相比，关系数据模型具有容易实现且性能好、概念单一且容易理解、具有更高的独立性和更好的安全保密性的优势，自诞生以来发展迅速，始终保持着主流数据库的地位。

4. 新一代数据模型

虽然，当前关系数据库深受用户的喜爱，但它并不是当今唯一通用的数据库模型。随着数据库应用领域的扩展，数据对象类型越来越多，数据结构越来越复杂，传统的关系数据模型的不足逐渐暴露出来，主要体现在对复杂对象的表示能力较差，语义表达能力较弱，缺乏灵活丰富的建模能力，对文本、时间、空间、声音、图像、视频、流数据、半结构化的 HTML 和 XML 等数据类型的处理能力差等，为此，人们提出了许多新的数据模型，如语义数据模型、面向对象数据模型、对象关系数据模型、XML 数据模型、半结构数据模型等。

5.2　关系数据库

20 世纪 80 年代以来，计算机厂商推出的数据库管理系统几乎都支持关系模型，典型的有 DB2、Oracle、Sybase、SQL Server、Informix、Dbase、Access、Visual FoxPro 等。

5.2.1　基本概念及性质

1. 基本概念

（1）**关系**是一个行与列交叉的二维表，每一个交叉点都必须是单值的，每一列的所有数据都是同一类型的，每一列都有唯一的列名，行和列在表中的顺序都无关紧要；表中任意两行不能相同。如表 5-1 就是一个关系。

（2）**属性**，关系中的每一列称为**属性**。如表 5-1 中的学号、姓名、性别、年龄、所在系。

（3）**元组**，关系中的行称为**元组**。元组包含了一组属性值。如表 5-1 中（00001，张三，男，20，电气信息工程系）。

（4）**候选码**是关系中能够唯一地标识一个元组的某个属性或属性组，一个关系可以有多个候选码。如表5-1描述的是学生关系，其中学号、姓名（假设无重名）、（学号，姓名，性别）都是该关系的候选码。

（5）**主码**，一个关系中选定的一个候选码作为关系的**主码**。如上述学生关系中，选定学号作为该关系的主码。

（6）**主属性**，主码的各个属性称为**主属性**。如上述关系中学号就是主属性。

（7）**外码**，在关系数据库中，为了实现表与表之间的联系，将一个表的主码作为公共属性放到另一个关系中，在另一个关系中起连接作用的属性称为**外码**。

2. 基本性质

（1）每一个列不能再分，即表中不能包含表。

（2）列是同质的，即每一列是同一类型的数据，来自同一个域。

（3）同一个关系中，不能有相同的属性名。

（4）同一个关系中，不能有内容完全相同的行。

（5）行或列的次序可以任意交换，不影响关系的实际含义。

只有具有上述性质的二维表，才称为一个关系。

5.2.2 关系的操作

关系模型与其他数据模型相比，其关系操作语言具有灵活方便，表达能力及功能强的优点。**关系操作包括数据查询、数据维护和数据控制三大功能。数据查询**指数据检索、统计、排序、分组以及用户对信息的需求等功能；**数据维护**指数据增加、删除、修改等数据自身更新的功能；**数据控制**是为了保证数据的安全性和完整性而采用的数据存取控制及并发控制等功能。

其中数据查询语言根据其理论基础不同分为两大类，一是以集合操作为基础运算的关系代数语言，关系代数是一种抽象的查询语言，用对关系的运算来表达查询，作为研究关系数据语言的数学工具。关系代数的运算对象是关系，运算结果亦为关系。关系代数用到的运算符包括四类：传统的集合运算符（并、交、差和笛卡尔积）、专门的关系运算符（选择、投影、连接运算）、算术比较符和逻辑运算符；二是以谓词演算为基础运算的关系演算语言。关系数据库的操作常使用结构化查询语言实现。

结构化查询语言(structured query language，SQL)是美国国家标准局(American National Standard Institute，ANSI）和美国国际标准化组织（International Organization for Standardization，ISO）用于关系数据库上的标准化语言。结构化查询语言最早是1974年由Boyce和Chamberlin提出的，于1979年首次被Oracle公司实现，之后有了更多的新版本。

SQL是一种介于关系代数与关系演算之间的结构化查询语言，其功能包括数据定义、查询、更新和控制四个方面，是一个通用的、功能极强的关系数据库语言，目前已成为关系数据库的标准语言。

1. SQL的数据定义功能

SQL的数据定义包括定义基本表、索引、视图和数据库，其基本语句在表5-2中列出。

表 5-2　SQL 的数据定义语句

操作对象	创建语句	删除语句	修改语句
基本表	CREATE TABLE	DROP TABLE	ALTER TABLE
索引	CREATE INDEX	DROP INDEX	
视图	CREATE VIEW	DROP VIEW	ALTER VIEW
数据库	CREATE DATABASE	DROP DATABASE	ALTER DATABASE

由于索引依附于基本表，视图由基本表导出，所以 SQL 通常不提供索引修改和视图修改的操作。一般来说，用户需要修改视图和索引，必须先将它们删除，然后重新创建。

2. SQL 的数据查询功能

数据查询功能是指根据用户的需要以一种可读的方式从数据库中提取所需数据。数据查询是数据库的核心操作。SQL 使用 SELECT 语句进行数据查询，该语句具有灵活的使用方式和丰富的功能。其一般格式为：

```
SELECT  [ALL|DISTINCT] <目标列表达式> [，<目标列表达式>] …
FROM  <表名或视图名> [，<表名或视图名>] …
      [WHERE <条件表达式>]
      [GROUP BY <列名 1> [HAVING <条件表达式>]]
      [ORDER BY <列名 2> [ASC|DESC]]
```

SQL 查询语句可以分为简单查询、连接查询、嵌套查询和组合查询四种类型。下面以学生课程库为例，简单介绍各种查询的描述格式，有兴趣的读者可参阅其他资料深入学习。

例如学生选课库包括三个基本表，其结构为：

学生（学号，姓名，年龄，所在系）
课程（课程号，课程名，学分）
选课（学号，课程号，成绩）

（1）简单查询。

【例 5.1】 求电信系学生的学号和姓名。

```
SELECT 学号，姓名
FROM 学生
WHERE 所在系='电信系'；
```

（2）连接查询。

【例 5.2】 查询每个学生所选修的课程的名和学分。

```
SELECT 学生.*，课程名，学分
FROM 学生，选课，课程
WHERE 学生.学号=选课.学号 and 课程.课程号=选课.课程号
```

（3）嵌套查询。

【例 5.3】 求选修了高等数学的学生学号和姓名。

```
SELECT 学号，姓名
FROM 学生
WHERE 学号 IN （SELECT 学号
```

```
FROM 选课
WHERE 课程号 IN （SELECT 课程号
FROM 课程
WHERE 课程名=‘高等数学’））；
```

（4）组合查询。

【例 5.4】 求选修了 C1 课程或选修了 C2 课程的学生学号。

```
SELECT 学号
FROM 选课
WHERE 课程号=‘C1’
UNION
SELECT 学号
FROM 选课
WHERE 课程号=‘C2’；
```

3. SQL 的数据更新功能

数据更新是指数据的增加、删除和修改操作，SQL 的数据更新语句包括 INSERT（插入）、UPDATE（修改）和 DELETE（删除）三种，下面结合上文提到的学生课程库为例进行简单介绍。

1）SQL 的数据插入功能

SQL 的数据插入语句有两种使用形式：一种是插入单个元组，另一种是插入子查询的结果，一次插入多个元组，其语法格式分别如下。

（1）使用常量插入单个元组。

```
INSERT
INTO <表名> [(<属性列 1> [，<属性列 2>…])]
VALUES (<常量 1> [，<常量 2>…]);
```

【例 5.5】 将一个新学生记录（学号：‘11010’，姓名：‘张三’，年龄：20，所在系：‘电信系’）插入到学生表中。

```
INSERT
INTO 学生
VALUES(‘11010’，‘张三’， 20，电信系’)；
```

（2）在表中插入子查询的结果集。

```
INSERT
INTO <表名> [(<属性列 1> [，<属性列 2>…])]
<子查询>;
```

【例 5.6】 求每个系学生的平均年龄，并把结果存入数据库中。

```
CREATE TABLE 各系平均年龄(系名称 CHAR(20),
平均年龄 SMALLINT）；
INSERT
INTO 各系平均年龄
SELECT 所在系，AVG(ALL 年龄)
FROM 学生
```

```
GROUP BY 所在系;
```

2）SQL 的数据修改功能

SQL 修改数据操作语句的一般格式为：

```
UPDATE <表名>
SET <列名 1>=<表达式 1> [, <列名 2>=<表达式 2>][, …]
```

【例 5.7】 将选课表中的数据库课程的成绩乘以 80%。

```
UPDATE 选课
SET 成绩=成绩*0.8
WHERE 课程号=(SELECT 课程号
FROM 课程
WHERE 选课.课程号=课程.课程号);
```

3）SQL 的数据删除功能

SQL 数据删除操作语句的一般格式为：

```
DELETE
FROM <表名>
[WHERE <条件>];
```

【例 5.8】 删除电信系的学生记录及选课记录。

```
DELETE
FROM 选课
WHERE 学号 IN (SELECT 学号
FROM 学生
WHERE 所在系='电信系');
DELETE
FROM 学生
WHERE 所在系='电信系';
```

4. SQL 的数据控制功能

SQL 中数据控制功能包括事务管理功能和数据保护功能，即数据库的恢复、并发控制、数据库安全性和完整性控制功能。其中数据库安全性控制由 DBA 决定，数据控制语句包括授权（GRANT）、收回权限（REVOKE）和拒绝访问（DENY）三种。下面仅做简单介绍。

【例 5.9】 把查询选课表的权限授给用户 user1。

```
GRANT SELECT
ON TABLE 选课
TO user1;
```

【例 5.10】 把用户 user2 修改学号的权限收回

```
REVOKE UPDATE（学号）ON TABLE 学生 FROM user2;
```

5.3 Access 2010 数据库

Access 2010 是微软公司 Office 2010 办公软件中的组件之一，是现在较为流行的桌面型数据库管理系统。

5.3.1　Access 主窗口界面

选择“开始”→“所有程序”→“Microsoft Office”→“Microsoft Office Access 2010”命令，启动 Access 2010，启动后的主窗口如图 5-3 所示。

图 5-3　Access 2010 主窗口

该窗口自上而下由以下几个部分组成。

（1）标题栏，显示最常用的几个按钮和当前数据库的名称，首次打开标题栏中将显示“Microsoft Access”。

（2）功能区，由“文件”“开始”“创建”“外部数据”和“数据库工具”选项卡组成。各选项卡的功能如下所述。

①“文件”选项卡保留了菜单样式，包含新建、打开、保存、对象另存为和退出等命令。

②“开始”选项卡包含了操作对象的基础设置命令，如文本格式设置、数据查找和排序等。

③“创建”选项卡提供了 Access 对象的创建功能，可选择不同的方式完成“表格”“查询”“窗体”“报表”“宏与代码”的创建。

④“外部数据”选项卡是 Access 内部对象与外部数据进行互操作的桥梁，通过此选项卡可实现将 Excel、其他 Access 数据库文件、文本文件等导入到当前数据库中，也可将当前数据库文件导出为 Excel 文件、文本文件等形式。

⑤“数据库工具”选项卡中可进行表对象关系的创建与修改，数据的压缩和修复等。

（3）状态栏，显示当前操作对象的状态信息。

5.3.2　创建 Access 数据库

开发 **Access** 数据库应用系统的第一步工作是建立数据库。Access 2010 提供了两种数据库创建方式。

1）使用模板建立数据库

Access 2010 提供了一些常用数据库模板，使用这些模板可以快速完成数据库的创建，用户也可通过 Internet 搜索并下载所需要的模板。

【例 5.11】 使用本地模板创建“学生信息”数据库。

首先，单击“文件”菜单中的“新建”，在右侧功能区域中点击“样本模板”，在打开的“可用模板”功能区中找到并选中“学生”模板，如图 5-4 所示。

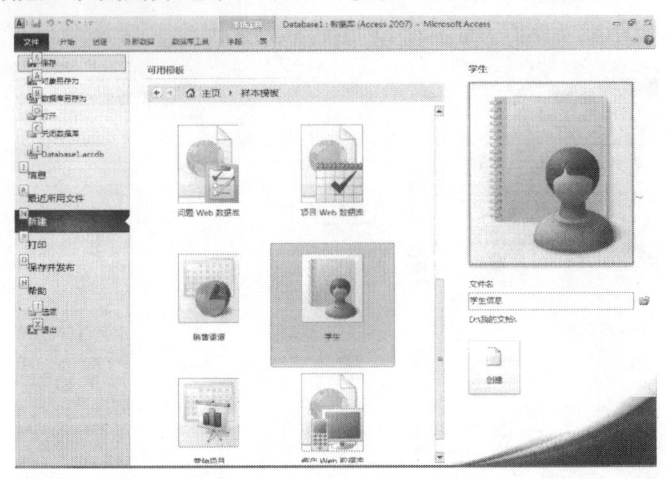

图 5-4　数据库模板

其次，在窗体右侧“文件名”下的文本框中输入新建数据库的名称“学生信息”，点击文本框旁边的文件夹图标为新建的数据库选择存储文件夹。

最后，点击“创建”按钮，完成新库创建。

使用数据库模板是一种简单的数据库创建方式，创建完成后，可根据用户需求打开进行修改，从而提高创建数据库及数据库对象的工作效率。

2）自行创建数据库

如果所需数据库没有可供参照的数据库模板，则可以新建一个空数据库，然后依次创建“表”“查询”“窗体”等数据库对象，满足用户使用需求。

【例 5.12】 自行创建“学生信息”空数据库。

首先，在“文件”菜单中点击“新建”，在右侧的功能区中选择“空数据库”，如图5-5所示。

其次，为新建的空数据库命名并选择存储路径后点击“创建”按钮完成操作。

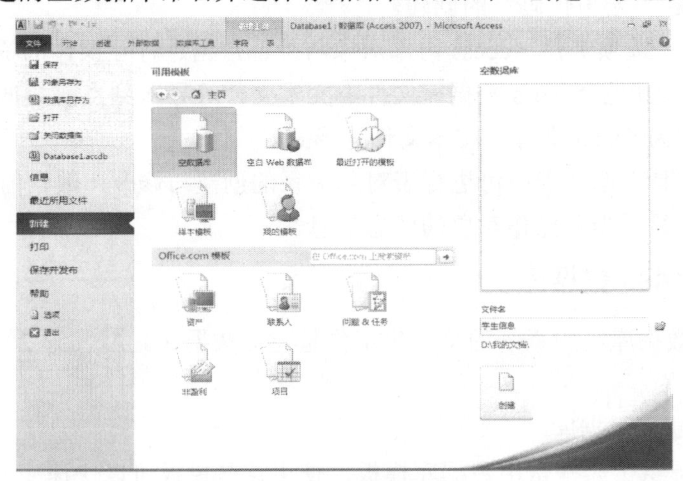

图 5-5　新建空数据库

5.3.3　创建 Access 数据库对象

Access 包含 6 个主要对象，即表、查询、窗体、报表、宏和模块。

1. 表

表是数据库中用来组织、管理并存放数据的对象，不同的记录是通过不同的字段值来描述的，字段是数据库中有意义的最小数据单位。

表由字段、记录、值、主关键字、外部关键字和关系元素构成。表中的行称为记录，由若干个字段值组成，反映了一个关系模式的全部属性数据；表中的列称为字段，用来描述现实世界中某一实体的某种属性；行与列的交叉处的数据称为值，是数据库中最基本的原始数据，如图 5-6 所示。

字段

主关键字→

学　号	姓　名	出生日期	性　别	所在系	年　级
101101	王　明	1992.8	女	计算机	2010
101102	黄　飞	1993.10	男	会计学	2010
101103	张　斌	1992.3	女	自动化	2010
…	…	…	…	…	…

记录（元组）→

图 5-6　数据表：学生登记表

1）表的构成

表由两部分构成，即表结构和表内容。

（1）表结构的设计。定义表结构，即要确定表中每个字段的名称、数据类型等。如图 5-7 所示的“**学生登记表**”表的结构。其中“学号”字段为表的主关键字，它的值可以唯一地标识表中的每条记录，也称为主键。

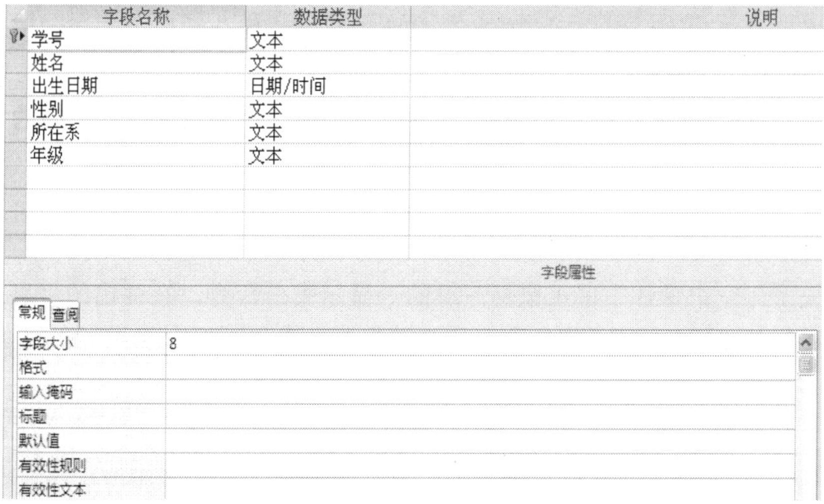

字段名称	数据类型	说明
学号	文本	
姓名	文本	
出生日期	日期/时间	
性别	文本	
所在系	文本	
年级	文本	

字段属性

常规　查阅

字段大小	8
格式	
输入掩码	
标题	
默认值	
有效性规则	
有效性文本	

图 5-7　学生登记表结构

表中的每个字段应具有唯一的字段名称。字段名称的命名规则如下所述。

①长度为 1～64 个字符。

②以包含字母、汉字、数字、空格和其他字符，但不能以空格开头。

③能包含句号（.）、惊叹号（!）、方括号（[ ]）和重音符号（’）。

④能使用 ASCII 为 0～32 的 ASCII 字符。

设计表结构时，根据所存储的数据特点为字段定义数据类型，Access 的数据类型如表 5-3 所示。

表 5-3　数据类型表

数据类型	用　途	字符长度
文本	字母、汉字和数字。不参与算术运算的符号	0~255 个字符
数字	数值。参与算术计算	1、2、4、8 字节
日期/时间	年月日的日期值	8 个字节
货币	数值	8 个字节
备注	字母、汉字和数字（长文本类型）	0~64000 个字符
自动编号	每次添加新纪录时自动添加连续的数字	4 字节
是/否	是/否、真/假或开/关	1 位（8 个字节）
OLE 对象	具有交互作用的 OLE 对象（链接或嵌入对象）如：照片	可达 1GB
超链接	Web 地址、Internet 地址或链接到其他数据库或应用程序	可达 65536 字符
查阅向导	来自其他表或者列表的值	通常为 4 个字节

（2）向表中输入数据。表结构创建好后，便在数据库的表对象中形成一个空表，紧接着要将所需要的数据输入到这个空表中。双击已创建好的表或选中空表后单击右键功能菜单中的“打开”命令，在打开的表中输入相应数据后，点击保存按钮即可完成数据输入。

2）表之间的关系

Access 中对多表间关系的处理，是通过两表之间公共字段建立起关系。当数据库中有多个表时，通过表的关联，可将数据库中的多个数据表连接成一个有机的整体，为创建查询、窗体、报表对象和输出用户所需要的信息奠定基础，促使数据的有效利用，确保数据库中数据的正确性和一致性。

【例 5.13】 建立数据库中“职工表”“物品表”和“销售业绩表”之间的关系，并实施参照完整性。

操作步骤如下所述。

①在“数据库工具”选项卡中单击“关系”组中的“关系”按钮，打开空白的“关系”窗口。在“关系”空白窗体中单击鼠标右键的“显示表”命令，在弹出的“显示表”对话框中分别双击添加“职工表”“物品表”和“销售业绩表”，关闭显示表对话框。如图 5-8 所示。

②选中“职工表”中的“产品号”按住鼠标左键拖动到“销售业绩表”上松开，将会弹出“编辑关系”对话框，在此对话框中单击“实施参照完整性”，然后单击“确定”按钮。如图 5-9 所示。

③按步骤②的操作方式，通过“销售业绩表”和“销售表”的公共字段“编号”建立两表的关系，并点选“实施参照完整性”后点击“确定”按钮完成操作。

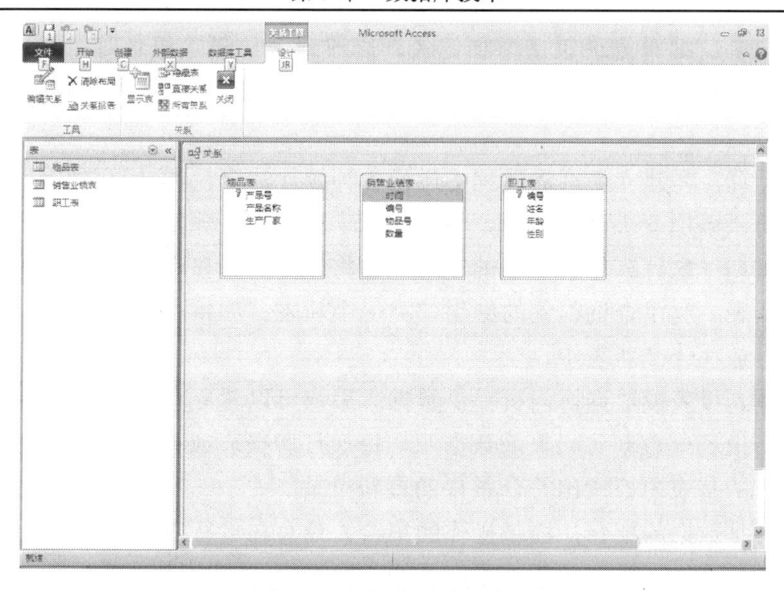

图 5-8 添加表到关系窗体

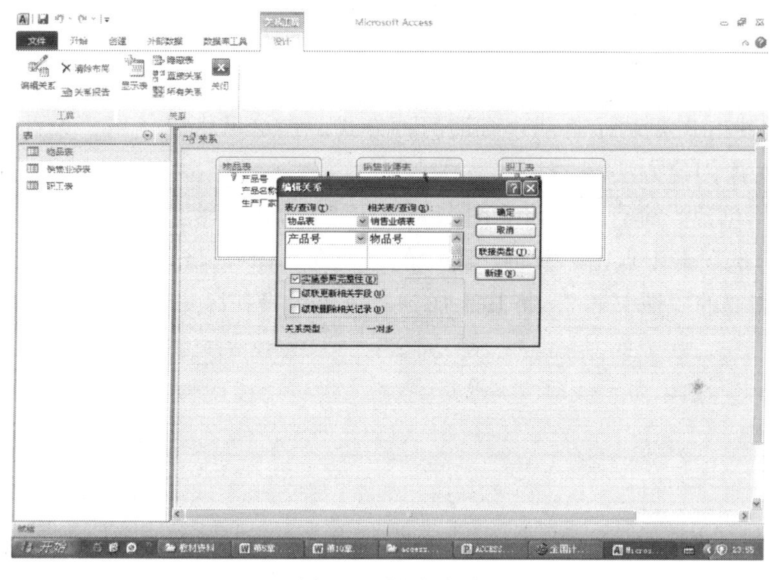

图 5-9 创建关系

2. 查询

查询对象用来对表中数据进行加工并输出信息，它根据指定的条件对表或其他查询进行检索，重组并加工这些表或查询中的数据，构成一个新的数据集合，从面便于对数据库表进行查看和分析。具体来说查询提供以下几种功能。

（1）选择字段。查询对象可以从多个相关表中提取所需要的字段，将分散在不同表中的字段集中在一起形成一个动态的数据表。如建立一个查询，只显示“学生信息”表中每名学生的姓名、性别、所在系。

（2）选择记录。查询对象还可以根据条件从相关表中查找所需要的记录。如建立一个查询，只显示“学生信息”表中 1992 年以后出生的学生信息。

（3）编辑记录。编辑记录包括添加记录、修改记录和删除记录等。在 Access 中，可以利用查询添加、修改和删除表中的记录。如将“计算机系”的学生从“学生信息”表中删除。

（4）实现计算。在建立查询的过程中进行各种统计计算，如计算学生每门课程的平均成绩。另外还可以添加一个计算字段，利用计算字段保存计算结果，如根据“学生信息”表中的“出生日期”来计算每名学生的年龄，并将计算结果显示在查询结果中。

（5）建立新表。利用查询得到的结果建立一个新表。如将“学生信息”表中“2010”级学生找出来存放在一个新表中。

（6）为窗体、报表或数据访问页提供数据。用户可以建立一个查询，将该查询的结果作为创建窗体、报表或数据访问页的数据源。每次打印报表或打开窗体、数据访问页时，该查询就会从它的基表中检索出符合条件的最新纪录。

查询对象不是数据的集合，而是操作的集合，只有在运行查询时才会从查询数据源中抽取数据，并创建查询对象，关闭查询时，查询数据集就会自动消失。

Access 中的查询有 5 种，即选择查询、参数查询、交叉表查询、操作查询、SQL 查询。

1）选择查询

根据选择条件从一个或多个表中获取需要的记录并显示出来。Access 中提供了使用“查询向导”创建方式和设计器创建查询两种方式，在这里将以使用“设计器”创建查询为例介绍查询对象创建方法。

【例 5.14】 创建一个查询，将“图书表”中“计算机”类的图书筛选出来。

在“创建”选项卡中点击“查询”组中的“查询设计”，将弹出“显示表”对话框，选择创建查询所需要的“图书表”，将其添加到“查询”操作区中，如图 5-10 所示。

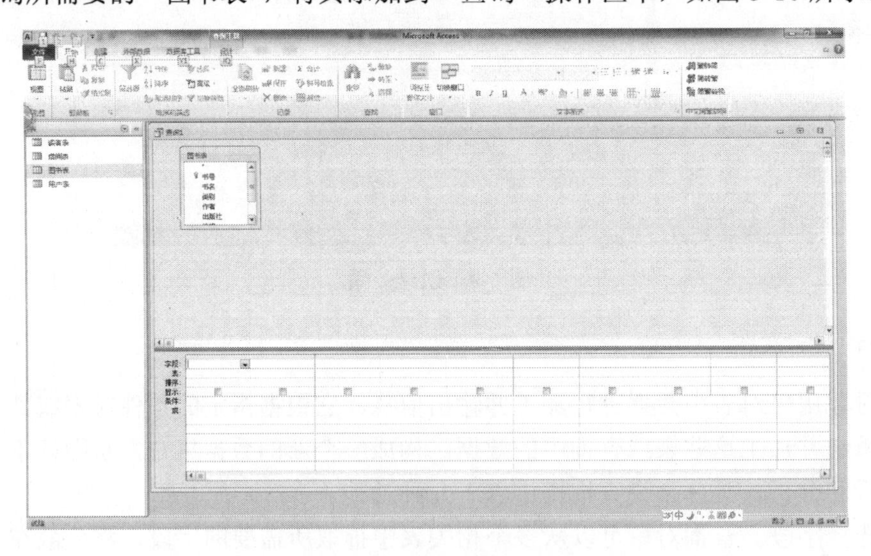

图 5-10　添加查询数据源

在所显示的“图书表”中双击每个字段，将其添加到下方的“字段”行中，在“条件”行中“类别”字段对应的单元格内输入查询条件“计算机”，如图 5-11 所示。

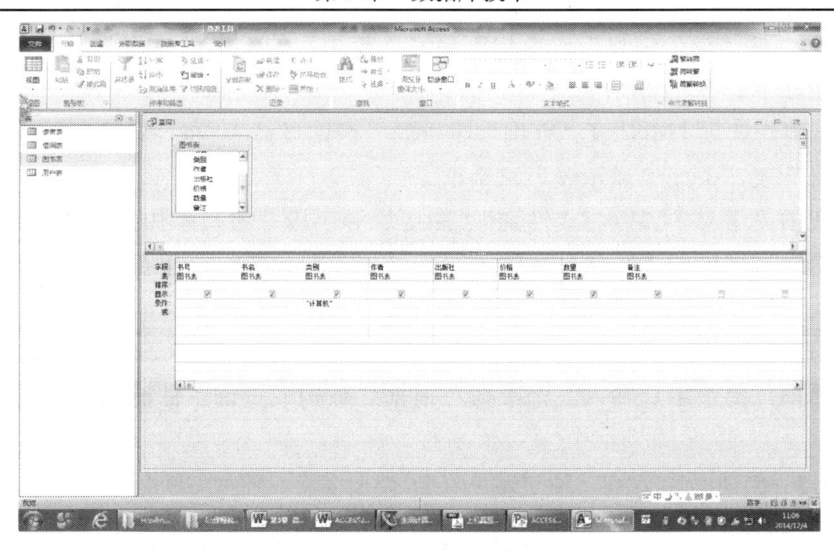

图 5-11　查询设计

查询条件设计完成后，点击“查询工具设计”选项卡中“结果”组里的“运行”按钮，将运行查询，显示查询结果。如图 5-12 所示。

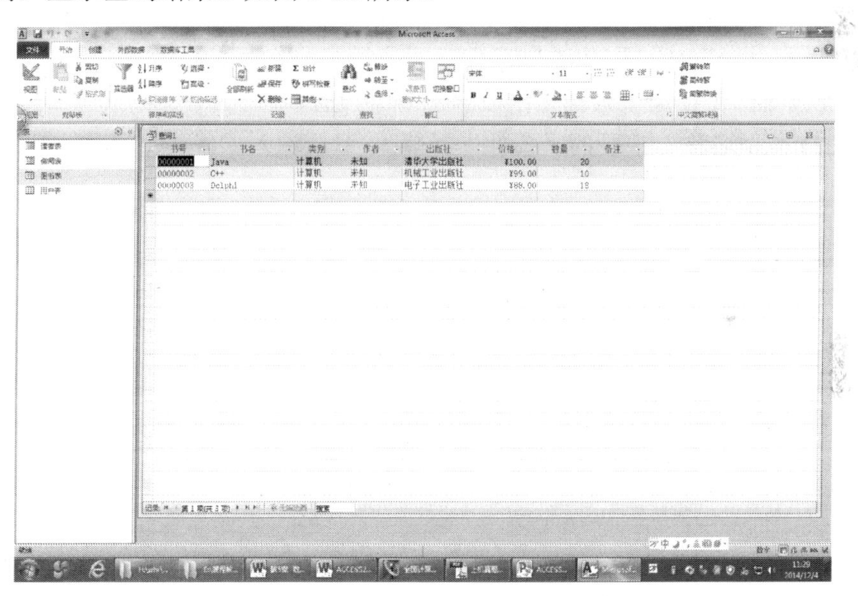

图 5-12　运行结果

查询设计中，运算符是查询条件的基本元素。Access 提供了关系运算符，逻辑运算符和特殊运算符 3 种，如表 5-4 所示。

表 5-4　运算符

类型	运算符
关系运算符	= 、<>、<、>、<=、>=
逻辑运算符	Not、And、Or
特殊运算符	In、Between、Like、Is Null、Is Not Null

【例 5.15】 从“学生信息”表中将不爱好“绘画”的学生记录筛选出来。

操作步骤如下。

①在“创建”选项卡中选择“查询”组中的“查询设计”，在“显示表”对话框中双击表“学生信息”表，关闭“显示表”对话框。

②分别双击“学号”“姓名”“性别”“简历”等字段，将其添加到查询字段行中。

③在“简历”字段的“条件”行输入“not like”“*绘画*”，单击“运行”。

④单击工具栏中“保存”按钮，按要求命名，关闭设计视图。

2）参数查询

通过对话框，提示用户输入查询参数，根据参数构成查询条件检索数据源，返回符合需求的数据。

【例 5.16】 创建一个查询，通过输入 CD 类型名称，在“CD 信息”表中查询并显示“CDID”“主题名称”“价格”“购买日期”和“介绍”5 个字段的内容，当运行该查询时，应显示参数提示信息“请输入 CD 类型名称:”，将查询命名为“CD 查询”。

操作步骤如下。

①在“创建”选项卡中选择“查询”组中的“查询设计”，在“显示表”对话框中双击“tCollect”表和“tType”表，关闭“显示表”对话框。

②双击字段“tCollect”表中的“CDID”，“主题名称”，“价格”，“购买日期”，“介绍”和“tType”表中的“CD 类型名称”字段添加到字段行。

③在“CD 类型名称”字段的“条件”行输入“[请输入 CD 类型名称：]”，如图 5-13 所示。

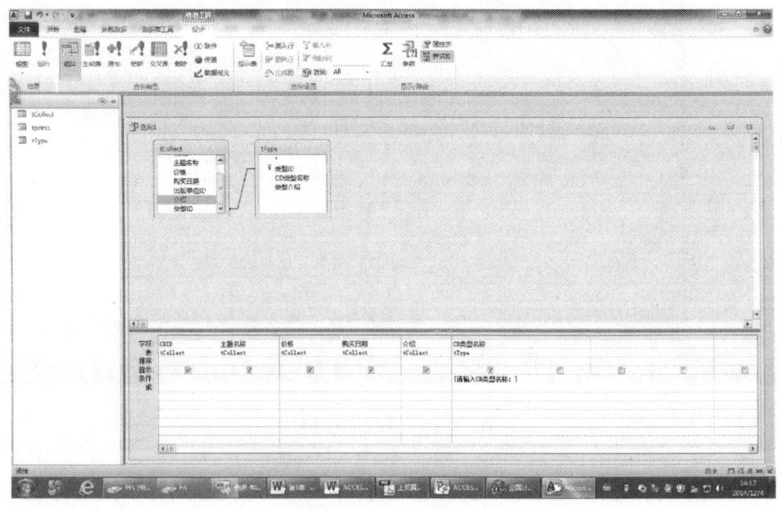

图 5-13　参数查询

④单击工具栏中“保存”按钮，另存为“CD 查询”。关闭设计视图。

3）交叉表查询

交叉表查询是对来源于某个表中的字段进行分组，其包含行标题、列标题和值。如班级课程表，行标题为“节次”，列标题为“星期”，行列交叉的值对应的是某天某节次所要上的“课程”。

【例 5.17】 创建一个查询，统计每班每门课程的平均成绩，班级作为行标题，科目作为列标题，平均成绩作为值。

操作步骤如下。

①添加数据表。

②单击“查询工具设计”选项卡“查询类型”组中的“交叉表”按钮。

③分别双击“班级”“课程名”和“成绩”字段。

④在“成绩”字段“总计”行右侧下拉列表中选择“平均值”。

⑤分别在“班级”“课程名”和“成绩”字段的“交叉表”行右侧下拉列表中选中“行标题”“列标题”和“值”。如图 5-14 所示。

⑥按 Ctrl+S 保存修改。关闭设计视图。

4）操作查询

操作查询是对表中数据的操作处理，包括更新查询、删除查询、追加查询和生成表查询等。

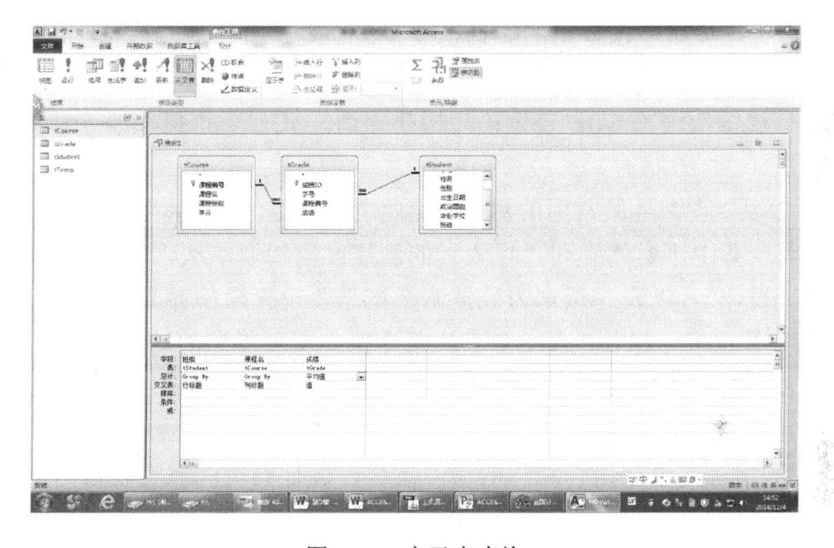

图 5-14　交叉表查询

【例 5.18】 将数据源表中所有“经费”的值增加 2000 元。（更新查询）

操作：打开查询数据表，单击“查询工具设计”中“查询类型”组里的“更新查询”，双击“经费”字段将其添加到“字段”行，在“更行到”行输入“[经费] + 2000”，运行查询。

【例 5.19】 将“student”表中 1975～1980 年之间（包括 1975 年和 1980 年）出生的学生记录删除。（删除查询）

操作：打开查询数据表，单击“查询工具设计”中“查询类型”组里的“删除”，双击“出生日期”字段添加到字段列表，在“条件”行输入“>=#1975-1-1# and <=#1980-12-31#”，单击工具栏中“运行”按钮，在弹出对话框中单击“是”按钮，关闭设计视图。

【例 5.20】 将“学生信息”表中相应字段的值加到“班级信息”表中，其中班级编号为“学生信息”表中“学号”字段的前 6 位。（追加查询）

操作：打开查询数据表，单击“查询工具设计”中“查询类型”组里的“追加查询”，分别双击“学号”“课程名”“成绩”字段将其添加到“字段”行。在“字段”行第一列输入“班级编号: Left([tStudent]! [学号], 6)”，在“追加到”行下拉框中选择“班级编号”。运行查询。

【例 5.21】 基于“学生信息表”“课程表”和“成绩表”创建一个查询，运行该查询后生成一个新表，表名为“90 分以上”，表结构包括“姓名”“课程名”和“成绩”3 个字段，表内容为 90 分以上（含 90 分）的所有学生记录。

操作步骤如下。

①单击“创建”选项卡“查询”组中的“查询设计”按钮，在“显示表”对话框中双击表“学生信息表”“课程表”“成绩表”，关闭“显示表”对话框。

②单击“生成表”按钮，在弹出的“生成表”对话框中的“表名称”中输入“90 分以上”，单击“确定”按钮。

③分别双击“姓名”“课程名”和“成绩”字段，在“成绩”字段的“条件”行输入“>=90”。

④单击“运行”按钮，在弹出的对话框中单击“是”按钮。

5）SQL 查询

通过“SQL 视图”编写 SQL 查询语句构建查询。SQL 查询可参照 5.2 节中 SQL 查询语句来完成。

在 Access 中表、查询是最常用的对象，除此之外，还有“窗体”、“报表”、“宏”和“模块”这几个对象。其中“窗体”和“报表”的创建过程相似，从“创建”选项卡中选择相应对象组中的“设计”，以表、查询为数据源根据需要设置操作界面。

“宏”是指一个或多个操作的集合，其中每个操作实现特定的功能，例如打开某个窗体或打印某个报表。宏可以使某些普通的任务自动完成。在 Access 中，共定义了近 50 种这样的基本操作，也叫宏命令。

“模块”是利用程序设计语言编写的命令集合，运行模块能够实现数据处理的自动化。在 Access 中，采用的程序语言是 VBA（visual basic for application），设计模块就是利用 VBA 进行程序设计。

5.3.4 Excel 与 Access 的数据交换

Access 提供了数据导入和导出的功能，可以将计算机中已有的数据文件（如 **Excel** 以及其他 **Access** 数据库中的表对象）导入到当前数据库中，或者将当前数据表导出为其他类型的数据文件。其中 Excel 与 Access 的数据交换使用最为广泛。

1. 导出为 Excel 表

【例 5.22】 将“员工表”中的数据导出为“员工信息. xlsx”文件。

操作步骤如下。

①右键单击“员工表”，从弹出的快捷菜单中选择“导出”→“Excel”。如图 5-15 所示。

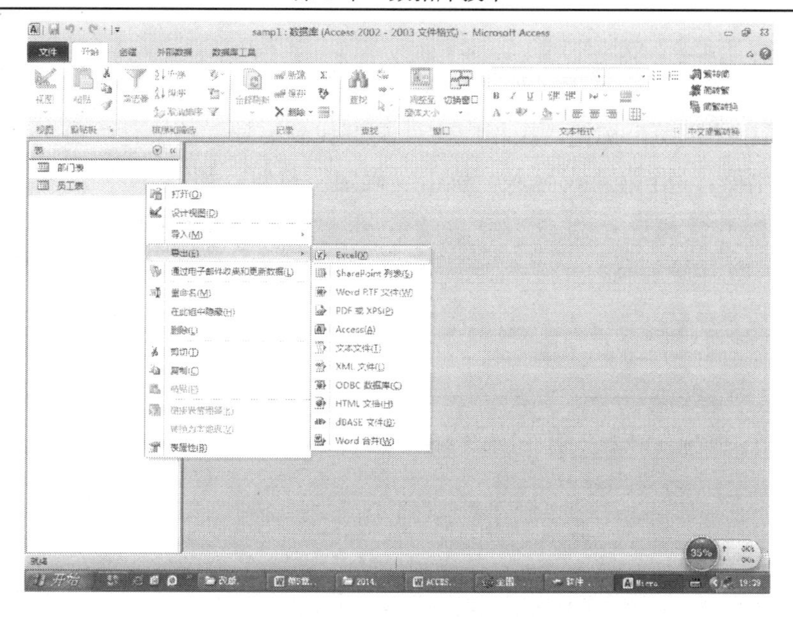

图 5-15　导出表数据

②在弹出的“导出”对话框中的“文件名”文本框中选择保存路径并输入“员工信息”，根据需要设置“指定导出选项”后，单击“确定”按钮。如图 5-16 所示。

③在弹出的“导出成功”对话框，根据要求选择是否“保存导出操作步骤”，单击“关闭”按钮完成操作。

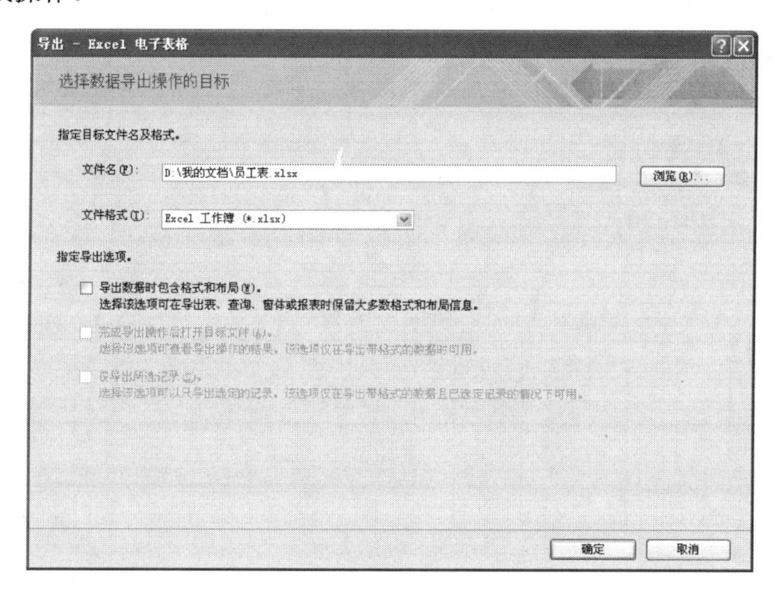

图 5-16　导出项设置

2. 导入 Excel 表

【例 5.23】 将上例中的“员工信息.xlsx”文件中的数据导入到当前数据库中，将第一行数据作为字段名，导入的新表命名为“员工表”。

操作步骤：

①单击“外部数据”选项卡下的“导入并链接”组中的“Excel”，打开“获取外部数据”对话框，单击“浏览”按钮，在相应文件夹下找到要导入的文件“员工信息.xlsx”，选择单选按钮中的第一个作为新表导入，单击“确定”按钮。如图 5-17 所示。

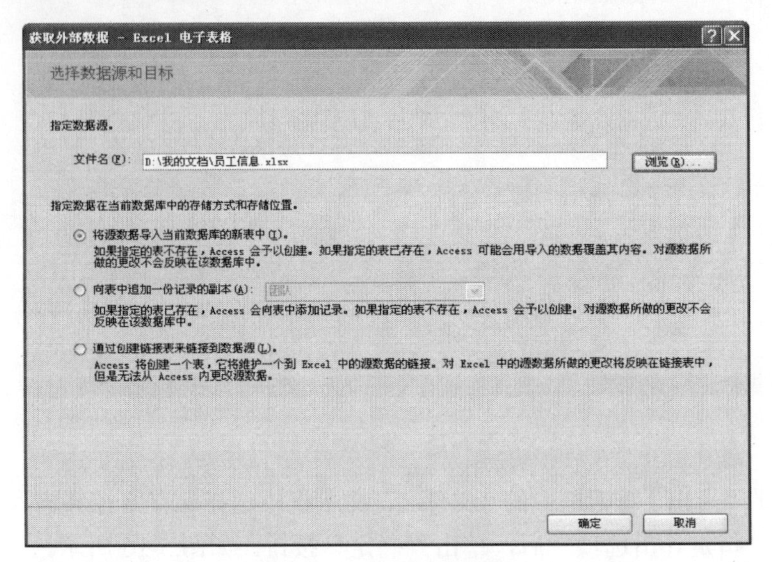

图 5-17　获取外部数据

②在弹出的对话框中单击“下一步”，之后的对话框中确认勾选“第一行包含列标题”复选框，单击“下一步”按钮。如图 5-18 所示。

③单击“下一步”，按要求完成其后各项设置，单击“关闭”按钮完成操作。

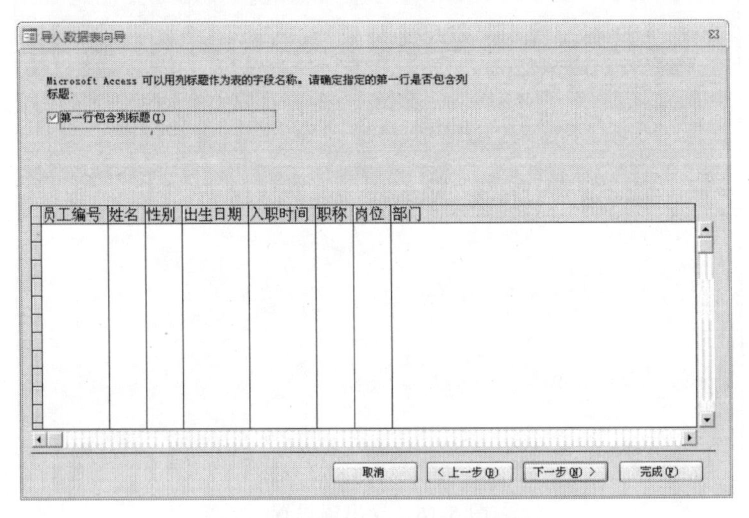

图 5-18　将第一行设为列标题

本章介绍了小型关系数据库 Access 2010 的基本功能和常用对象的创建方法，书中部分实例来自全国计算机二级考试中的 Access 科目的习题库，通过本章的学习将为后续的数据库管理系统相关课程的学习奠定良好基础，此外，对于准备报考计算机二级考试的学生而言，可通过本章的学习掌握 Access 2010 的基本操作，为备考打下基础。

本 章 小 结

本章概述了数据库的基本概念，介绍了层次、网状、关系三种数据模型，其中关系模型是目前广泛使用的模型，重点阐述了关系模型定义、结构及相关理论。Microsoft Office 2010 套件中的 Access 是常用的小型关系数据库工具，通过多个简单实例介绍了 Access 数据库及表、查询等对象的创建方法，并介绍了数据导入、导出功能。

本 章 习 题

一、巩固理论

（一）选择题

1．下列属于概念模型的是（　　）。

A．关系数据模型　　B．层次数据模型

C．网状数据模型　　D．实体-联系模型

2．位于用户与操作系统之间的数据管理软件是（　　）。

A．翻译系统　　B．数据库管理系统

C．数据库系统　　D．编译系统

3．以下选项中不属于 DBMS 的软件是（　　）。

A．Oracle　　B．Sybase　　C．Office　　D．MS SQL SERVER

4．SQL 语言集数据定义、查询、更新和控制功能于一体，语句 INSERT、DELETE、UPDATE 实现（　　）功能。

A．数据查询　　B．数据更新　　C．数据定义　　D．数据控制

5．SQL 语言集数据定义、查询、更新和控制功能于一体，语句 ALTER TABLE 实现（　　）功能。

A．数据查询　　B．数据更新　　C．数据定义　　D．数据控制

（二）简答题

1．简述数据库、数据库管理系统和数据库系统的概念。

2．数据库管理系统的主要功能有哪些？

3．传统的三大数据模型是哪些？它们分别是如何表示实体之间的联系的？

二、实践演练

1．设有一教务管理数据库它由三个关系组成，它们的模式分别是：

学生（学号，姓名，年龄，性别）
课程（课程号，课程名，学时，任课老师，办公室）
选课（学号，课程号，成绩）

请用 SQL 完成下列查询：

（1）查询全体学生的学号、姓名。

（2）找出张三老师所教授的全部课程。

（3）计算选修 C1 课程的学生平均成绩。

（4）查询选修‘大学物理’课程且成绩在 60 分以下的所有学生的学号、姓名。

2．根据下面 tWork 表中的信息完成以下查询操作。

tWork

项目 ID	项目名称	项目来源	经费
10001	北京市人口变动分析	国家社科基金	20000
10002	北京市商业网点分布研究	北京市社科基金	10000
10003	北京市人口出生率与死亡率变动	北京市社科基金	5000
10004	奥运会北京市经济发展	国家社科基金	30000

（1）创建一个查询，查找并显示项目经费在 10000 元以下（包括 10000 元）的“项目名称”和“项目来源”两个字段的内容。

（2）创建一个查询，设计一个名为“单位奖励”的计算字段，计算公式为：单位奖励=经费×10%，并显示“tWork”表的所有字段内容和“单位奖励”字段，将查询命名为“qT3”。

三、知识拓展

1．以 tWork 表中数据源创建一个信息录入窗体。

2．以 tWork 表为数据源创建一个“项目”报表。

第 6 章　网络基础及应用技术

本章学习目标

- 掌握计算机网络的基本概念
- 熟悉常见的计算机组建局域网的方法和接入 Internet 的方法
- 能够在 Windows 7 操作系统中接入网络环境并配置
- 能够熟练使用浏览器并使用 Internet 检索信息
- 能够申请并使用电子邮件
- 能够熟练使用常见的网络通讯软件

人们的生活和工作越来越离不开信息的共享和传递了，而目前承载这项任务的最大载体就是计算机网络，学习本章的目的就是为了使同学们了解计算机网络的常识，掌握利用计算机网络进行信息的查询、传递和共享的方法。

6.1　计算机接入局域网和 Internet

计算机网络的连接方式灵活多样，按照地理范围来区分，小范围的计算机网络都属于局域网，而 Internet 是广域网。Internet 的连接方式纷繁复杂，它是全球最大的计算机网络。本章将讲解最基本、常用的接入计算机局域网的连接方式，让同学们掌握当家庭、宿舍或办公室有一台或多台计算机时，如何将这些计算机连起来，并在每台计算机的操作系统上进行配置，使它们组成可以共享信息的网络，最终连接到 Internet。

1. 计算机网络

计算机网络是指将地理位置不同的具有独立功能的多台计算机及其外部设备，通过通信线路连接起来，在网络操作系统，网络管理软件及网络通信协议的管理和协调下，实现资源共享和信息传递的计算机系统。计算机网络由计算机（资源）子网和通讯子网构成。

计算机网络的发展经历了四个阶段：第一代计算机网络——远程终端联机阶段；第二代计算机——计算机网络阶段；第三代计算机网络——计算机网络互联阶段；第四代计算机网络——国际互联网与信息高速公路阶段。

计算机网络按照地理范围分可以分为广域网、城域网和局域网，平时接触最多的是局域网，而局域网最终都是连接到全球最大的广域网 Internet 上。

计算机网络有以下分类。

按覆盖范围分：局域网 LAN（作用范围一般为几米到几十公里）；城域网 MAN（界于 WAN 与 LAN 之间）；广域网 WAN（作用范围一般为几十到几千公里）。

按拓扑结构分类：总线型、环型、星型、网状。

按信息的交换方式来分：电路交换、报文交换、报文分组交换。

按传输介质分类：有线网、光纤网、无线网。

按通信方式分类：点对点传输网络、广播式传输网络。

2. Internet 的概念

互联网（Internet）又称 Internet，是将全球大大小小各种异构的网络，按照标准的 TCP/IP 协议通信，通过千万台网络设备连接在一起，融合了各种网络应用形成的全球最大的计算机网络。

Internet 始于 1969 年的美国，是美军在 ARPA（阿帕网，美国国防部研究计划署）制定的协定下将美国西南部的大学 UCLA（加利福尼亚大学洛杉矶分校）、Stanford Research Institute（斯坦福大学研究学院）、UCSB（加利福尼亚大学）和 University of Utah（犹他州大学）的四台主要的计算机连接起来构成的网络雏形。经历了军用网络、科学研究网络、商业网络和开放标准的互联网四个阶段后，它已经成为了现代社会不可缺少的信息沟通和共享资源的重要途径。

3. 常见网络设备

ADSL 调制解调器（Modem）：为 ADSL（非对称用户数字环路）提供调制数据和解调数据的机器。计算机通过调制解调器将数字信息调制为模拟信息通过电话线传送到服务商的调制解调器，再将模拟信号解调为数字信息通过服务商的网络设备把信息传送的互联网。ADSL 技术大大降低了用户到服务商的网络布线成本，推动了商业网络走进百姓家庭的进程，目前 ADSL 技术最大支持到 20M 的下行带宽。

交换机（Switch），意为“开关”，是一种用于电信号转发的网络设备，一般用于局域网中，它可以为接入交换机的任意两个网络节点提供独享的电信号通路。最常见的交换机是以太网交换机，其他常见的还有电话语音交换机、光纤交换机等。交换机作为网络设备，将来自不同终端的信息进行存储、转发，通过物理端口定位找到数据发送的目的地，达到高速传送数据的目的。

路由器（Router）是连接Internet两个或多个局域网、广域网的设备，它会根据信道的情况自动选择和设定路由，以最佳路径，按前后顺序发送信号的设备。路由和交换之间的主要区别就是交换发生在 OSI 参考模型第二层（数据链路层），而路由发生在第三层，即网络层。

网卡：即网络接口卡（network Interface card）又称网络适配器，简称网卡。用于实现计算机和网络电缆之间的物理连接。每台计算机都需要安装一块或多块网卡，可以完成计算机和网络电缆的物理连接、介质访问控制（如 CSMA/CD）等功能.。

4. IP 地址相关概念

IP 地址：如同打电话时需要电话号码一样，每台计算机的通信都需要一个地址，所谓 IP 地址就是给每个连接在 Internet 上的主机分配的一个 32bit 的 2 进制地址，为了方便用户记忆，采用 4 个十进制数表示，中间用圆点隔开，每个数字的范围是 0～255。一般我们在 Windows 7 的“网络连接”中的“连接本地”属性中选择“TCP/IP 协议”，配置“IP 地址”，如图 6-1 所示。

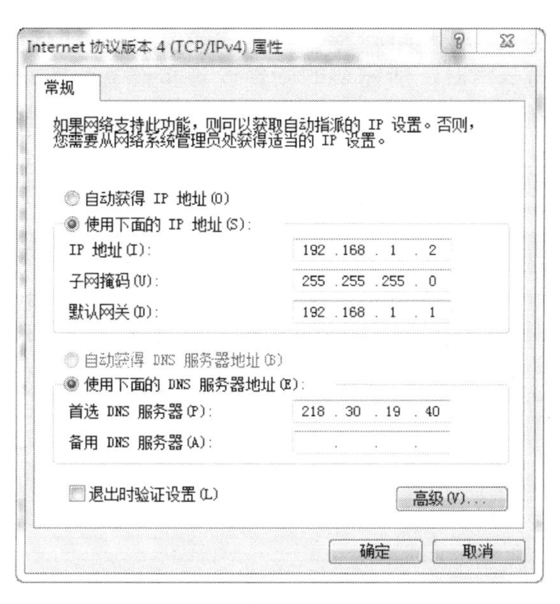

图 6-1 IP 地址配置

TCP/IP 协议（transmission control protocol/internet protocol）：中译名为传输控制协议/Internet互联协议，又名网络通讯协议，是 Internet 最基本的协议、Internet 国际互联网络的基础，由网络层的 IP 协议和传输层的 TCP 协议组成。TCP/IP 定义了电子设备如何连入 Internet，以及数据如何在它们之间传输的标准。可以形象地理解为互联网世界中数据进行通讯所必须遵守的交通规则。

域名：通俗地说，为了方便大家记住网站的 IP 地址，为 IP 地址起了一个便于记忆的名字，通过这个名字可以方便地找到网站。但域名和网址有区别，网址是一个具体的地址，例如，宁夏理工学院对应的“www.nxist.com”是一个网址，而它的域名是 nxist.com，域名下可以有多个不同服务的网址，www 表示的是具备门户功能的网址，还有其他具备邮件功能的 mail.nxist.com，文件服务的 ftp.nxist.com 等网址。

DNS（domain name system）：上面提到了 IP 地址和域名，那么谁负责这两者之间的协调呢？DNS 域名系统就承担了此项工作。它是 Internet 的一项核心服务，它作为可以将域名和 IP 地址相互映射的一个分布式数据库，能够辅助人们更方便地访问互联网，而不用去记住能够被机器直接读取的 IP 数串。

URL（uniform resource locator）：当访问的网址具体到一台服务器上的某个页面或者某个文件时，访问它的地址称为“统一资源定位符”，也被称为网页地址。URL 是 Internet 上标准的资源地址。其格式为“协议://IP 地址或域名/路径/文件名”。例如：http://www.nxist.com/article/list_35.html，表示在遵循 http 协议访问配置了 www.nxist.com 网址服务器上 article 文件夹的一个 list_35.html 的网页文件。

6.1.1 计算机接入局域网实现资源共享

【任务 1.1】 通过交换机连接两台或多台计算机

任务描述：通常情况下，计算机所处的环境都属于局域网的范围，本节要学习一台计算机或多台计算机联入局域网时，所需要的硬件设备和设备连接方法。

图 6-2 展示的是通过一台交换机将两台计算机连接起来的示意图，此环境需要两台配置网卡的计算机，一台交换机和两根网线（双绞线），连接好后，两台计算机就可以利用网络共享信息，传输文件。

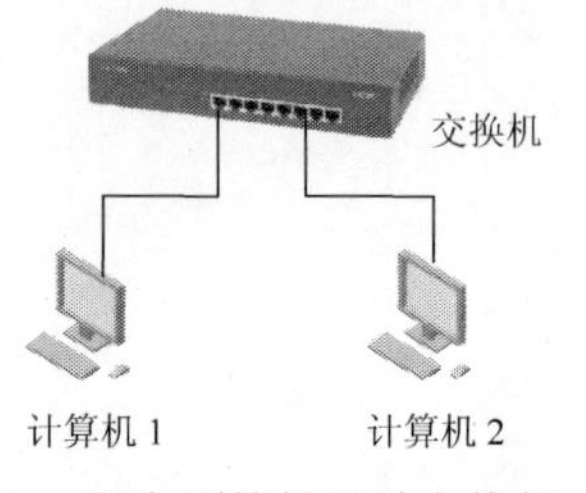

图 6-2 两台计算机通过交换机互连

任务执行：准备好两根足够长度的网线、交换机和计算机，分别将网线的两端接头（RJ45 水晶头）插入交换机的端口和计算机网卡的接口。若要多台连接，准备多根网线按照上述方法连接即可，注意计算机的连接数小于交换机端口的数量。

连接完成后，计算机和交换机通电，分别检查交换机所连计算机的端口指示灯和计算机网卡上的连接状态灯，若都呈现出绿色、闪烁状态，说明硬件连接状态正常。

启动两台计算机，任意进入一台计算机的 Windows 7 操作系统，打开控制面板，选择"网络和 Internet"，在"网络和共享中心中"，点击"查看网络计算机和设备"（图 6-3），若能看到两台计算机的名字，则可以准备共享文件了。

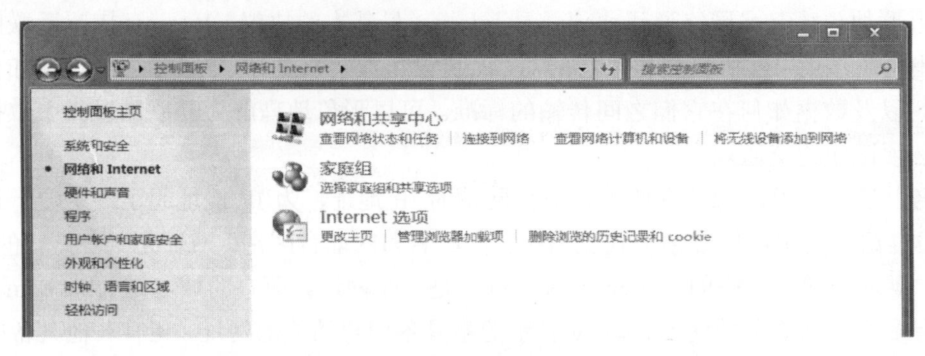

图 6-3 通过查看计算机设备检验计算机的连通性

【任务 1.2】 实现两台或多台计算机间的文件和打印机共享

任务描述：文件共享，目的在于将一台计算机上的文件通过局域网传递到另外一台计算机上。本节将使用 Windows 7 操作系统配置文件共享，Windows 7 中共享的文件不但可以在两台计算机中看到，甚至可以让每台连接到同一个局域网内的计算机共享同一个文件或打印机。

任务执行 1：手动设置共享文件。

在 Windows 7 中共享文件，首先要加入家庭组，家庭组是可分享图片、音乐、视频、文档甚至打印机的一组 PC，家庭组可以自己创建，也可以加入到网络上的其他家庭组。打开控制面板，选择"网络和 Internet"下的"选择家庭组和共享选项"，网络上没有家庭组则可以创建家庭组，如图 6-4 所示，点击“创建家庭组”，选择要共享的内容，点击“下一步”，记录你创建的家庭组设置的密码，其他计算机加入需要此密码，单击完成设置。当要加入其他家庭组，选中“选择家庭组和共享选项”中的家庭组，然后输入家庭组的密码即可加入。共享文件前要对高级共享设置进行检查，如图 6-5 所示，在弹出的各项共享设置中启用所需的共享内容，如图 6-6 所示。

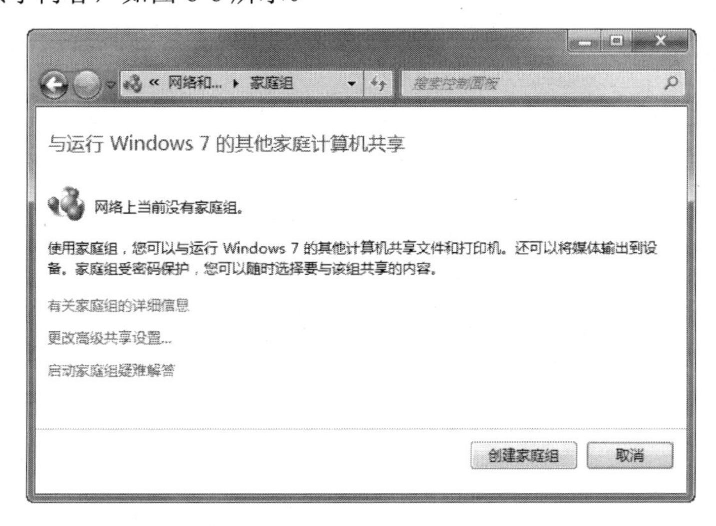

图 6-4　创建家庭组

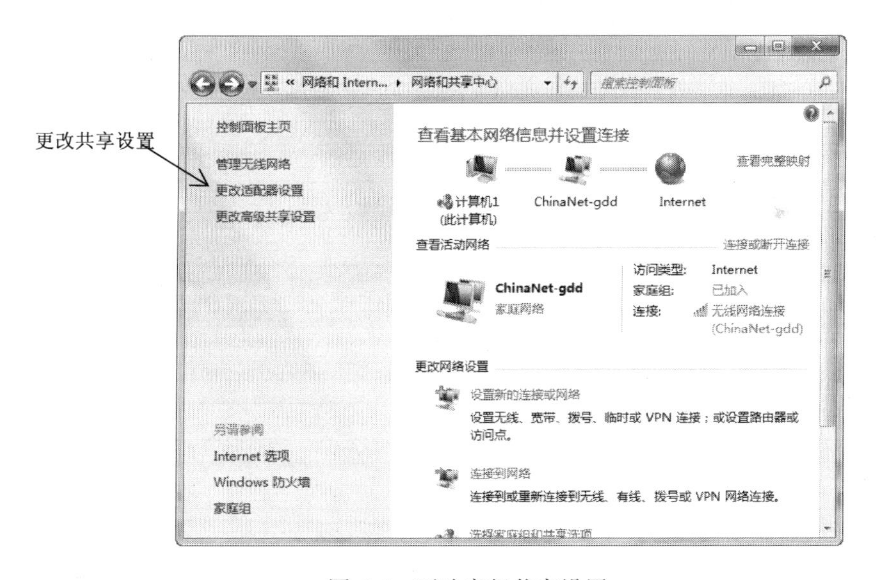

图 6-5　更改高级共享设置

共享设置配置完成后，就可以设置文件共享了。首先，选择共享对象，然后可以通过工具栏上的”共享”菜单或者右键单击共享文件夹，在弹出的菜单上选择”共享”选项，如图 6-7 所示，菜单中包含三种共享权限，分别是家庭组（读取）、家庭组（读取/写入）和特定用户。

（1）家庭组（读取）：此选项与整个家庭组共享项目，但只能打开该项目。家庭组成员不能修改或删除该项目。

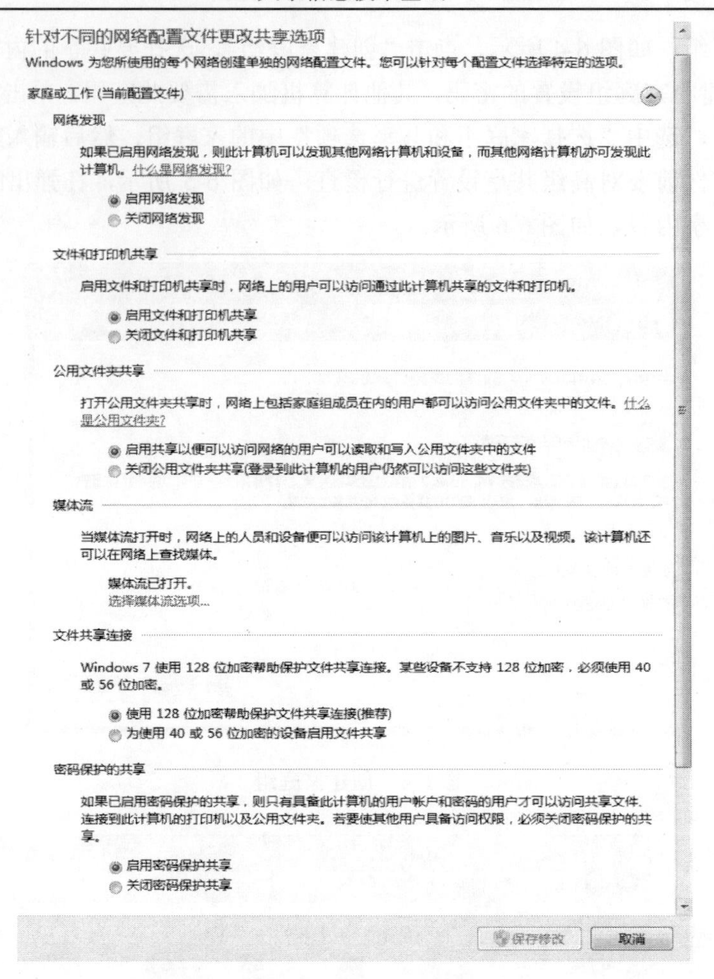

图 6-6　启用共享设置

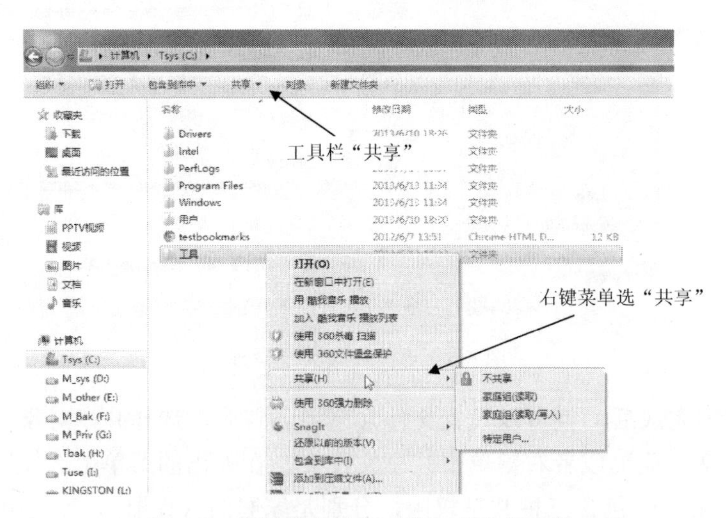

图 6-7　右键单击选定对象”共享”文件

（2）家庭组（读取/写入）：此选项与整个家庭组共享项目，可打开、修改或删除该项目。

（3）特定用户：此选项将打开文件共享向导，允许选择与其共享项目的单个用户。

任务执行 2：利用公用文件夹共享文件。

Windows 7 还提供了简单、快捷的共享文件方法，如图 6-8 所示，只需将要共享的文件对象复制到“库”中的分类文件下，即可快速共享此文件。注意，公用文件夹的共享状态默认是关闭的（除非是在家庭组中），需要在图 6-6 的高级共享设置中启用此功能。

图 6-8　利用公用文件夹“库”共享文件

“公共文件夹共享”打开时，计算机或网络上的任何人均可以访问这些文件夹。在其关闭后，只有在需要访问共享文件夹的计算机上具有对方用户账户和密码的用户才可以访问。

【任务 1.3】 实现两台或多台计算机间打印机共享

任务描述：通常情况下，在家庭网络中共享打印机的方法是将打印机连接到任意一台 PC，然后在 Windows 中设置共享。此方法的缺点是连接打印机的 PC 必须处于开机状态。另外还有打印机本身具备联网功能，用网线将此打印机联入网络，其他的计算机安装打印机驱动，并指定此打印机的网络位置即可，本节将介绍第一种共享方法。

任务执行：进入连接打印机的计算机，确保打印机驱动程序安装正确。在共享打印机前，要启用图 6-6 的“文件和打印机共享”设置。在开始菜单中的“设备和打印机”中，找到本机连接的打印机，右键点击，查看“共享”选项，确保“共享这台打印机”打钩，若正常，则此打印机图标如图 6-9 所示，会多出一个“双人”共享图标。

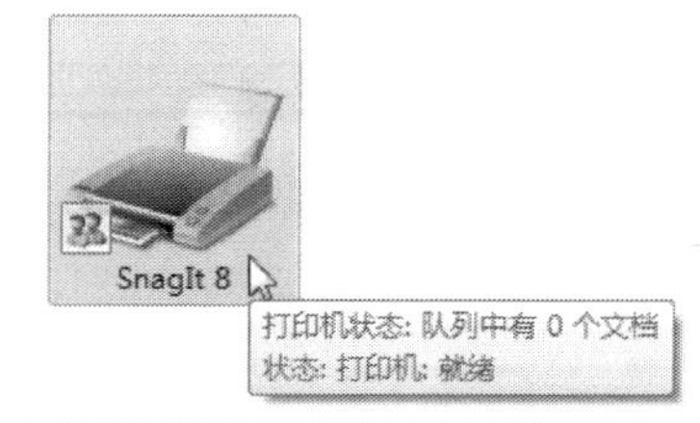

图 6-9　共享打印机图标状态

要连接共享此打印机的 PC，需要在“开始”→“设备和打印机”→“添加打印机”中，选择“添加网络打印机”（图 6-10），查找共享打印机的 PC 名称和打印机名称。

找到被共享出的打印机名后（图 6-11），点击“下一步”系统会自动为计算机安装打印机的驱动，安装完毕后，如图 6-12 所示。

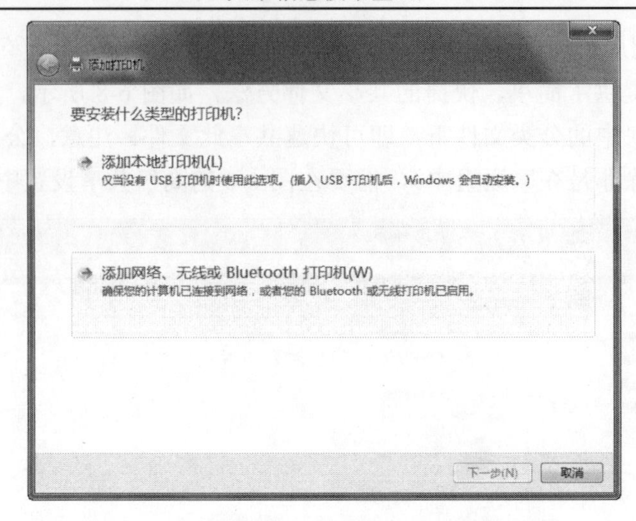

图 6-10　添加网络、无线或 Bluetooth 打印机

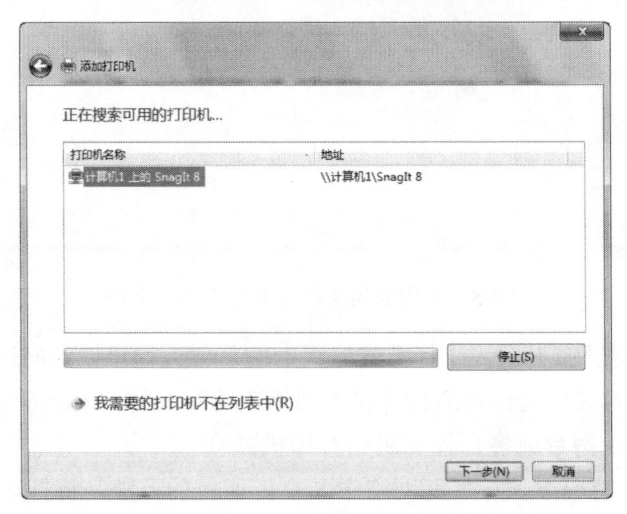

图 6-11　查找共享打印机的计算机名和打印机名

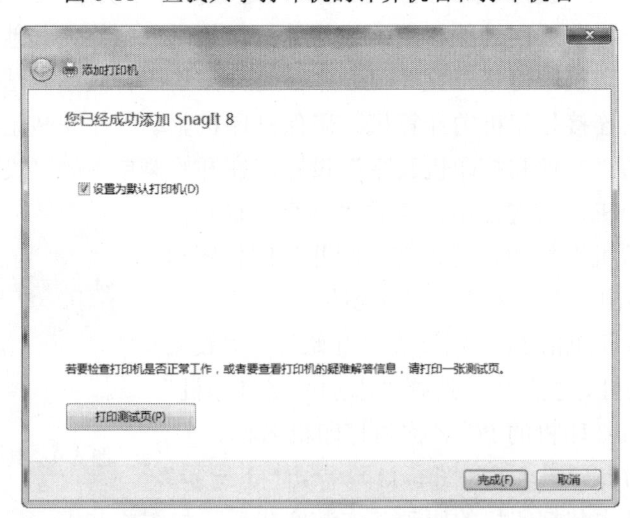

图 6-12　共享打印机安装完成

6.1.2　计算机接入互联网（Internet）

【任务 1.4】 通过 ADSL 拨号入网

任务描述： 家庭接入网络时，以两台计算机为例进行分析，在家里实现多台计算机共享信息、文件或者打印机设备。家庭接入互联网一般通过 ADSL 的连接方式，要用到计算机、网卡、双绞线、电话线、ADSL 调制解调器（Modem）、交换机或路由器等网络设备。要实现每台计算机通过拨号连接互联网，连接方法如图 6-13 所示。

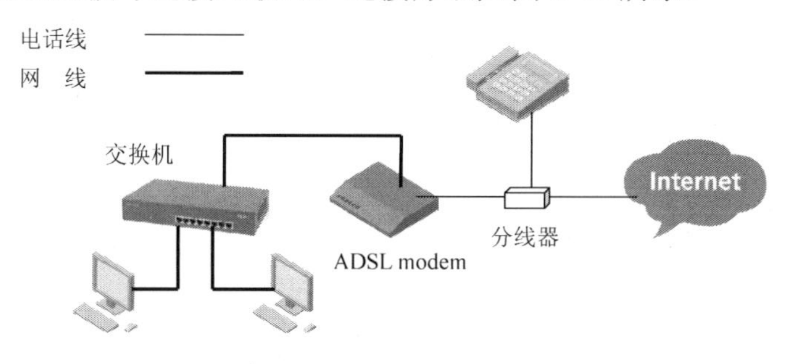

图 6-13　两台 PC 通过 ADSL 接入互联网方式

任务执行 1： 要连接 Internet，需要在 Windows 7 中进行拨号设置，设置步骤如下。

① 进入控制面板，选择“网络和 Internet、网络和共享中心”，选择“设置新的连接或网络”，如图 6-14 所示。

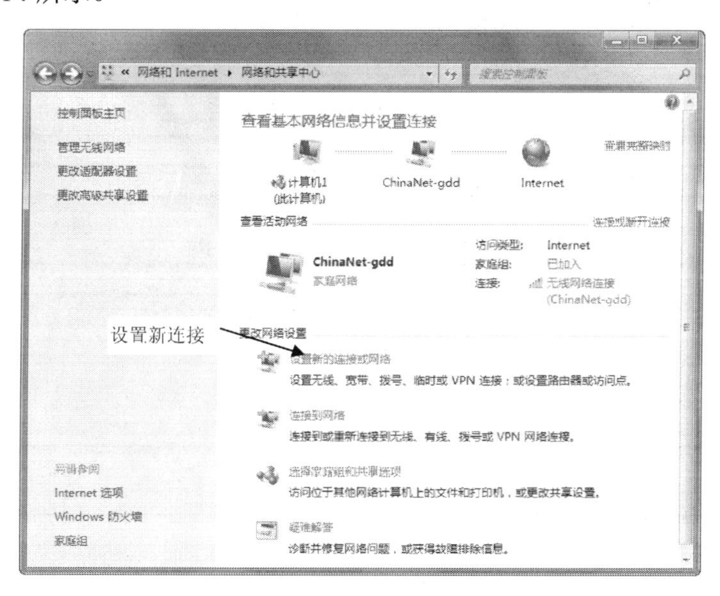

图 6-14　设置新连接

② 选择“连接到 Internet”，如图 6-15 所示。

③ 选择连接到 Internet 的方法为宽带 PPPOE 连接方式。如图 6-16 所示。

④ 输入 ISP（网络服务提供商，一般指电信等网络接入服务提供者）提供的用户名和密码（图 6-17），点击“连接”等待连接成功提示即可接入 Internet。

图 6-15　连接到 Internet

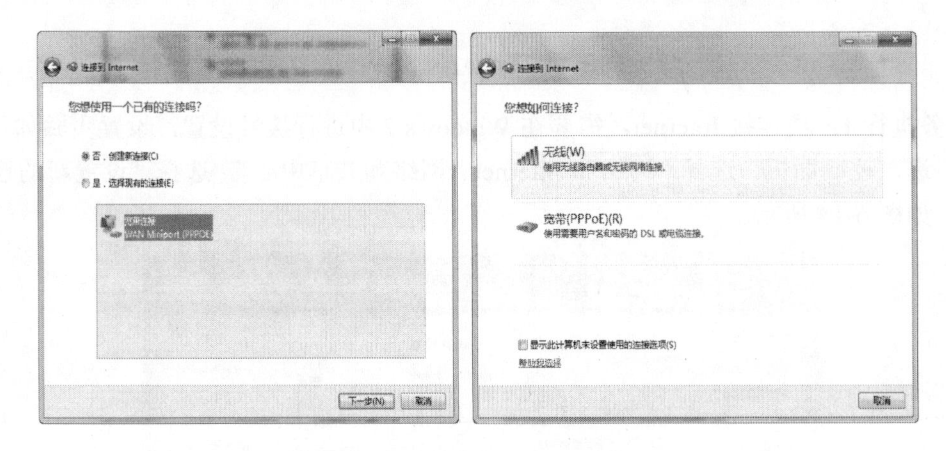

图 6-16　创建宽带 PPPOE 新连接

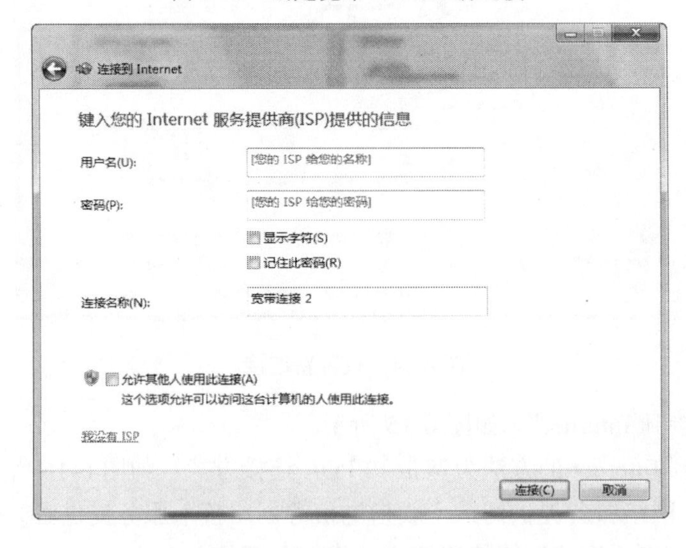

图 6-17　输入用户名、密码

任务执行 2：要实现每台计算机、终端设备（智能手机、平板电脑）直接联入网络需要在网络中加入一台具备交换功能的无线路由器，具体连接方式如图 6-18 所示。

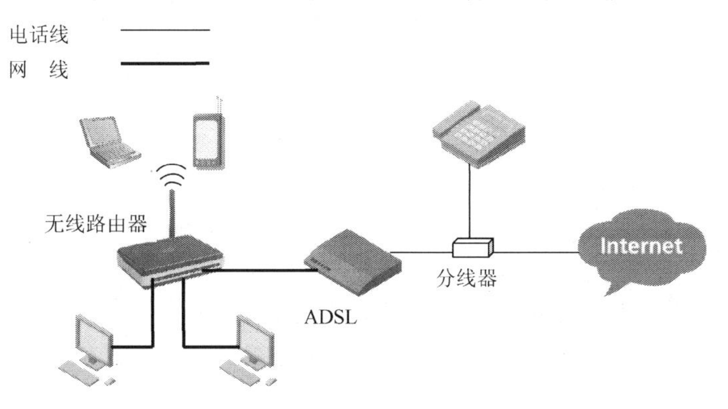

图 6-18　两台 PC 通过 ADSL 接入互联网方式

在具备无线路由器的拨号连接方式中，需要配置无线路由器，登录任意连接到无线路由器 LAN 口的 PC，打开浏览器，在地址栏中输入配置界面的地址（不同型号的路由器配置地址有区别，请参看路由器说明书），选择 WAN 口菜单，配置为 PPPOE 连接方式，输入拨号所需的账户名和密码（图 6-19），无线路由器重启动后会自动进行拨号，所有通过有线或者无线连接的终端不用拨号就可以直接连接到 Internet。

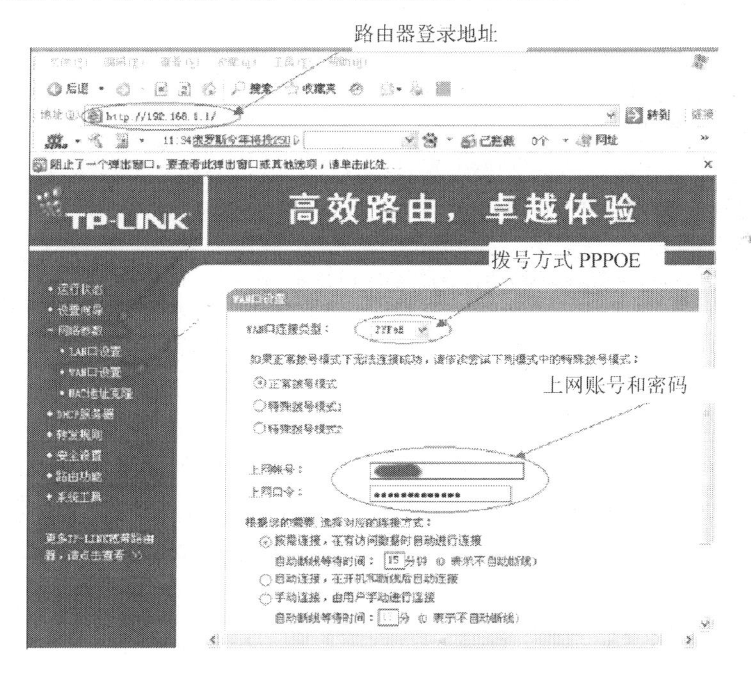

图 6-19　路由器拨号设置

注意：本次实践中，需要检查 PC 机的本地连接属性，确保 IP 地址分配方式为“自动获取”，进入控制面板，选择“网络和 Internet”→“更改适配器设置”（图 6-20），右键单击“本地连接”选择属性，如图 6-21 所示。

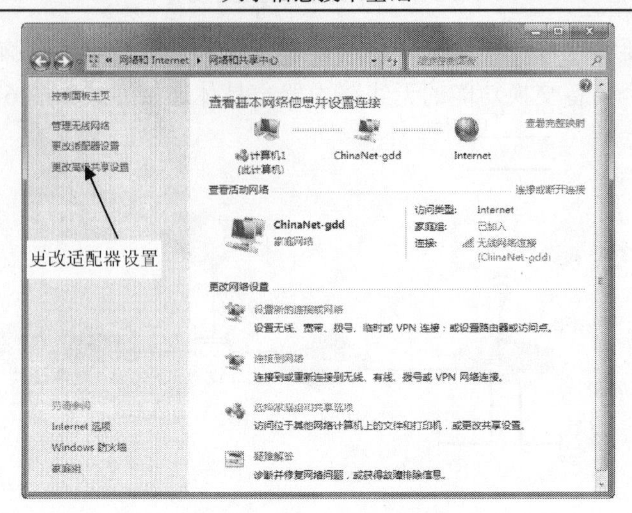

图 6-20　更改适配器设置

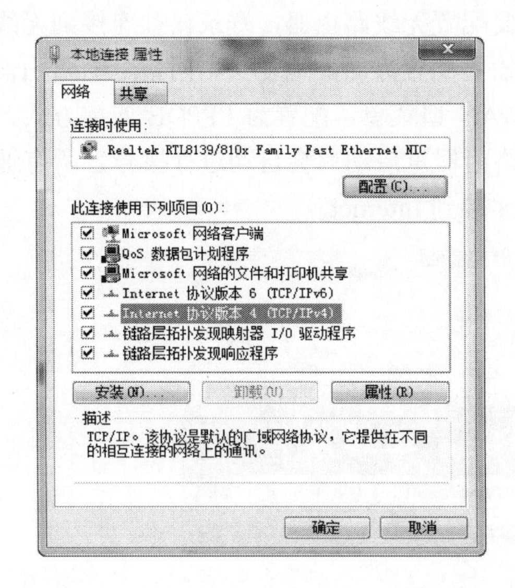

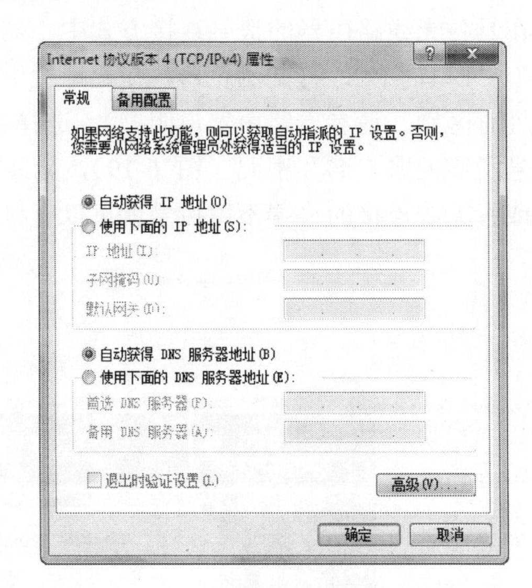

图 6-21　本地连接属性

【任务 1.5】 通过局域网入网

任务描述：办公室或教室通过局域网接入网络的方式比较多见，通常要用到计算机、网卡、双绞线、ADSL 调制解调器（Modem）、交换机或者路由器等设备。各组织（办公室、教室）作为计算机集合体，通过网线接入交换机，交换机将数据传送到核心交换机，核心交换机负责把本组织的数据和其他组织进行交换、传输，或者交给局域网内的服务器，或者交给局域网的出口设备防火墙，防火墙负责连接到 Internet，并保障局域网的安全。局域网接入 Internet 的方式比较灵活，可以采用 ADSL 方式，但 ADSL 往往受到速度的限制，目前最高 20MB 左右，适合家庭或小型办公环境。一般局域网采用光纤接入 Internet，光纤接入的速度往往可以达到 100MB，甚至 1000MB，这样可以给局域网提供较高的带宽。局域网常见入网方式如图 6-22 所示。

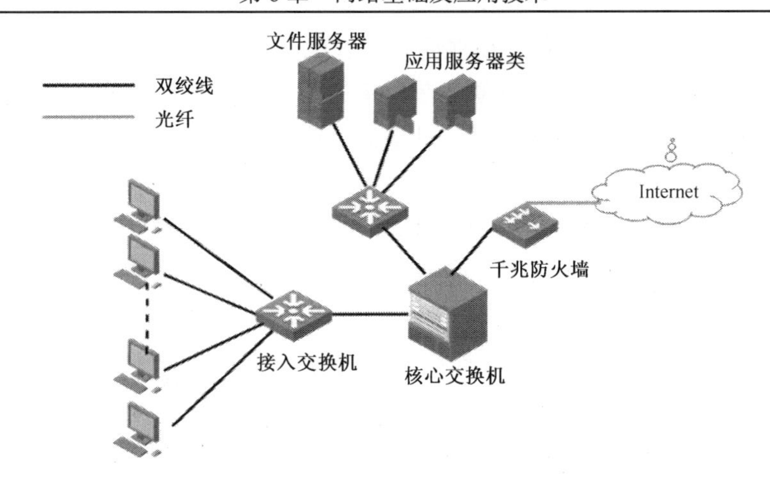

图 6-22　通过局域网入网

以上着重介绍了家庭和办公环境通过 ADSL 接入互联网的两连接方法，介绍了简单的局域网连接互联网的方法，这两种方法涉及了所需的硬件、连接方法和软件配置，这些实践技能都是人们学习、生活中密切相关的网络技能。

6.2　浏览 Internet

Internet 网络上浏览信息和获取信息是通过浏览器来实现的。目前使用的浏览器比较著名的有 Internet Explorer（IE 浏览器）、Google Chrome（谷歌浏览器）、Mozilla Firefox（火狐浏览器）、Safari（苹果操作系统配置浏览器）等，国内也有众多浏览器步入了竞争激烈的互联网行业，较流行的有 360 浏览器、腾讯浏览器、百度浏览器等，包括手机版的 UC、海豚浏览器等。虽然浏览器纷繁复杂，但其功能大同小异。

1. 网址

网址通常指Internet上网页的地址。企事业单位或个人通过技术处理，将一些信息以逐页的方式储存在 Internet 上，每一页都有一个相应的地址，以便其他用户访问而获取信息资料，这样的地址叫做网址。在 Internet 中，如果要通过一台计算机访问网上另一台计算机，就必须知道对方的网址。这里所说的网址包含 IP 地址和域名地址。

IP 地址和域名地址是一对多的关系，也就是说每台计算机的 IP 地址是唯一的，域名可以有多个。域名就是为了方便我们记忆而在互联网中构建的名字系统，通过域名在地址栏快速访问相关网站或页面。

2. 超链接

所谓的超链接是指从一个网页指向一个目标的连接关系，这个目标可以是另一个网页，也可以是相同网页上的不同位置，还可以是一个图片，一个电子邮件地址，一个文件，甚至是一个应用程序。而在一个网页中用来超链接的对象，可以是一段文本或者是一个图片，这也是 HTML 获得广泛应用的最重要的原因之一。

超链接，也可以理解为一种统一资源定位器（Uniform Resource Locator，URL）指针，通过激活（点击）它，可使浏览器方便地获取新的网页。当浏览者单击已经链接的文字或图片后，链接目标将显示在浏览器上，并且根据目标的类型来打开或运行它。

【任务 2.1】 打开浏览器

任务描述：IE 浏览器是 Windows 配置的基本软件，无需额外安装，其他浏览器则需要从互联网上下载。目前 Windows 7 配置的版本是 IE 10，打开浏览器有多个途径，默认情况下在桌面的任务栏上就有 IE 10 的图标，单击图标便可打开 IE 浏览器；或者从开始菜单进入“所有程序”来打开 IE 10 浏览器。如图 6-23 所示。

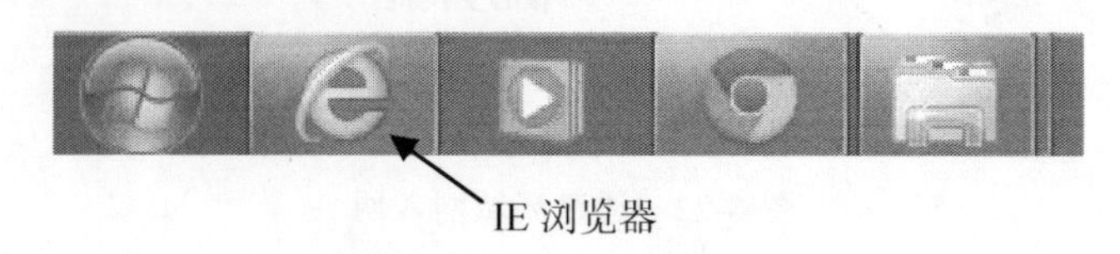

图 6-23 IE 浏览器图标

浏览器主要功能简介如下。

（1）菜单栏：提供了文件、编辑、查看、收藏夹、工具等菜单。在这里可以完成对网页的打开和关闭、页面信息编辑、浏览器功能设置、状态查看、安全级别设置，收藏网站地址等功能。

（2）地址栏：提供用户直接输入网址的地方。右面的下拉菜单可以显示近期访问过的网站，放大镜按钮可以直接按照默认搜索引擎搜索地址栏里输入的信息。

（3）工具按钮：提供兼容性视图（可访问较为技术陈旧的页面）、刷新和快捷收藏等操作按钮。

（4）标签栏：为每一个打开的页面单独设置一个标签，可以单独设定每个页面的移动、关闭。

【任务 2.2】 输入网址，浏览网站

任务描述：浏览器通过输入网址访问存在于地球上各个地方的服务器，服务器上保存着各种形式的文档、图片、声音、视频等多媒体信息，各个信息通过超级链接互相关联，形成了一张无形的网，这些有着千丝万缕关系的信息就构成了现在的互联网。虽然信息量庞大，但每个可被访问的文件都有一个唯一地址，在 Internet 中，就是通过这些信息或文件的地址找到资源，最后通过浏览器展现在人们面前。

浏览器的地址栏（图 6-24）就是输入网址的地方。以“宁夏理工学院的网站地址”为例，浏览其网站。

任务执行：在地址栏输入 http://www.nxist.com，回车后即可看到学校的网站（图 6-25）。当把鼠标移动到网站的图片或者文字的时候，鼠标会变为手的形状，这表示此处文字或图片具有超链接，鼠标左键单击后，就可以打开二级页面，承载网站超链接的第一个页面称为“首页”。当点击这些超链接就可以浏览整个网站的信息了，这些信息有些来自本网站，有些可能链接自其他网站。

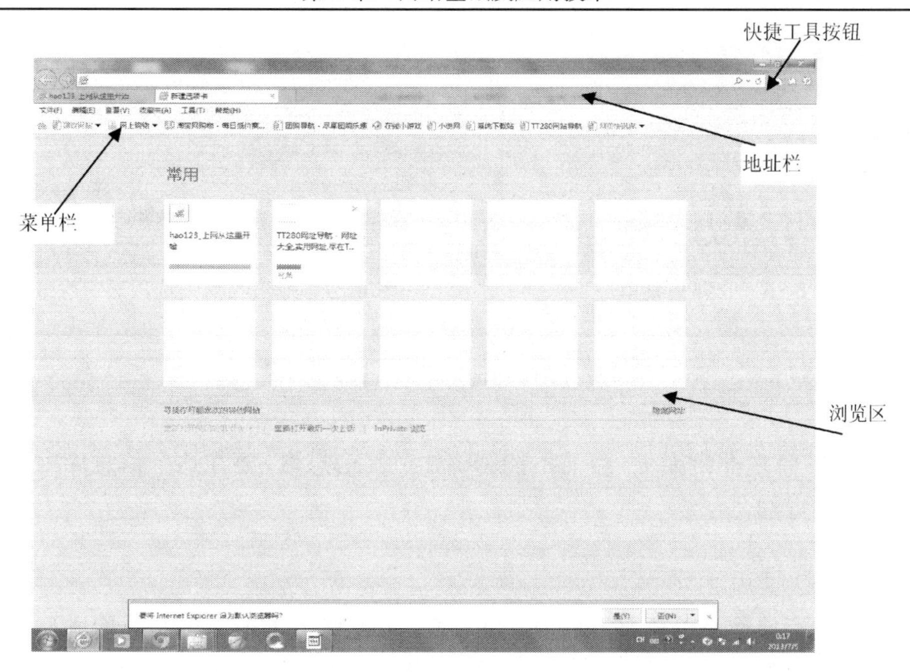

图 6-24　IE 浏览器地址栏

图 6-25　通过网址访问网站

【任务 2.3】 收藏网址

任务描述：对某个经常要访问的网站，不想每次都输入网址打开时，便可通过“收藏”功能记住网址。只需访问一次网址，下次打开此网站时直接到收藏夹里找到打开即可。

任务执行：单击菜单栏里的“收藏夹”选项，然后点击“收藏到文件夹”（图 6-26），在弹出的对话框内选定网址要保存的位置（图 6-27），点击“添加”，完成收藏，收藏夹可以按照个人意愿进行分类。

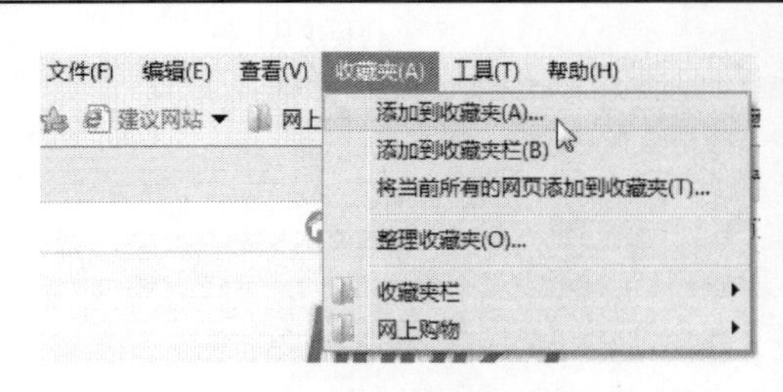

图 6-26　收藏夹菜单

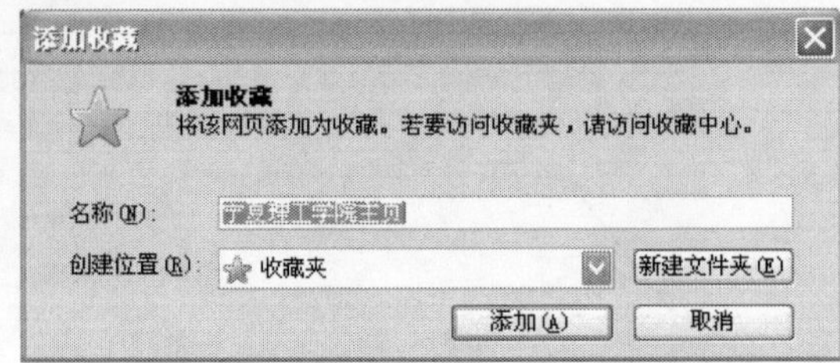

图 6-27　弹出收藏夹选项选定收藏位置

6.3　Internet 信息的获取

Internet 的信息量非常庞大，目前不能精确知道其信息量，要在这个信息库中获取信息，需要掌握一定的方法。

1. 存储单位

网络信息的存储最小单位是 bit（比特），每一个比特由 1 个 2 进制数构成（非 0 即 1），每 8bit 构成一个字节（Byte），通常我们所说的下载速度 **bps**，即表示每秒中下载的比特数，计算时往往要除以 8 得到具体的字节数，目前 8M 的 ADSL 的下载速度可以达到 800KB 到 1MB 左右。1KB=1024Byte，1MB=1024KB。

2. 搜索引擎

搜索引擎是指根据一定的策略、调用相应算法从互联网上搜集信息的接口。在对信息进行组织和处理后，为用户提供检索服务，并将检索到的相关信息显示给用户。

3. html

超文本标记语言，即 HTML（Hypertext Markup Language），是用于描述网页文档的一种标记语言。

在万维网上的一个超媒体文档称为一个页面（page）。作为一个组织或者个人在万维网上放置开始点的页面称为主页（Homepage）或首页，主页中通常包括有指向其他相关页面或其他节点的指针（超级链接）。在逻辑上将视为一个整体的一系列页面的有机集合称为网站（Website或 Site），它是为网页创建和其他可在网页浏览器中看到的信息而设计的一种标记语言。

【任务 3.1】 使用搜索引擎检索 Internet 信息

任务描述：“搜索引擎”实际上就是 Internet 上的一个网站，这类网站的主页非常简洁，其后隐藏着巨大的技术支持和商业运营。目前，常见的著名搜索引擎有 Google（www.google.com.hk，美国），百度（www.baidu.com，中国），Yahoo!（www.yahoo.com，美国），搜狗（www.sogou.com，中国）等。以下通过百度搜索引擎来熟悉搜索引擎的使用方法（图 6-28）。

图 6-28　百度搜索引擎主页

搜索引擎按其工作方式主要可分为三种，即全文搜索引擎（full text search engine）、目录索引类搜索引擎（search index/directory）和元搜索引擎（meta search engine）。一般使用的是全文搜索。图 6-29 的目录搜索引擎应用也较为广泛。

图 6-29　目录类搜索引擎

搜索引擎的使用方法比较简单，在搜索栏里输入需要查找的文字，提交请求后搜索引擎便会根据关键字查找相关信息，并将搜索结果反馈给用户。分类搜索引擎则是按照某一类别进行检索，当没有确定的查询需求时可采用此种方法。为提高搜索精度，需借助一定的搜索方法。

（1）对搜索的网站进行限制："site"表示搜索结果局限于某个具体网站或者网站频道，如"www.sina.com.cn""edu.sina.com.cn"，或者是某个域名，如"com.cn""com"等。如果要排除某个网站或者域名范围内的页面，只需用"—网站/域名"。

示例：搜索中文教育科研网站（edu.cn）上关于搜索引擎技巧的页面。

方法："搜索引擎 技巧 site:edu.cn"。

（2）在某一类文件中查找信息："filetype:"是Google开发的非常强大实用的一个搜索语法。Google不仅能搜索一般的文字页面，还能对某些二进制文档分类进行检索。

示例：搜索几个资产负债表的Office文档。

方法："资产负债表 filetype:doc OR filetype:xls OR filetype:ppt"。

（3）搜索的关键字包含在URL链接中："inurl"语法返回的网页链接中包含第一个关键字，后面的关键字则出现在链接中或者网页文档中。

示例：查找MIDI曲"沧海一声笑"。

方法："inurl:midi "沧海一声笑""。[注意："inurl:"后面不能有空格]。

（4）搜索的关键字包含在网页标题中："intitle"和"allintitle"的用法类似于上面的inurl和allinurl，只是后者对URL进行查询，而前者对网页的标题栏进行查询。

示例：查找宁夏理工学院。

方法："intitle:宁夏理工学院"，结果是所有包含标题"宁夏理工学院"的网页。

【任务3.2】 保存网页和网页上的信息

任务描述：当搜索到需要的信息后，要将其保存下来，【任务2.3】中提到的收藏网址是一种方法，但前提是必须实时连接Internet。下面将介绍两种可支持离线浏览的信息保存方法。

1. 保存网页

将搜索到的计算机等级考试大纲保存起来。

任务执行：如图6-30，点击菜单栏的"文件"→"另存为"选项，在弹出的对话框（图6-31）文件名中输入要保存的文件名称，保存类型选择"网页，全部（html）文件"，最后点击"确定"。

2. 保存页面上的文字信息、图片或视频

如果只想保存网页上的部分信息，如文字、图片或视频时，可以采取以下方法。

（1）保存文字。

任务执行：如图6-32所示，选中要保存的文字，右键单击选中的文字，选择复制，打开Word或txt文本，右键选择粘贴即可保存到本地。

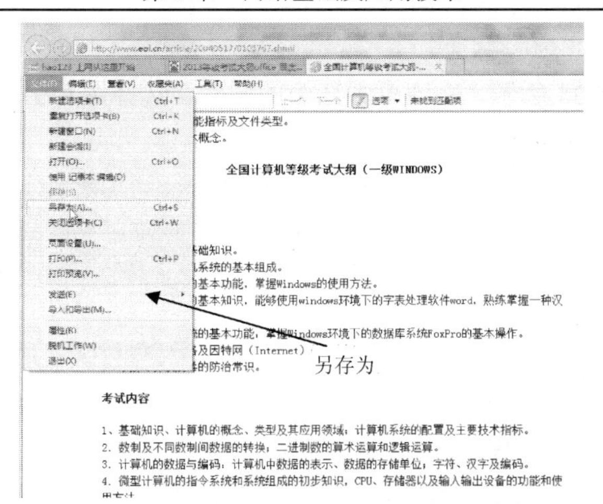

图 6-30　要保存的搜索页面

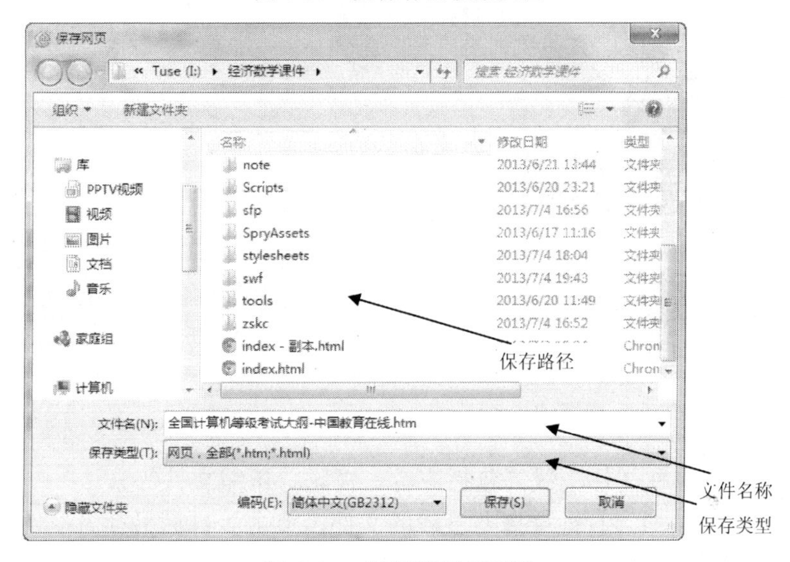

图 6-31　保存页面对话框

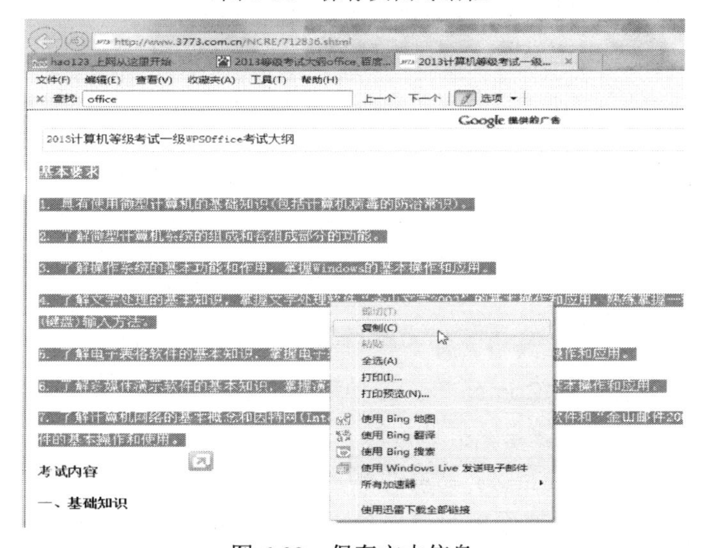

图 6-32　保存文本信息

（2）保存图片。

任务执行：如图 6-33 所示，右键单击选中的图片，选择图片另存为，选择保存路径和文件名称，点击保存即可。

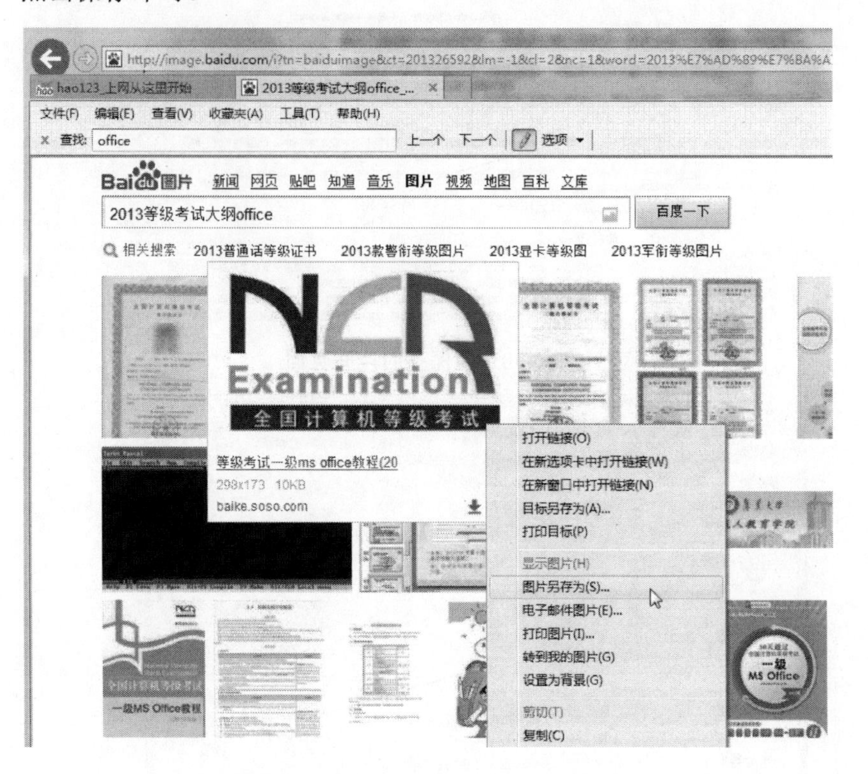

图 6-33　保存图片

（3）保存文件，也称文件下载（包括声音、视频、压缩文件等）。

任务执行：如图 6-34，右键选择要下载的文件，点击“目标另存为”弹出对话框填入文件名和保存路径即可。

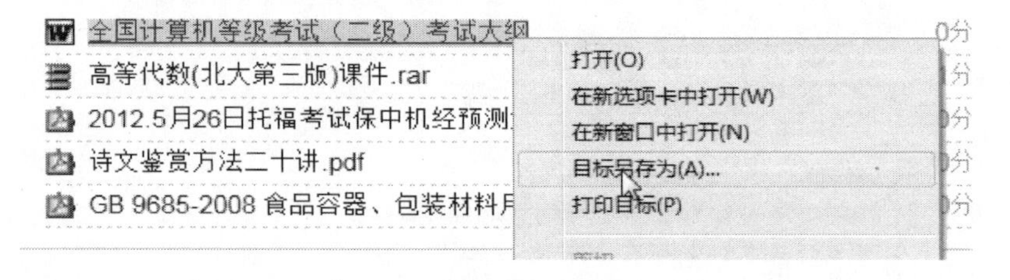

图 6-34　保存文件

此外，还可以使用下载工具将文件下载到本地机中保存。目前，常用的下载软件有迅雷、网际快车、QQ 旋风、BitComet 等。各种下载工具采用的下载技术和方法有所区别，以迅雷为例，通过 MP3 的下载来掌握此方法。

任务执行：右键单击下载目标，选择”使用迅雷下载”（图 6-35），在弹出对话框中选择下载路径，最后在迅雷软件界面中可以看到文件下载的大小、时长、下载速度（图 6-36）。

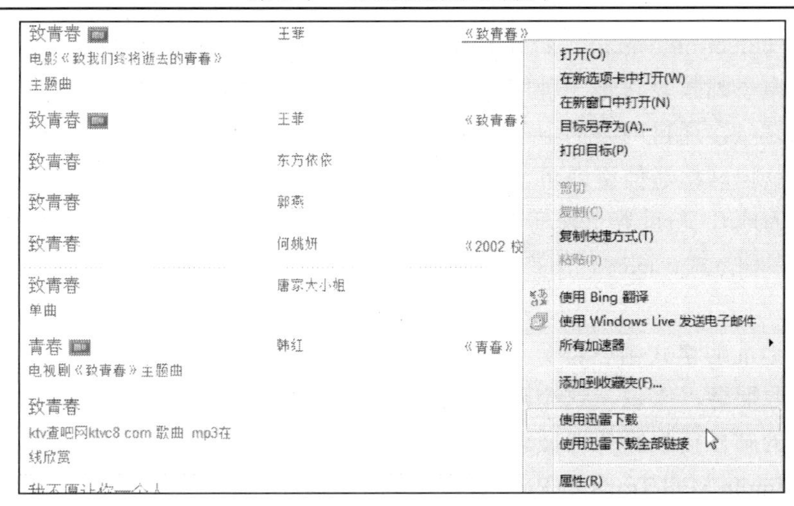

图 6-35　选择迅雷下载 MP3

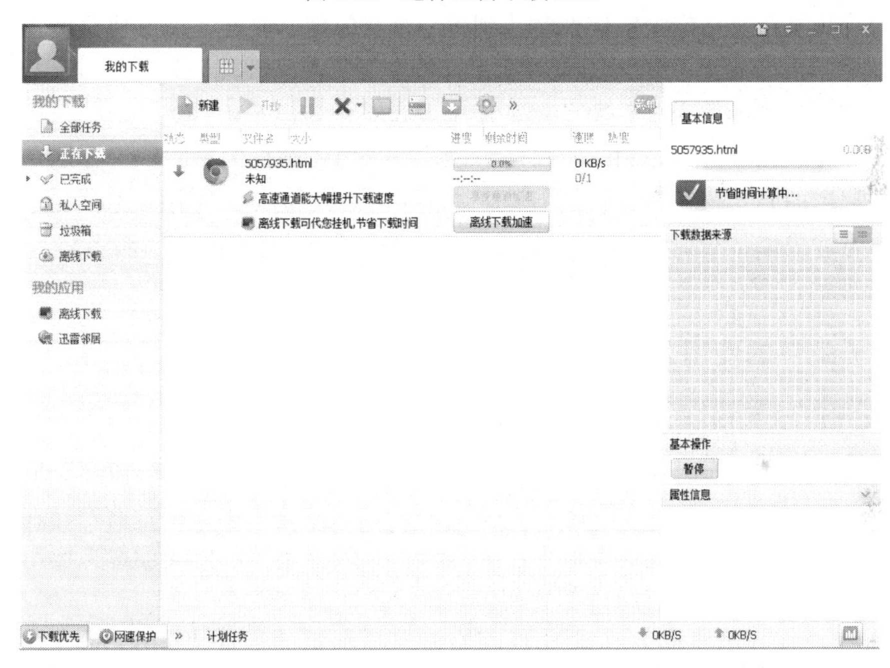

图 6-36　迅雷软件界面

本节认识了浏览器，并学习了浏览器浏览 Internet 信息的方法。通过搜索引擎搜索需要的信息时，可以通过另存网页和选择文本、图片的方法保存信息，也可以通过下载软件来下载音乐或视频文件。

6.4　电子邮件和网络交流

前面介绍的信息浏览和获取的方法，是单向网络活动，而计算机网络中经久不衰的通讯工具、电子邮件（E-mail）则是双向通讯活动，掌握这些双向通讯技能可以迅速拉近网络两端用户的时空距离，实时传递信息。

电子邮件（electronic mail，简称 E-mail，标志：@，也被大家昵称为”伊妹儿”），又称电子信箱、电子邮政，它是一种用电子手段提供信息交换的通信方式，是 Internet 应用最广泛的服务之一，通过网络的电子邮件系统，用户可以用非常低廉的价格（不管发送到哪里，都只需负担网络通信费即可），以非常快速的方式（几秒钟之内可以发送到世界上任何你指定的目的地），与世界上任何一个角落的网络用户联系。这些电子邮件可以是文字、图像、声音等多种方式。同时，用户可以得到大量免费的新闻、专题邮件，并实现轻松的信息搜索。

电子邮件地址的格式由三部分组成。第一部分“USER”代表用户信箱的账号，对于同一个邮件接收服务器来说，这个账号必须是唯一的；第二部分“@”是分隔符；第三部分是用户信箱的邮件接收服务器域名，用来标志其所在的位置。

SMTP（Simple Mail Transfer Protocol）：即简单邮件传输协议，它是一组用于由源地址到目的地址传送邮件的规则，由它来控制信件的中转方式。SMTP 协议属于 TCP/IP 协议族，它帮助每台计算机在发送或中转信件时找到下一个目的地。通过 SMTP 协议所指定的服务器，就可以把 E-mail 寄到收信人的服务器上，整个过程只需要几分钟的时间。SMTP 服务器是遵循 SMTP 协议的发送邮件服务器，用来发送或中转电子邮件。

POP（Post Office Protocol）：即邮局协议，用于电子邮件的接收，它使用 TCP 的 110 端口。现在常用的是第三版 ，所以简称为 POP3。POP3 仍采用 Client/Server 工作模式，Client 被称为客户端，日常使用的电脑都可作为客户端，而 Server（服务器）是由网管人员进行管理的。

6.4.1　电子邮件的使用方法

【任务 4.1】 通过网站服务使用电子邮件

任务描述：电子邮件（E-mail）就像生活中的邮政系统，只是把写信、发信、收信的过程放到了 Internet 上，载体也变成了互联网。Internet 上提供电子邮件的网站非常多，常见的有网易、新浪、搜狐、QQ 邮箱等，虽然邮件服务商很多，但功能都大同小异，下面以网易邮件网站为例介绍电子邮件的使用方法。

任务执行：打开浏览器，在地址栏内输入网易邮箱的地址“http://mail.163.com”，如图 6-37 所示，第一次使用，先要在网易服务器上申请一个邮箱地址。申请时点击“注册”，在弹出的页面内（图 6-38）填入邮件地址（邮箱账号）和密码信息，单击“立即注册”即可。

注册成功后，返回登录页面，输入邮箱账号和密码，点击“登录”进入邮箱（图 6-39）。

点击“收件箱”即可查看邮箱中的所有邮件，在邮件列表里可以看到邮件的标题、发件人、主题、时间，有无附件等信息。即时收信可点击“收信”按钮。

发送邮件时点击“写信”按钮，在发件箱内可以看到发件人邮箱，“收件人”中填写接收方邮箱，“主题”是信的标题，白色区域为信件内容区，如果想要附带发送一张照片、一个文件等，可以点击“添加附件”把要附送的文件随电子邮件一同发送给对方。如图 6-40 所示。

图 6-37　网易邮箱服务

图 6-38　邮箱注册界面

图 6-39　网易邮箱界面

图 6-40　网易发件箱

【任务 4.2】 通过客户端使用电子邮件

任务描述： 通过网站登录电子邮箱时，操作过程有些繁琐。可使用 Microsoft Office 中的 Microsoft Outlook 2010 软件来同时管理多个邮箱的邮件，还可以把邮件下载到本地浏览，首次使用时要经过简单的设置，之后的使用就十分方便了。具体实践操作如下：

任务执行： 打开 Microsoft Outlook 2010，点击“文件”→“信息”→“添加账户”，如图 6-41 所示。

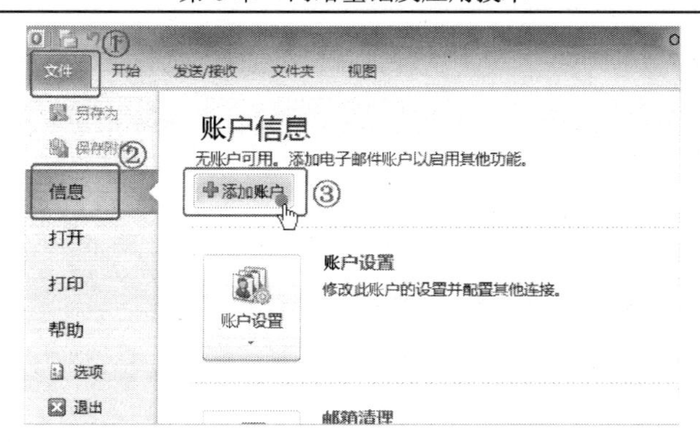

图 6-41　添加账户

弹出如图所示的对话框，选择“电子邮件账户”，点击“下一步”，操作界面如图 6-42 所示。

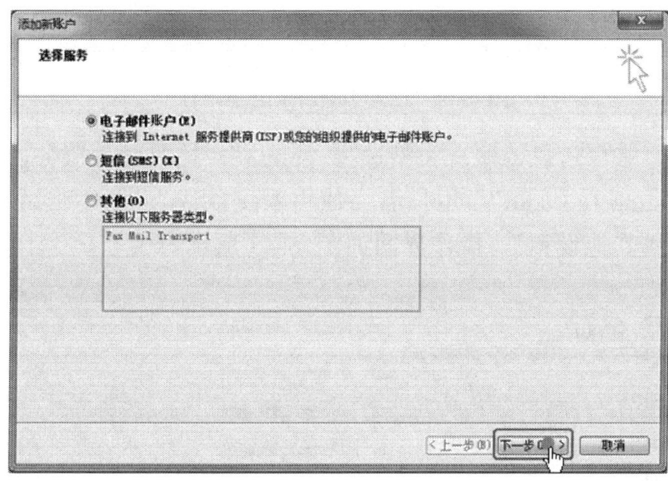

图 6-42　选择服务为“电子邮件账户”

选择“手动配置服务器设置或其他服务器类型”，点击“下一步”，操作界面如图 6-43 所示。

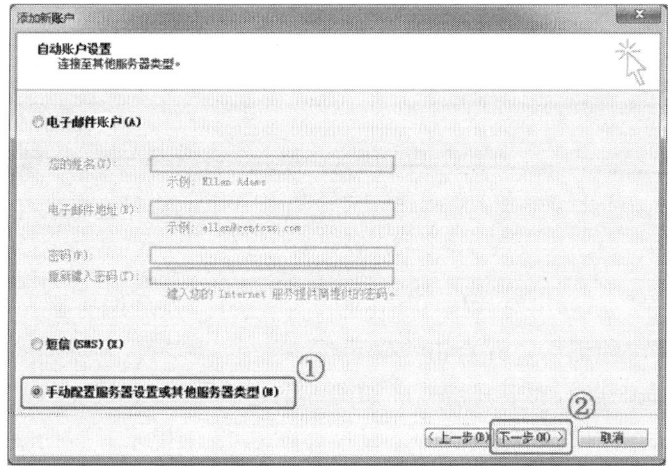

图 6-43　手动配置

在图 6-44 中选中“Internet 电子邮件”，点击“下一步”。

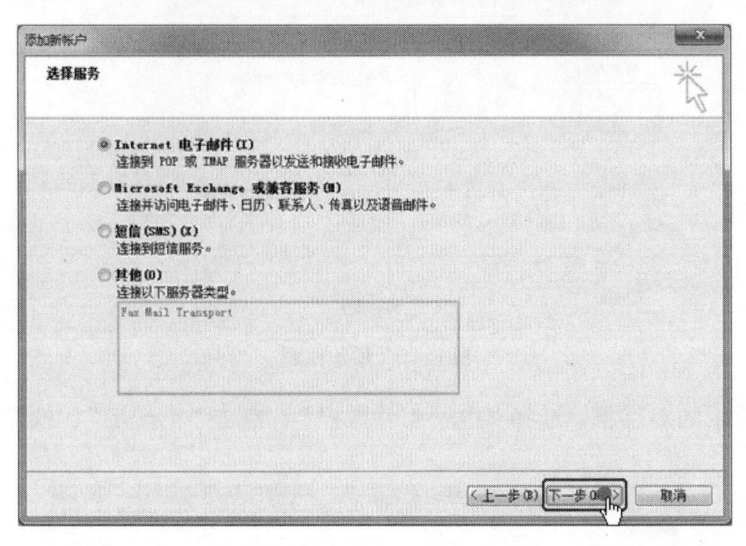

图 6-44　选择 Internet 电子邮件

按页面提示填写账户信息，账户类型选择“pop3”，接收邮件服务器“pop.163.com”，发送邮件服务器“smtp.163.com”，用户名“使用系统默认”（即不带后缀的@163.com），填写完毕后，点击“其他设置”，操作界面如图 6-45 所示。

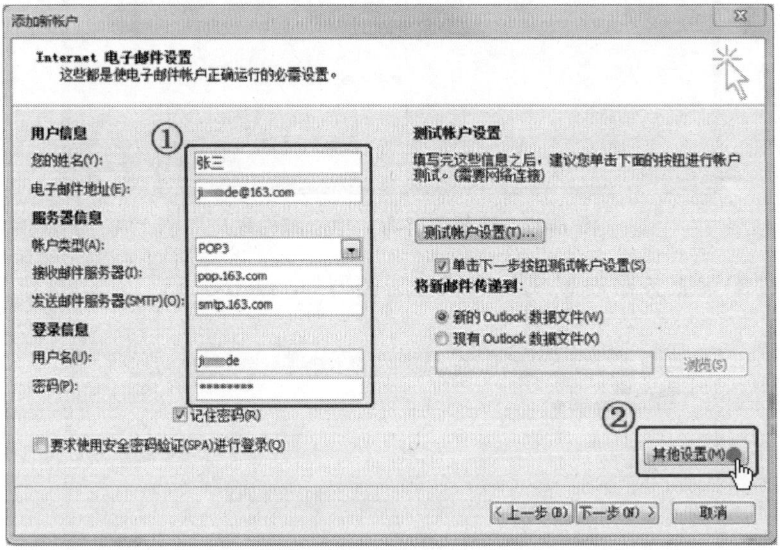

图 6-45　设置账户信息

点击“其他设置”后弹出对话框（图 6-46），选择“发送服务器”，勾选“我的发送服务器（SMTP）要求验证”，并点击“确定”。

回到上级对话框，点击“下一步”，如图 6-47 所示。

在弹出的“测试账户设置对话框”，显示如图 6-48 的提示，说明设置成功。

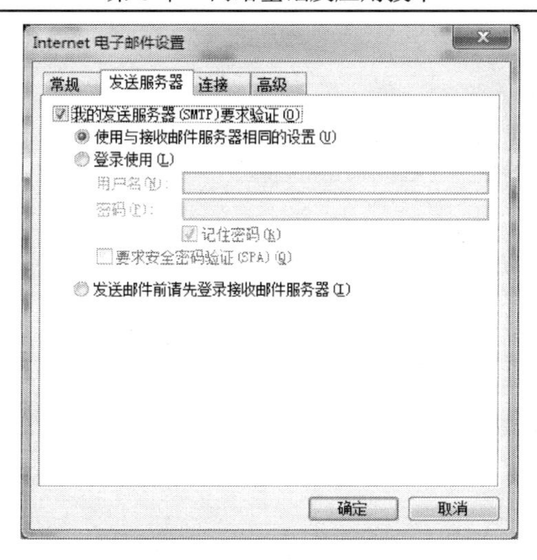

图 6-46　选择发送邮件要求验证

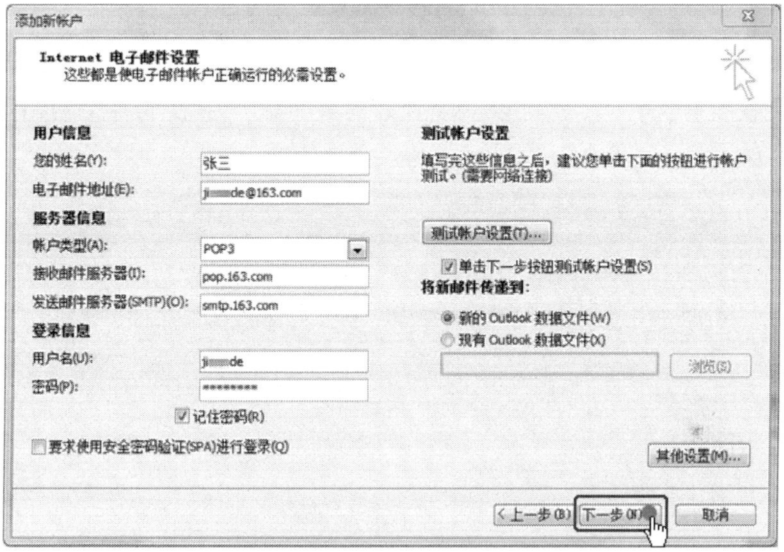

图 6-47　返回账户信息

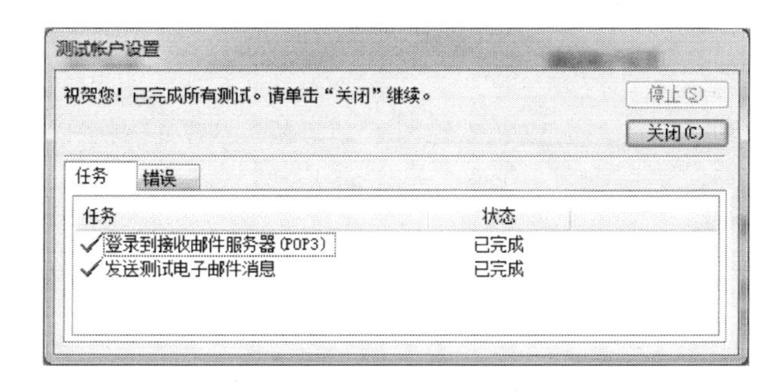

图 6-48　检查设置状态

在弹出的对话框中（图 6-49），点击“完成”。

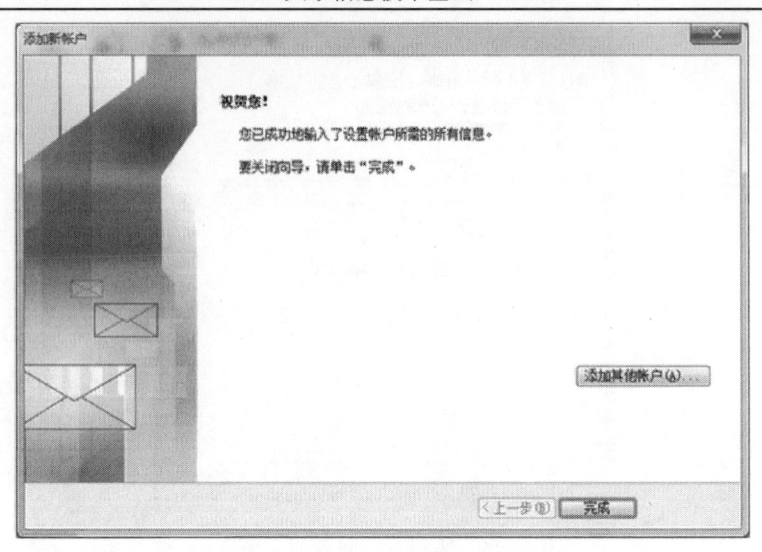

图 6-49　完成设置

此方法可以设置多个邮箱账户，设置好后，回到主界面，点击“发送和接收”菜单中的“发送/接收所有文件”，就可以从配置好的各个账户中收取各个网站上的邮件了，效果如图 6-50 所示。

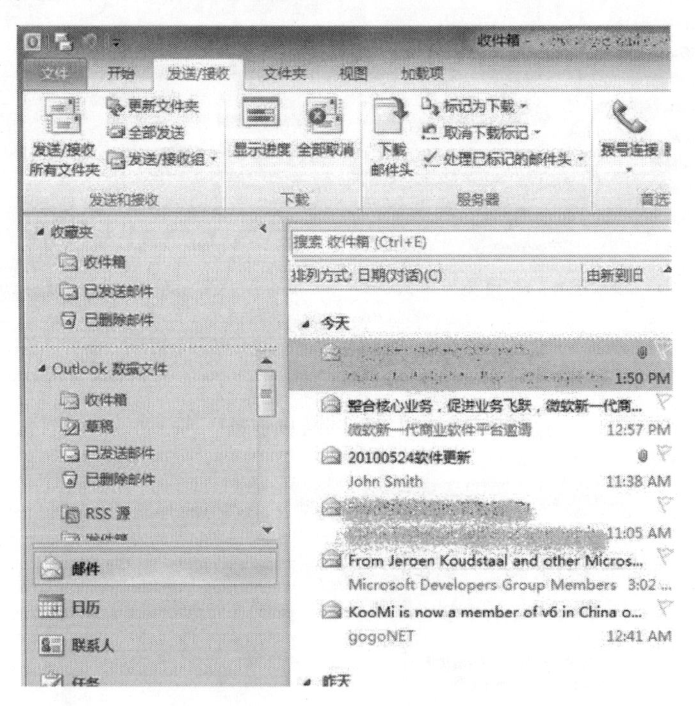

图 6-50　发送、接收邮件

Outlook 2010 客户端发送邮件的方法与网站邮箱类似（图 6-51），点击新建电子邮件，填写收、发邮件人地址、主题、正文点击发送即可，注意有多个账户时，需要选择默认发送邮件的账户。

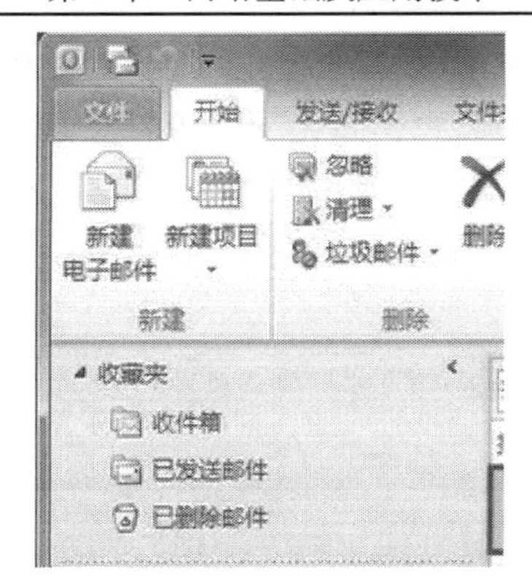

图 6-51　Outlook 2010 客户端发送邮件

6.4.2　网络交流

目前的 Internet 交流方式形式多样，但比较流行的交流方式有 BBS、博客、即时通讯软件等，本次将着重介绍以上的网络交流方式，帮助大家迅速的掌握当今最流行的沟通方式。

【任务 4.3】 使用 BBS——网上讨论区

BBS（bulletin board system，电子公告牌系统）最早是用来公布股市价格等信息的，当时 BBS 没有文件传输的功能，而且只能在苹果计算机上运行。早期的 BBS 与一般街头和校园内的公告板性质相同，只不过是通过电脑来传播或获得消息而已。直到个人计算机开始普及之后，有些人尝试将苹果计算机上的 BBS 转移到个人计算机上，BBS 才开始渐渐普及开来。现在 BBS 已经成为 Internet 上非常流行的服务形式之一，我们也称之为 BBS 论坛。目前，各个著名的网站都提供了 BBS 论坛，用户通过注册成为会员，按照各种分类论坛，参与感兴趣的内容，并可发帖，和 Internet 上的其他用户进行及时交流。当前，比较有名的论坛有百度贴吧、中国站长论坛、西祠胡同等。图 6-52 为百度贴吧 BBS。

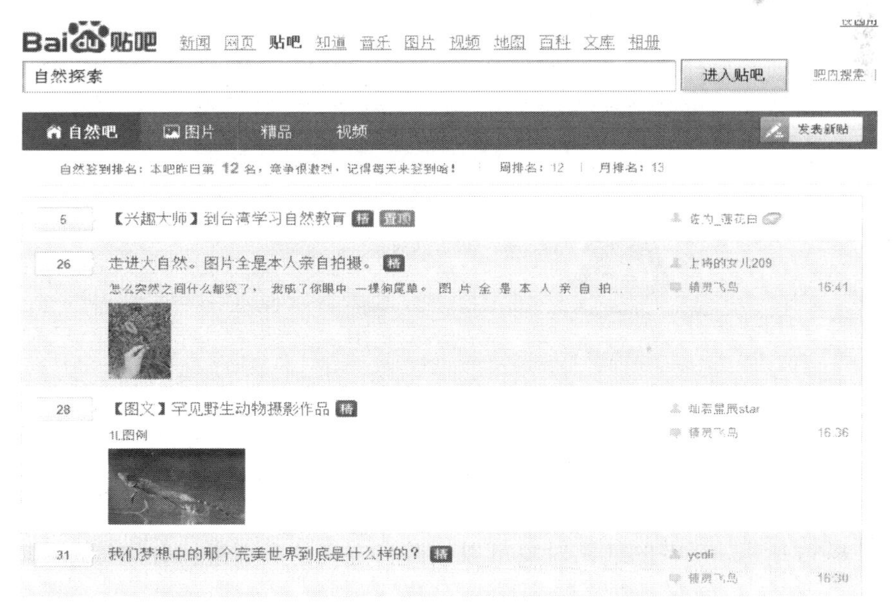

图 6-52　百度贴吧 自然探索 BBS

要在BBS上发帖，先要在该BBS上注册，之后就可以在相应栏目下的“发表新帖”（各BBS有所区别）中，填写标题和内容，点击“发表”即可（图6-53），也可跟在别人的帖子后发表，成为跟帖。

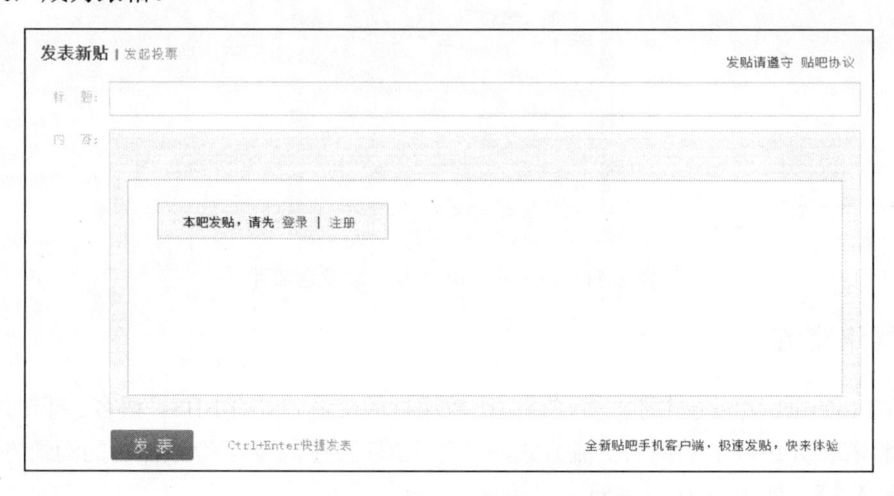

图6-53　百度贴吧BBS发表新帖

【任务4.4】 使用即时通讯工具——腾讯QQ

任务描述：腾讯QQ是一款客户端软件，需要从腾讯网站上下载安装到本地计算机。本次我们将帮助大家掌握腾讯QQ点对点即时文字对话、语音和视频对话、多人群聊、文件传输、远程协助、QQ空间等主要功能。

任务执行1：QQ的申请与使用

从http://im.qq.com/下载QQ最新版本，安装后打开如图6-54所示登录界面，输入QQ号码和密码即可登录。

图6-54　QQ登录界面

初次使用QQ需要注册账号，关于注册方法，本节不再赘述。输入账号和密码登录后的界面如图6-55所示，所有的通讯对象可以按照自定义的类别进行分类管理，想要和某个人对话时，双击对方头像即可打开图6-56对话框，在下方的空白处输入文字，之后点击发送，对方可即时收到讯息。

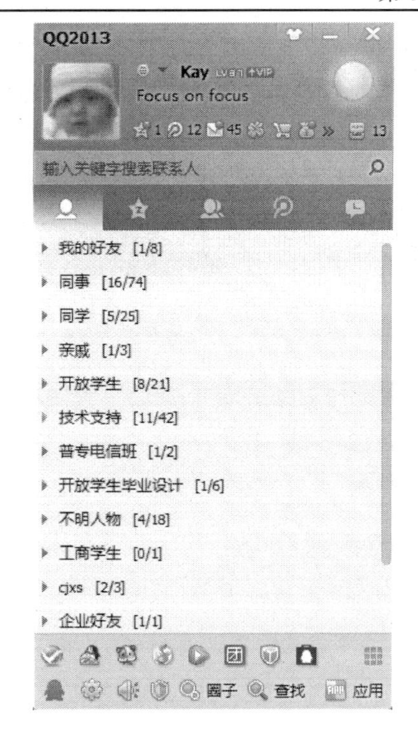

图 6-55　QQ 主界面

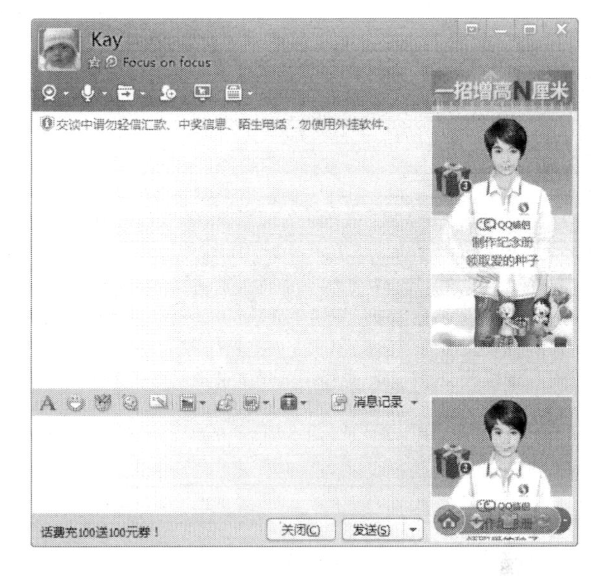

图 6-56　对话页面

关于聊天对象，可以利用查找功能查找用户（图 6-57），空白处输入对方号码、邮箱或昵称，添加对方为好友，经过验证后即可开始对话。QQ 还有一个重要功能就是传送文件，这个功能为 Internet 上的用户共享文件提供了极大的方便，传送文件的双方如果都在线，可以即时传送，如果接收方不在线，可以通过离线方式发送文件。文件传送实际上是先将文件上传到服务器，对方上线后服务器在发送给对方，发送文件界面如图 6-58 所示。

图 6-57　QQ 查找好友

QQ 的群功能可以实现多人同时对话、共享图片文件等，某种程度上与 BBS 具有同类功能，但是更具有人气。首先要通过搜索找到要加入的群，然后申请加入，经过群主的验证成为群成员（图 6-59），从窗口右下方可看到所有群成员的昵称。

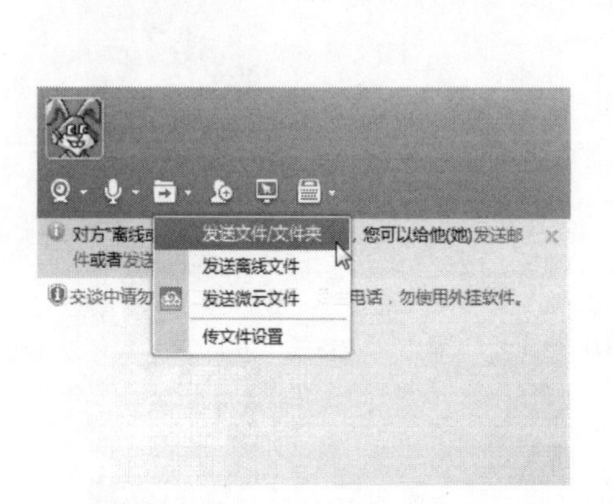

图 6-58　QQ 传送文件界面

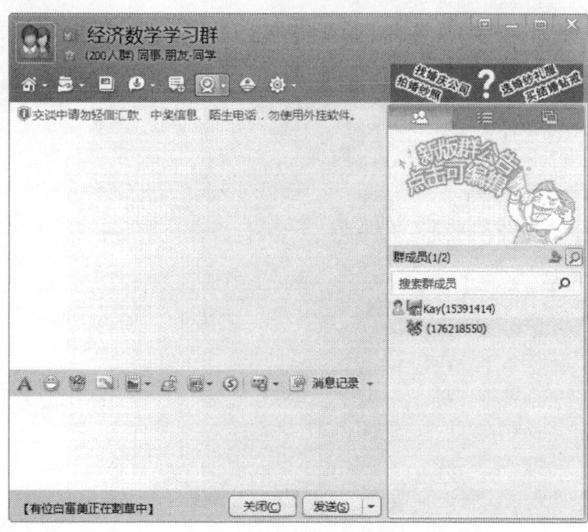

图 6-59　QQ 群聊界面

任务执行 2：QQ 的远程协助功能可以实现让 Internet 上的一方用户通过 Internet 远程浏览或者控制另一方的计算机，来帮助其完成计算机上的操作。

首先，打开与好友聊天的窗口，点击远程协助（图 6-60）按钮，等待对方的回应，对方在图 6-61 界面中点击接受，即可查看本地计算机的桌面，如果想让对方进一步控制自己桌面可以点击“申请控制”按钮，对方接受后即可控制。

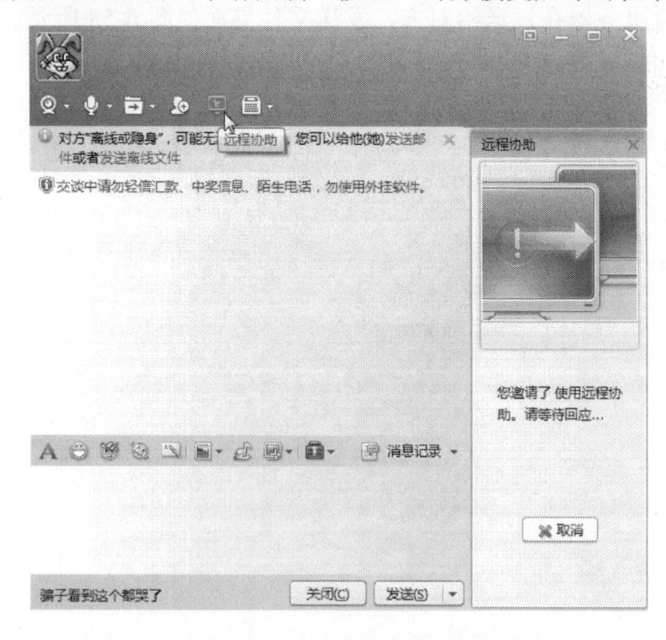

图 6-60　QQ 远程协助请求页面

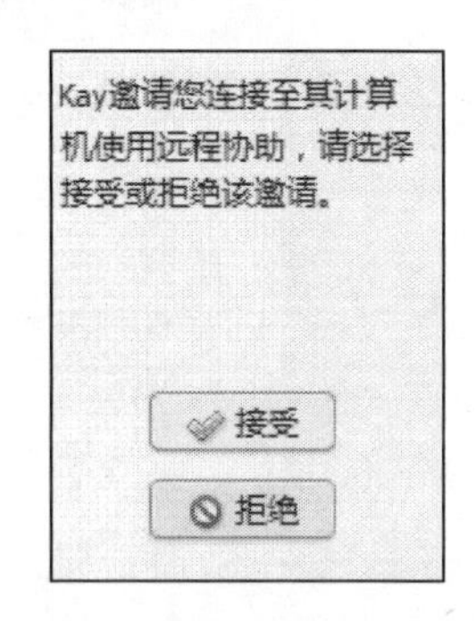

图 6-61　接收远程协助界面

腾讯 QQ 目前已经扩展了众多功能，以上重点介绍了与网络交流相关的几个功能，接下来介绍博客和微博以及 QQ 空间的使用方法。其他功能有待用户自行学习。

【任务 4.5】 使用博客和微博

任务描述 1：博客（blog）是一种简易的信息发布方式。任何人都可以在提供博客服务的网站上注册，注册后可以完成个人网页的创建，创建的网页可以即时发布个人信息、个人相片、视频等。目前，比较有名的博客有 QQ 空间、新浪博客、博客中国等。

任务执行 1：首先要在博客网站注册为博客用户，如果有门户网站的用户则可登录后直接开通使用。以 QQ 空间为例，来了解博客的基本功能。登录 QQ 后，打开 QQ 主面板，右键单击自己头像或浏览对象的图标，选择进入 QQ 空间，如图 6-62 所示，空间里包含了日志、相册、留言板等交流信息的功能。一般较常用的是日志功能，如图 6-63 所示，个人可以在日志中发表自己的感想，其他人可以回复留言。

图 6-62　进入 QQ 空间

图 6-63　QQ 空间的功能

任务描述 2：微博，即微博客（microlog），是一个基于用户关系的信息分享、传播以及获取平台，它比博客更具信息传递的实时性。各个用户之间可以互相关注，关注的用户之间可以实时看到对方发布的信息、感想、图片等。由于智能手机的普及，使微博几乎成为了主流的信息分享工具之一。目前，比较著名且用户数量庞大的微博有新浪微博和腾讯微博。

任务执行 2：我们以新浪微博为例，来学习微博的使用方法。首先要注册新浪微博的会员，然后登录新浪微博 http://weibo.com，进入微博界面如图 6-64 所示。

微博中有关注、粉丝两个关键词，“关注”表示把你关注的人加到你的微博中，“粉丝”是希望看到你的人，所以要想看到对方先要关注对方，成为对方的粉丝。我们以搜索作家莫言为例，通过搜索区，输入“莫言”找到其微博，如图 6-65，点击“关注”成为他的粉丝后，就可以在主页看到莫言实时发布的信息了。

若要发微博，点击微博右上角的发“快速发微博”按钮（图 6-66），输入要写的内容，点击发布，粉丝会即刻收到信息，这就是微博受欢迎的主要原因。

图 6-64　新浪微博界面

图 6-65　微博关注

图 6-66　发送微博

本 章 小 结

Internet 使世界变成了地球村，只要接入 Internet，发布的消息可以在几秒钟之内变得全球皆知，学习利用 Internet 交流、通信的方法，掌握电子邮件、BBS、博客和微博的使用，将会开阔视野，获得更多信息。

本 章 习 题

一、巩固理论

（一）选择题

1．计算机网络按其覆盖的范围，可划分为（　　）。

A．以太网和移动通信网　B．电路交换网和分组交换网

C．局域网、城域网和广域网　D．星形结构、环形结构和总线结构

2．下列域名中，表示教育机构的是（　　）。

A．ftp.bta.net.cn　B．ftp.cnc.ac.cn

C．www.ioa.ac.cn　D．www.buaa.edu.cn

3．统一资源定位器 URL 的格式是（　　）。

A．协议://IP 地址或域名/路径/文件名

B．协议://路径/文件名

C．TCP/IP 协议

D．http 协议

4．下列各项中，非法的 IP 地址是（　　）。

A．126. 96. 2. 6　B．190. 256. 38. 8

C．203. 113. 7. 15　D．203. 226. 1. 68

5．Internet 在中国被称为 Internet 或（　　）。

A．网中网　B．国际互联网　C．国际联网　D．计算机网络系统

6．下列不属于网络拓扑结构形式的是（　　）。

A．星形　B．环形　C．总线　D．分支

7．Internet 上的服务都是基于某一种协议，Web 服务是基于（　　）。

A．SNMP 协议　B．SMTP 协议　C．HTTP 协议　D．TELNET 协议

8．电子邮件是 Internet 应用最广泛的服务项目，通常采用的传输协议是（　　）。

A．SMTP　B．TCP/IP　C．CSMA/CD　D．IPX/SPX

9．（　　）是指连入网络的不同档次、不同型号的计算机，它是网络中实际为用户操作的工作平台，它通过插在计算机上的网卡和连接电缆与网络服务器相连。

A．网络工作站　B．网络服务器　C．传输介质　D．网络操作系统

10．计算机网络的目标是实现（　　）。

A．数据处理　B．文献检索

C．资源共享和信息传输　D．信息传输

11．当个人计算机以拨号方式接入 Internet 网时，必须使用的设备是（　　）。

A．网卡　B．调制解调器（Modem）

C．电话机　D．浏览器软件

12．通过 Internet 发送或接收电子邮件（E-mail）的首要条件是应该有一个电子邮件（E-mail）地址，它的正确形式是（　　）。

A．用户名@域名　　B．用户名#域名

C．用户名/域名　　D．用户名.域名

13．目前网络传输介质中传输速率最高的是（　　）。

A．双绞线　　B．同轴电缆　　C．光缆　　D．电话线

14．在下列四项中，不属于 OSI（开放系统互连）参考模型七个层次的是（　　）。

A．会话层　　B．数据链路层　　C．用户层　　D．应用层

15．（　　）是网络的心脏，它提供了网络最基本的核心功能，如网络文件系统存储器的管理和调度等。

A．服务器　　B．工作站

C．服务器操作系统　　D．通信协议

16．计算机网络大体上由两部分组成，它们是通信子网和（　　）。

A．局域网　　B．计算机　　C．资源子网　　D．数据传输介质

17．传输速率的单位是 bps，表示（　　）。

A．帧/秒　　B．文件/秒　　C．位/秒　　D．米/秒

18．在 INTERNET 主机域名结构中，下面子域（　　）代表商业组织结构。

A．COM　　B．EDU　　C．GOV　　D．ORG

19．一个局域网，其网络硬件主要包括服务器、工作站、网卡和（　　）等。

A．计算机　　B．网络协议　　C．传输介质　　D．网络操作系统

20．关于电子邮件，下列说法中错误的是（　　）。

A．发送电子邮件需要 E-mail 软件支持

B．发件人必须有自己的 E-mail 账号

C．收件人必须有自己的邮政编码

D．必须知道收件人的 E-mail 地址

21．关于邮件中插入的“链接”，下列说法中正确的是（　　）。

A．链接指将约定的设备用线路连通

B．链接将指定的文件与当前文件合并

C．点击链接就会转向链接指向的地方

D．链接为发送电子邮件做好准备

22．下列各项中，不能作为域名的是（　　）。

A．www.aaa.edu.cn　　B．ftp.buaa.edu.cn

C．www.bit.edu.cn　　D．www.lnu.edu.cn

23．OSI（开放系统互联）参考模型的最底层是（　　）。

A．传输层　　B．网络层　　C．物理层　　D．应用层

24．下列属于计算机网络所特有的设备是（　　）。

A．显示器　　B．UPS 电源　　C．服务器　　D．鼠标器

25．信道上可传送信号的最高频率和最低频率之差称为（　　）。

A．波特率　　B．比特率　　C．吞吐量　　D．信道带宽

26．与 Internet 相连的计算机，不管是大型的还是小型的，都称为（　　）。

A．工作站　B．主机　C．服务器　D．客户机

27．计算机网络不具备（　　）功能。

A．传送语音　B．发送邮件　C．传送物品　D．共享信息

28．在计算机网络中，通常把提供并管理共享资源的计算机称为（　　）。

A．服务器　B．工作站　C．网关　D．网桥

29．下列四项内容中，不属于 Internet（因特网）基本功能是（　　）。

A．电子邮件　B．文件传输　C．远程登录　D．实时监测控制

30．调制解调器（Modem）的作用是（　　）。

A．将计算机的数字信号转换成模拟信号，以便发送

B．将模拟信号转换成计算机的数字信号，以便接收

C．将计算机数字信号与模拟信号互相转换，以便传输

D．为了上网与接电话两不误

31．光缆的光束是在（　　）内传输。

A．玻璃纤维　B．透明橡胶　C．同轴电缆　D．网卡

32．Internet 上许多不同的复杂网络和许多不同类型的计算机赖以互相通信的基础是（　　）。

A．ATM　B．TCP/IP　C．Novell　D．X.25

（二）简答题

1．一个家庭要通过 ADSL 接入互联网需要用到哪些硬件设备，怎么连接？

2．通过 Windows 7 如何设置 ADSL 拨号连接？

3．路由器和交换机的作用和区别是什么？

4．什么是网络协议？TCP/IP 是什么用途的协议？

5．什么是 IP 地址？它和域名有什么关系？

6．什么是电子邮件？收、发邮件有哪些方法？

7．什么是搜索引擎，用哪些方法可以缩小搜索关键字的范围。

二、实践演练

1．上机操作，熟悉 IE 浏览器的基本功能，包括搜索、收藏夹、历史记录、安全级别设置等，并能通过搜索引擎（百度、谷歌）进行关键字的查询。

2．练习电子邮箱的注册和使用，能发送和接收电子邮件并会使用添加附件。

3．上机能够正确设置网卡的 IP 和 DNS，并能使用基本测试命令进行网络计算机之间的连通检测。

三、知识拓展

1．给出一种生活中你所使用过的 Internet 接入方案。

2．通过上网查询，了解当前 Internet 应用的其他方面及应用特点。

第 7 章　软件技术基础

本章学习目标

- 了解软件的发展历程
- 掌握软件、软件工程、软件生命周期等基本概念
- 了解算法的基本作用
- 了解 C 语言语法结构及特点

7.1　软件工程基础

软件工程主要研究如何应用软件开发的科学理论和工程技术来指导软件系统的开发。在我国加入 WTO 后，大力推广、应用软件工程的开发技术及管理方法，提高软件工程的应用水平，对促进我国软件产业与国际接轨，推动我国软件产业的迅速发展起着十分重要的作用。

7.1.1　软件工程的产生

软件工程（software engineering）是在克服 20 世纪 60 年代末所出现的“软件危机”的过程中逐渐形成与发展的。在不到 40 年的时间里，软件工程的理论与实践都取得了长足的进步。

软件工程是将理论知识应用于实践的科学，它是一种借鉴了传统工程的原则和方法，以求高效地开发出高质量软件的综合方法。

1. 软件的定义

软件是计算机系统中与硬件相互依存的另一部分，它是包括程序、数据及其相关文档的完整集合。目前通俗的定义为：**软件= 程序+数据+文档资料**；**程序**是指令序列；**数据**是程序运行的基础和操作的对象；**文档**是与程序开发、维护和使用有关的图文材料。第一台计算机诞生以来，软件的发展经历了三个阶段。

（1）程序设计时代（1946～1956 年）。这阶段采用“个体生产方式”，即软件开发完全依赖于程序员个人的能力水平。

（2）程序系统时代（1956～1968 年）。由于软件应用范围及规模的不断扩大，个体生产已经不能够满足软件生产的需要，一个软件需要由几个人协同完成，此阶段采用“生产作坊式”的方式。该阶段的后期，随着软件需求量、规模及复杂度的增大，生产作坊的方式已经不能适应软件生产的需要，出现了所谓的“软件危机”。

（3）软件工程时代（1968 年至今）。这阶段的主要任务是克服**软件危机**，适应软件发展的需要，采用了“工程化的生产”方式。

19 世纪 60 年代由于软件需求量增大，软件的规模越来越大，复杂度不断增加，而软件开发过程是一种高密集度的脑力劳动，软件开发的模式、技术不能适应软件发展的需要，致使大量低劣的软件涌向市场，还有些软件花费了大量人力、财力，却在开发过程中夭折。**软件危机（software crisis）**即指软件开发和维护过程中所遇到的这一系列严重问题。

案例 1：IBM 公司的 OS/360，共约 100 万条指令，花费了 5000 多个人年；经费达数亿美元，而结果却令人沮丧，错误多达 2000 个以上，系统根本无法正常运行。OS/360 系统的负责人 Brooks 这样描述开发过程的困难和混乱：“……像巨兽在泥潭中做垂死挣扎，挣扎得越猛，泥浆就沾得越多，最后没有一个野兽能够逃脱淹没在泥潭中的命运。……”

案例 2：1963 年，美国飞往火星的火箭因为一个软件错误而爆炸。

案例 3：1967 年 8 月 23 日，苏联“结盟一号”载人宇宙飞船，也由于忽略了一个小数点，在进入大气层时因打不开降落伞而烧毁。

2. 软件工程的定义

为了克服软件危机，在 1968 年北大西洋公约的软件可靠性会议上，首次提出了“软件工程”的概念，提出了在软件生产中采用工程化的方法及一系列科学的、现代化的方法技术来开发软件。随着软件产品的系列化，以及软件开发的工程化、标准化和产业化，软件工程学逐渐成为软件产业发展的重要理论技术基础。

1983 年美国《IEEE 软件工程标准术语》对软件工程的定义为：软件工程是开发、运行、维护和修复软件的系统方法。

1993 年，IEEE 对软件工程的定义为：软件工程是将系统化的、规范化的、可度量的方法应用于软件的开发、运行和维护过程，即将工程化应用于软件中的方法的研究。

软件工程的主要目标是生产具有正确性、可用性及开销合宜的软件产品，即“以较少的投资获取较高质量的软件”。**正确性**是指软件产品达到预期功能的程度。**可用性**指相对用户而言的软件可用程度。**开销合宜**是指软件开发、运行及维护等全部开销满足用户要求的程度。

软件工程是一个最终满足用户需求且达到工程目标的围绕软件产品生产的一系列活动，主要包括需求分析、软件设计、软件实现、确认及维护等。同时它又是一门新兴的边缘学科，涉及的学科多，研究的范围广。归结起来，软件工程研究的主要内容有两个方面：①软件开发技术，包括软件开发方法、技术和 Case 工具及环境、软件管理技术；②软件规范（国际规范），包括软件开发技术规范。

7.1.2 软件工程过程与软件生命周期

软件工程包括三个要素：过程、方法和工具。

软件工程过程（software engineering process）是指在软件工具的支持下，所进行的一系列软件工程活动。

软件工程方法是完成软件开发各项任务所采用的技术方法，为软件开发提供了“如何做”的技术。

软件工具为软件开发提供自动化或半自动的软件支撑环境。

1. 软件工程过程

软件工程过程通常包括以下几类过程。

（1）主要过程：获取、供应、开发、运行、维护。

（2）支持过程：文档编制、配置管理、质量保证、验证、确认、联合评审、审核、问题解决。

（3）组织过程：管理、基础设施、改进、培训。

2. 软件生命周期

如同任何其他事物一样，软件也有一个孕育、诞生、成长、成熟、衰亡的生存过程，称之为**软件生命周期**。一般说来，软件生命周期由软件定义、软件开发和软件维护三个时期组成，每个时期又可进一步划分成若干个阶段，如图 7-1 所示。

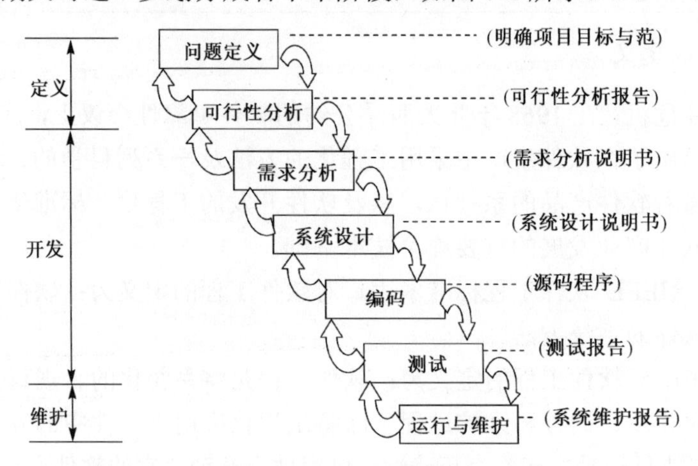

图 7-1　软件生命周期各阶段

1）软件定义时期

（1）问题定义：这是软件生命周期的第一个阶段，主要任务是弄清用户要计算机解决的问题是什么。问题定义阶段是软件生命周期中最简短的阶段，一般只需一天甚至更少的时间。

（2）可行性分析：是为前一阶段提出的问题寻求一种或多种在技术上可行，在经济上有较高效益的解决方案。

2）软件开发时期

（1）需求分析：弄清用户对软件系统的全部需求，主要是确定目标系统必须具备哪些功能。

（2）总体设计：设计软件的结构，即确定程序由哪些模块组成以及模块间的关系。

（3）详细设计：针对单个模块的设计。

（4）编码：按照选定的语言，把模块的过程性描述翻译为源程序。

（5）测试：通过各种类型的测试（及相应的调试）使软件达到预定的要求。

3）软件维护时期

运行维护是软件生命周期中最后一个阶段。维护的任务，是通过各种必要的维护活动使系统持久地满足用户的需要。一般的维护活动有四类。

（1）改正性维护，即诊断和改正在系统使用过程中发现的软件错误。

（2）适应性维护，即修改软件以适应环境的变化。

（3）完善性维护，即根据用户的要求改进或扩充软件功能，使它更完善。

（4）预防性维护，即修改软件为将来的维护活动预先做好准备。

每一项维护活动都应该准确地记录下来，作为正式的文档资料加以保存。

7.2　程序设计语言

程序设计语言，通常简称为编程语言，是一组用来定义计算机程序的语法规则。它是一种被标准化的交流技巧，用来向计算机发出指令。指令是能被计算机直接识别与执行的指示计算机进行某种操作的命令，CPU 每执行一条指令，就完成一个基本运算。

程序员能够通过算法，描述解决问题的一般过程，利用程序设计语言把算法准确地定义为计算机所需要使用的数据，并精确地定义在不同情况下所应当采取的行动。算法是对特定问题求解步骤的一种描述，可用自然语言、框图、高级程序设计语言或类程序设计语言来描述。算法的最终实现用程序设计语言。

例：求整型数组元素中的最小值的算法描述

求解思路（算法描述）采用类似“打擂”的方法。具体操作步骤如下。

第一步：设擂主，把数组首元素 A[0]设为擂主，即 A[0]为最小数，以 min 表示，min=A[0]。

第二步：从第二个元素 A[1]开始依次与 min 比较，如果比 min 小，则该元素替换 min 中的元素，否则比较下一个，直至最后一个元素。

第三步：输出最小数 min。

通过以上算法分析，可以明确问题解决的一般思路，为实现求解并输出最小值，下一步便是将算法转换成程序，即使用程序设计语言实现算法描述问题。

程序设计语言随着计算机的发展而不断地发展，大致经历了五代。

（1）机器语言，是第一代计算机语言。由计算机硬件系统可以识别的二进制编码（0/1 编码）表达各种操作的语言称为机器语言。机器语言程序繁琐、难记忆、难调试、难修改、通用性差。计算机发展初期，软件工程师们只能用机器语言来编写程序，这一阶段，在人类自然语言和计算机编程语言之间存在着巨大的鸿沟。

（2）汇编语言，是一种符号语言，采用比较容易识别、记忆的助记符替代特定的二进制串来表达指令功能。通过助记符人们能较为方便地调试和维护程序，但计算机无法识别这种助记符，需要一个专门的程序将其翻译成机器语言，这种翻译程序被称为汇编程序。汇编语言的一条指令对应一条机器语言，本质上与机器语言性质一样，其仍然是一种繁琐、通用性差的语言。机器语言与汇编语言统称为低级语言。

（3）高级语言，是一种用能表达各种意义的“词”和“数学公式”按一定的“语法规则”编写程序的语言，也称为高级程序设计语言或算法语言。它更接近于人类的语言习惯，独立于具体的机器，通用性好。第一个高级语言是 1954 年问世的 FORTRAN 语言，经过半个多世纪的发展，目前已有几百种高级语言。高级语言的发展经历了从早期的结构化程序设计语言到面向对象程序设计语言的过程。

结构化程序设计语言的显著特征是代码和数据的分离，即程序的各个部分除了必要的信息交流外彼此独立。这种结构化方式可使程序层次清晰，便于使用、维护及调试。常见的结构化程序设计语言有 C 语言。C 语言是以函数形式提供给用户的，这些函数可方便地调用，并具有多种循环和条件语句实现控制程序流向，从而使程序完全结构化。

20 世纪 70 年代末期，随着计算机应用领域的不断扩大，对软件技术的要求越来越高，结构化程序设计语言和结构化程序设计方法无法满足用户需求的变化，其代码可重用性差、可维护性差、稳定性差、难以实现等缺点也日益显露出来。

为了使计算机更易于模拟现实世界，1967 年挪威计算中心的 Kisten.Nygaard 和 Ole.Johan Dahl 开发了 Simula67 语言，它提供了比子程序更高一级的抽象和封装，引入了数据抽象和类的概念，被认为是第一个面向对象程序设计语言。**面向对象语言**符合人类考虑及解决问题的习惯，所以其一经问世便得到广泛应用，目前常见的面向对象语言有 C++、Java、Self、Eiffl 等。

（4）极高级语言（面向问题语言），面向问题的语言也叫做第四代语言（4GL），虽然这种语言需要更多的计算机能力，但是第四代语言更加面向用户，它可以让用户使用比过程语言更少的命令来开发程序。报告生成器、查询语言、应用程序生成器是三类常见的面向问题语言。

（5）自然语言有两种，第一种由普通的人类语言所组成，第二种是由编程语言所组成，这些编程语言使用人类语言，为人与计算机提供更为自然的连接。自然语言允许将问题和命令设计成对话的方式或选择的方式。

自然语言是人工智能研究领域的一部分。人工智能（AI）是一组相关的技术，被用来发展机器模仿人类特性的能力，如学习、推理、交流、看和听等。

7.3 C 语 言

C 语言是 1972 年由美国的 Dennis Ritchie 设计发明的，并首次在 Unix 操作系统的 DEC PDP-11 计算机上使用。它由早期的编程语言 BCPL（basic combind programming language）发展演变而来。

C 语言既具有一般高级语言特性，又具有低级语言特性，因此也被称为中级语言。C 语言简洁、紧凑，使用方便、灵活，适合于多种操作系统，同时也适用于多种机型。既可用于系统软件的开发，又适用应用软件的开发。此外，还具有效率高、可移植性强等特点。

1. 一个简单的 C 语言程序

由键盘输入圆柱底面的半径和高，计算圆柱体的体积。（注：圆柱体体积=π×r×r×h）

程序设计如下：

```
① #define PI 3.1415926          /*定义一个常量 PI，相当于公式中的π*/
② float Volm(float r， float h) /*定义返回值为实型的Volm函数,用于计算圆柱体体积*/
③{float r，h;                   /*定义了两个实型变量，r 为半径，h 为高*/
float x;                        /*定义了一个实型变量 x 来返回圆柱体体积*/
④x=PI×r×r×h;                   /*求圆柱体体积*/
return x; }                     /*返回 x 值*/
⑤ main()                        /*定义主函数*/
{float Radius，Height，Volume;  /*定义三个实型变量，Radius 为半径，Height
                                  为高，Volume 为体积*/
⑥ scanf(“%f%f”，&Radius ，&height);   /*输入半径、高的值*/
⑦ Volume=Volm(Radius，Height);        /*调用 Volm 函数求圆柱体体积*/
⑧ printf(“Volume of cylinder is :%f\n”，Volume); } /*输出圆柱的体积*/
```

2. 例程分析（C 语言基本语法结构）

1）#define

C 语言程序，通常由带有#号的编译预处理语句开始，#define PI 3.1415926 相当于预定义了一个常量 PI=3.1415926（π），在程序段中使用 PI，相当于使用 3.1415926。

2）float Volm(float r，　float h)

此语句中，float 为数据类型。数据既是计算机程序处理的对象，也是运算产生的结果。对数据进行处理之前必须先存放在内存中，不同类型的数据在内存中的存放格式是不同的，即不同类型的数据所占内存长度不同，数据的表达形式也不同。

C 语言中，数据类型大体可分为基本类型、构造类型和指针类型三大类，如图 7-2 所示。

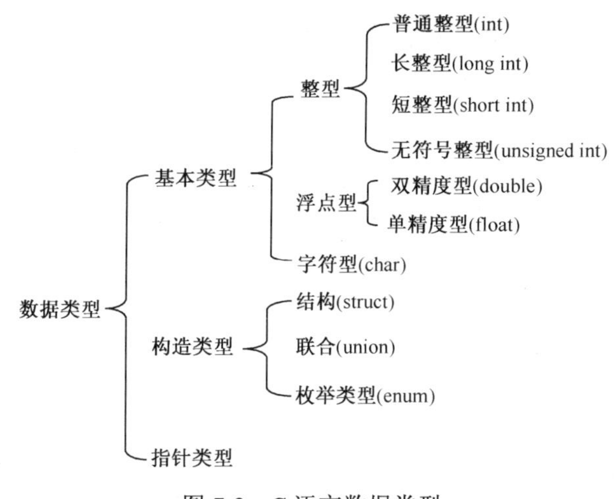

图 7-2　C 语言数据类型

float Volm(float r，float h)为函数定义。程序设计时，当代表同一操作的语句段在同一程序中多次出现时程序结构就会变差，为了避免重复劳动，精简程序结构，减少程序录入错误，将重复调用的程序段独立出来设计成一个函数模块，然后通过调用的方法来使用函数。在主程序中直通过函数名进行函数调用，如例程中的第⑦行 Volume=Volm(Radius，Height)。

C 语言中函数定义的语法格式：

```
函数类型 函数名（[形式参数列表]）
{
   函数体
}
```

注：形式参数代表函数的自变量类型，多个参数之间用逗号分隔。

数据在内存中有两种表示形式，即常量和变量。**常量**是指在程序运行过程中其值保持不变量；**变量**是指在程序运行过程中其值可发生变化的量。

（1）常量，C 语言程序中，一般常量可不用说明直接引用，符号常量（用标识符代表一个常量）使用之前必须先定义。

符号常量定义形式：

```
#define 标识符   值常量    /*符号常量的定义*/
```

例程中第①行 π 的定义：#define PI 3.1415926 则为符号常量的定义，其中 PI 为符号常量。

（2）变量，C 语言程序中，变量在使用前必须加以说明。一条变量说明语句由数据类型和其后的一个或多个变量名组成。变量名实际上是以一个名字对应代表一个地址，在对程序编译连接时由编译系统给每一个变量名分配对应的内存地址。从变量中取值，实际上是通过变量名找到相应的内存地址，从该存储单元中读取数据。

变量定义形式如下。

```
数据类型 变量名列表；/*多个同类型变量间用逗号分隔*/
```

例程中第③行：float r，　h;则为变量定义，r 和 h 是两个浮点类型变量。

第④行 x=PI×r×r×h; 为一个算术表达式语句，用于计算圆柱体体积，并将计算结果赋给变量 x（赋值语句）。

3. C 语言运算符

C 语言中算术表达式由算术运算符和运算数组成，用于完成相应算术运算。C 语言中**运算符**分为以下几类。

（1）算术运算符，用于各类数据值运算，包括：+（加/取正）、-（减/取负）、*（乘）、/（除）、%（求余）、++（自增 1）、--（自减 1）。算术运算具有一般数学运算特性，既具有运算优先级也具有结合性。

（2）关系运算符，用于比较运算，包括：<（小于）、>（大于）、<=（小于等于）、>=（大于等于）、==（等于）、!=（不等于）。关系运算表达式都是双目运算，其值为布尔类型（真（1）、假（0））。

（3）逻辑运算符，用于逻辑运算，包括：!（逻辑非）、&&（逻辑与）、||（逻辑或）。逻辑运算表达式值为布尔类型（真（1）、假（0））。

（4）赋值运算符，用于赋值运算，分为简单赋值（=）、复合算术赋值（+=、-=、*=、/=、%=）。

（5）条件运算符，用于条件求值，是一个三目运算符（？：）。

（6）指针运算符，用于取内容（*）和取地址（&）两种运算。

其他运算符：位操作运算符、逗号运算符、位操作运算赋值、求字节数运算符及用于完成特殊任务的运算符（括号（）、下标[]等）。

4. 语句

语句是组成程序的基本单元，每一条语句用来完成一个特定的操作。

C 语言中的常用语句有以下几种。

（1）赋值语句：变量=表达式；　　/* =为赋值号 */

（2）复合语句：将若干连续的语句（语句中间用分号隔开）用一对大括号{}括起来，就构成复合语句，复合语句被系统视为一条语句。

（3）输入语句：如例程中第⑥行输入两个变量值 scanf("%f%f"，&Radius ，&height);

（4）输出语句：如例程中第⑧行，输出结果 printf("Volume of cylinder is :%f\n"，Volume);

（5）函数调用：如例程中第⑦行 Volume=Volm(Radius，Height);

5. C 语言中程序基本结构

从程序的执行流程看，程序可分为三种基本结构：顺序结构、选择结构、循环结构。

（1）顺序结构：程序执行呈直线型，从第一条开始，依次向下执行各条语句。

（2）选择结构：根据不同情况选择不同处理的执行过程。

C 语言中主要有两种基本选择结构。

①if... else 型。

```
if(表达式)
    语句 1;
else
    语句 2;
```

②switch。

```
switch(表达式)
 {case 常量表达式 1:
       语句组 1;
       break;
  case 常量表达式 2:
       语句组 2;
       break;
       ...
default:
   缺省语句组;
}
```

（3）循环结构：主要用于解决当符合某个特定条件时需要重复执行某一操作的问题。

①while 型。

```
While(表达式)
  {
    循环体;
}
```

②do... while。

```
do
{
     循环体;
}While(表达式);
```

③for。

```
for(表达式 1; 表达式 2; 表达式 3)
{
  循环体;
}
```

每一个 C 语言程序有且只有一个 main()主函数（例程中第⑤行）。C 语言有着丰富的函数库，程序设计时可直接调用或自定义函数来简化编程工作量，便于阅读和理解。注释用来向用户提示或解释程序的意义，C 语言中的注释符是以“/*”开头并以“*/”结尾的串（如/* =为赋值号*/）在其之间的为注释信息，程序编译时，不对注释作任何处理。C 语言中通过三种基本结构可实现复杂的应用功能，建议同学们通过学习《C 语言程序设计》来强化 C 语言的学习。

本 章 小 结

计算机系统由计算机硬件系统和计算机软件系统两大部分组成。软件是计算机系统中与硬件相互依存的一部分，它是包括程序、数据及其相关文档的完整集合。软件开发是一个系统工程，需要借助一系列工具、应用开发语言，遵循一定的开发方法、使用良好的开策略来实现，这就需要软件工程的思想来指导软件开发全过程。本章围绕软件开发工作，首先引入了软件、软件工程的定义，介绍了软件的产生、历程，软件工程的产生、方法、策略；其次通过简单例程分析，介绍了常用的 C 语言的语法结构，使同学们对计算机语言有所了解和认识。通过本章的学习使同学们了解什么是软件，什么是计算机语言，为今后更深入的学习奠定良好基础。

本 章 习 题

一、巩固理论

1．什么是软件、软件工程？

2．软件生命周期是指什么？

3．计算机语言分为几代，各代语言有什么特点？

二、实践演练

请用 C 编写一个“百钱买百鸡的问题”程序。

问题描述：古代市场上 5 文钱可以买 1 只公鸡，2 文钱可以买 1 只母鸡，1 文钱可以买 3 只小鸡，现用 100 文钱买 100 只鸡，请问可以有几种买法？

三、知识拓展

1．搜索第五代语言相关资料，了解此类语言特点，用途及发展。

2．调查目前软件公司最热门的开发工具及程序设计语言有哪些。

第 8 章　多媒体技术基础

本章学习目标

- 了解多媒体和多媒体技术的概念
- 了解多媒体技术的特点
- 掌握几种常用多媒体软件的基本功能

随着计算机软硬件技术的发展以及声音、视频处理技术的成熟，众多的多媒体产品已经应用到各个领域中，它使得计算机除了能处理文字、数据等信息以外还可以处理声音、图像、视频等信息，大大增强了计算机的应用深度和广度。多媒体技术的发展与成熟为计算机应用翻开了新的一页，必将对整个社会带来深远的影响。

8.1　认识多媒体技术

8.1.1　多媒体的概念

媒体是信息表示、信息传递和信息存储的载体。在计算机领域中，媒体有两种含义，即信息的载体和存储信息的实体，如文本、图形、图像、动画、音频和视频等是用来表示信息的载体，而纸张、磁带、磁盘、光盘和半导体存储器等都是存储信息的实体。目前媒体可分为感觉媒体、表示媒体、显示媒体、存储媒体和传输媒体五大类。

多媒体即文本、图形、图像、动画、音频和视频等媒体信息，它是融合两种或者两种以上感觉媒体的一种人机交互式信息交流和传播媒体，是多种媒体信息的综合。

多媒体信息包括以下多种媒体元素。

（1）文本。文本是以文字和各种专用符号表达的信息形式，它是现实生活中使用得最多的一种信息存储和传递方式。用文本表达信息给人充分的想象空间，它主要用于对知识的描述性表示，如阐述概念、定义、原理和问题以及显示标题、菜单等内容。

（2）图像。图像是多媒体软件中最重要的信息表现形式之一，它是决定一个多媒体软件视觉效果的关键因素。常见的图像格式主要有 BMP、JPEG、GIF、PSD，其中 PSD 是 Photoshop 专用格式，支持图层、通道存储等功能。

（3）动画。动画是利用人的视觉暂留特性，快速播放一系列连续运动变化的图形图像，也包括画面的缩放、旋转、变换、淡入淡出等特殊效果。通过动画可以把抽象的内容形象化，使许多难以理解的教学内容变得生动有趣，合理使用动画可以达到事半功倍的效果。

（4）声音。声音是人们用来传递信息、交流感情最方便、最熟悉的方式之一。在多媒体课件中，按其表达形式，可将声音分为讲解、音乐、效果三类。

（5）视频影像。视频影像具有时序性与丰富的信息内涵，常用于交代事物的发展过程。视频非常类似于电影和电视，有声有色，在多媒体中充当重要的角色。

多媒体技术是将文本、图形、图像、动画、音频和视频等多种媒体信息通过计算机进行数字化采集、获取、压缩或解压缩、编辑、存储等加工处理，使多种媒体信息建立逻辑连接，集成为一个系统并具有交互性。简而言之，多媒体技术就是利用计算机综合处理图、文、声、像信息的技术。

8.1.2　多媒体系统

一个多媒体系统包括硬件系统和软件系统两部分，硬件是基础，软件是灵魂。多媒体硬件系统包括计算机、多媒体板卡及其他多媒体设备。多媒体软件系统包含系统软件和应用软件。系统软件具有一般系统软件的特点外，还反映了多媒体技术的特点，如数据压缩、媒体硬件接口的驱动、新型交互方式等，其主要包括多媒体驱动软件、多媒体操作系统和多媒体开发工具等，常用的多媒体工具主要包括三类，即图像处理、动画制作和视频编辑。多媒体应用软件又称多媒体应用系统或多媒体产品，它是由各种应用领域的专家或开发人员利用多媒体编程语言或多媒体创作工具编制的最终多媒体产品，是直接面向用户的，包括多媒体教学软件、培训软件、声像俱全的电子图书等。

8.2　使用 Photoshop 制作广告

Photoshop 是美国 Adobe 公司推出的大型图像处理软件，它在图形图像处理领域拥有毋庸置疑的权威。Photoshop 已成为平面广告设计、室内装潢和个人照片处理不可或缺的工具，其最大的特点是功能强大且操作自由。

8.2.1　认识 Photoshop

Photoshop 中最常用的对象是工具栏，其包含多种常规操作工具，如选框工具、移动工具、套索工具、魔术棒工具、修复工具和仿制图章工具。每种工具在图像处理中都发挥着重要作用。为提高图像处理效率，快捷键操作方式常常被频繁使用。

常用的快捷键操作命令如下所述。

（1）取消选区：Ctrl＋D。

（2）反选选区：Shift+F7。

（3）复位调板：窗口→工作区→复位调板位置。

（4）Ctrl+[+，–]=图像的缩放。

（5）空格键：抓手工具。

（6）Atl+Delete = 用前景色填充。

（7）Ctrl+Delete = 用背景色填充。

（8）自由变换工具：Ctrl+T。

（9）用前景色来填充：Alt+Delete。

（10）用背景色来填充：Ctrl+Delete。

（11）[ ] ：中括号，可控制画笔工具笔刷的大小。

（12）Shift + [ ]：可控制画笔工具笔刷的硬度。

（13）Shift + 画笔工具：可绘制出直线。

8.2.2 一个简单的制作实例

Photoshop 是广告公司制作平面广告的主流工具，本节将通过一个“橙汁广告”的制作过程，带领大家走进 Photoshop 的世界。制作完成的效果图如图 8-1 所示。

图 8-1 橙汁广告效果图

1. 制作背景图像

（1）按 Ctrl＋N 键，新建一个文件：宽度为 21cm，高度为 15cm，分辨率为 300 像素/英寸，颜色模式为 RGB，背景内容为白色，单击“确定”按钮。

（2）选择“渐变”工具，单击属性栏中“编辑渐变”按钮，弹出“渐变编辑器”对话框，将渐变色设为从黄色（其 R、G、B 的值分别为 254、221、99）到橙色（其 R、G、B 的值分别为 238、121、0），如图 8-2 所示，单击“确定”按钮。在属性栏中选择“径向渐变”按钮，在“背景”图层中由下至上拖曳渐变色。

（3）单击“图层”控制面板下方的“创建新组”按钮，生成新的图层组并将其命名为“背景高光”。新建图层并将其命名为“线条模糊”。选择“椭圆选框”工具，在图像窗口中绘制一个椭圆选区。将背景色设为白色，按“Ctrl+Delete”键，用背景色填充选区，按“Ctrl+D”键，取消选区。

（4）选择“滤镜”→“模糊”→“动感模糊”命令，在弹出的对话框中进行设置，如图 8-3 所示，单击“确定”按钮。按多次 Ctrl+F 键，重复执行上次滤镜命令。

（5）选择“窗口”→“动作”命令，弹出“动作”控制面板，单击控制面板下方的“创建新动作”按钮，在弹出的对话框中进行设置，单击“记录”按钮。

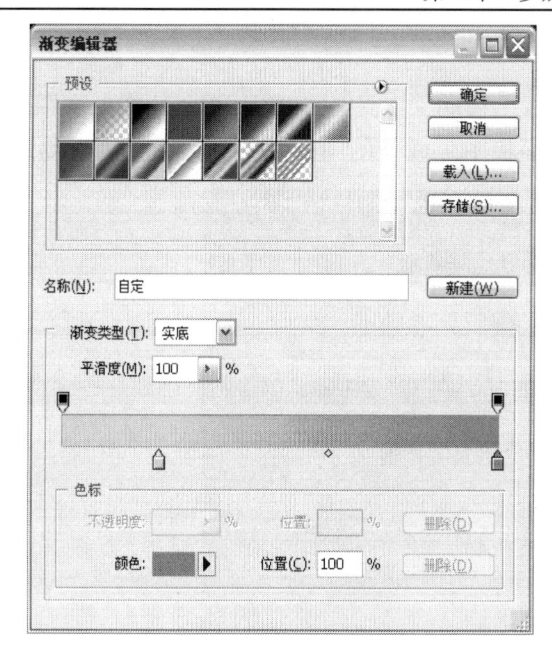

图 8-2　渐变色设置

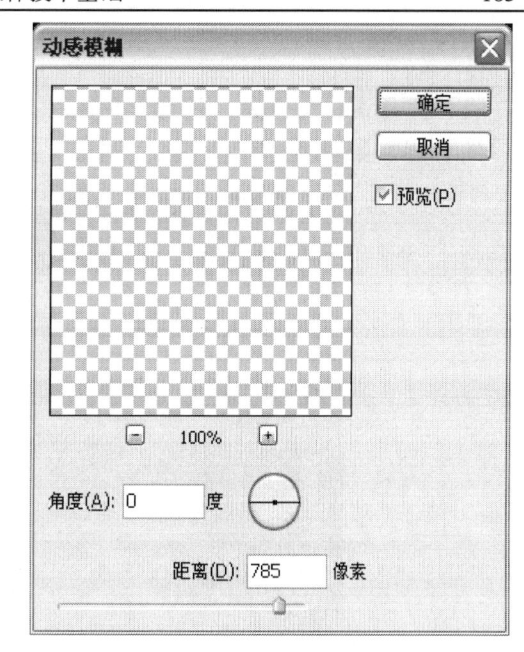

图 8-3　动感模糊设置

（6）将“线条模糊”图层拖曳到控制面板下方的“创建新图层”按钮上进行复制，生成新的图层“线条模糊 副本”。按 Ctrl+T 键，图形周围出现控制手柄，拖曳鼠标将其旋转到适当的角度，按 Enter 键确定操作。

（7）单击“动作”控制面板下方的“停止播放/记录”按钮，停止记录动作。多次单击“动作”控制面板下方的“播放选定的动作”按钮，图像效果。

（8）在“图层”控制面板中选中“背景高光”图层组，选择“移动”工具，在图像窗口中拖曳鼠标将图形移动到窗口的右下方。按 Ctrl+T 键，在图形周围出现控制手柄，拖曳鼠标调整图形的大小，效果如图 8-4 所示。

图 8-4　背景效果图

2. 编辑图片

（1）打开素材文件夹，找到人物图片，选择“移动”工具，将人物图片拖曳到图像窗口的右侧，如图 8-5 所示，在“图层”控制面板中生成新的图层并将其命名为“人物”。

图 8-5　添加广告人物

（2）单击“图层”控制面板下方的“添加图层样式”按钮，在弹出的菜单中选择“外发光”命令，将“发光颜色”设为白色，其他选项的设置，如图 8-6 所示，单击“确定”按钮。

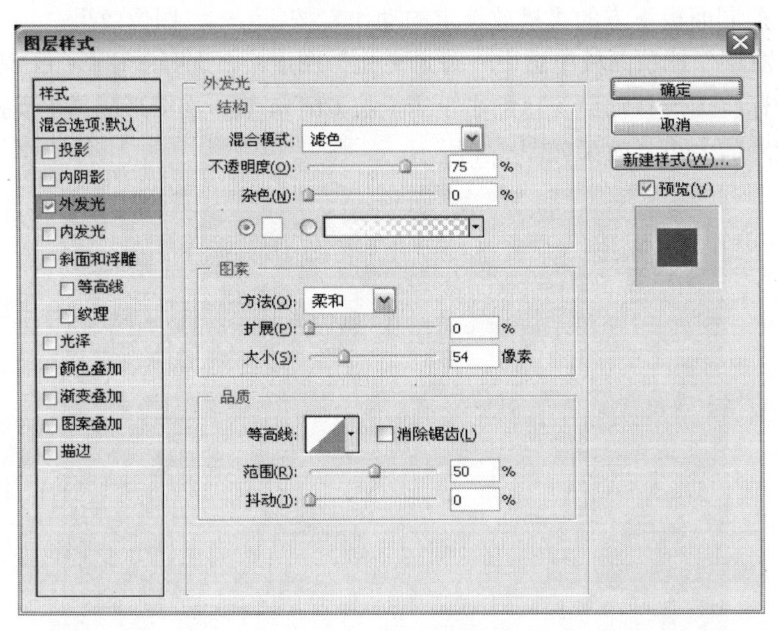

图 8-6　图层样式设置

（3）将水果素材图片拖曳到图像窗口的下方，在“图层”控制面板中生成新的图层并将其命名为“水果”。

（4）单击“图层”控制面板下方的“创建新组”按钮，生成新的图层组并将其命名为“文字”。选择“移动”工具，将果汁图片拖曳到图像窗口的左侧，在“图层”控制面板中生成新的图层并将其命名为“果汁”。

（5）新建图层并将其命名为“钢笔形状”。将前景色设为白色。选择“钢笔”工具，选中属性栏中的“路径”按钮和“添加到路径区域(+)”按钮，根据样图中白色射线形状在图像窗口的左下方绘制路径，按 Ctrl+Enter 键，将路径转换为选区，按 Alt+Delete 键，用前景色填充选区，按 Ctrl+D 键，取消选区。

3. 添加文字

（1）选择“横排文字”工具，在属性栏中选择合适的字体并设置文字大小，在图像窗口的左上方输入需要的白色文字，在“图层”控制面板中生成新的文字图层。

（2）按 Ctrl+T 键，图像周围出现控制手柄，拖曳鼠标将其旋转到适当的角度，单击 Enter 键确定操作。

（3）单击“图层”控制面板下方的“添加图层样式”按钮，在弹出的菜单中选择“投影”命令，在弹出的对话框中进行设置。选择“斜面和浮雕”选项，切换到相应的对话框，选择“等高线”选项，切换到相应的对话框。

（4）选择“渐变叠加”选项，切换到相应的对话框，单击“点按可编辑渐变”按钮，弹出“渐变编辑器”对话框，在“位置”选项中分别输入 0、48 几个位置点，分别设置几个位置点颜色的 RGB 值为：0（234、80、6），48（255、222、0），单击“确定”按钮，返回到“渐变叠加”对话框，其他选项的设置如图 8-7 所示。

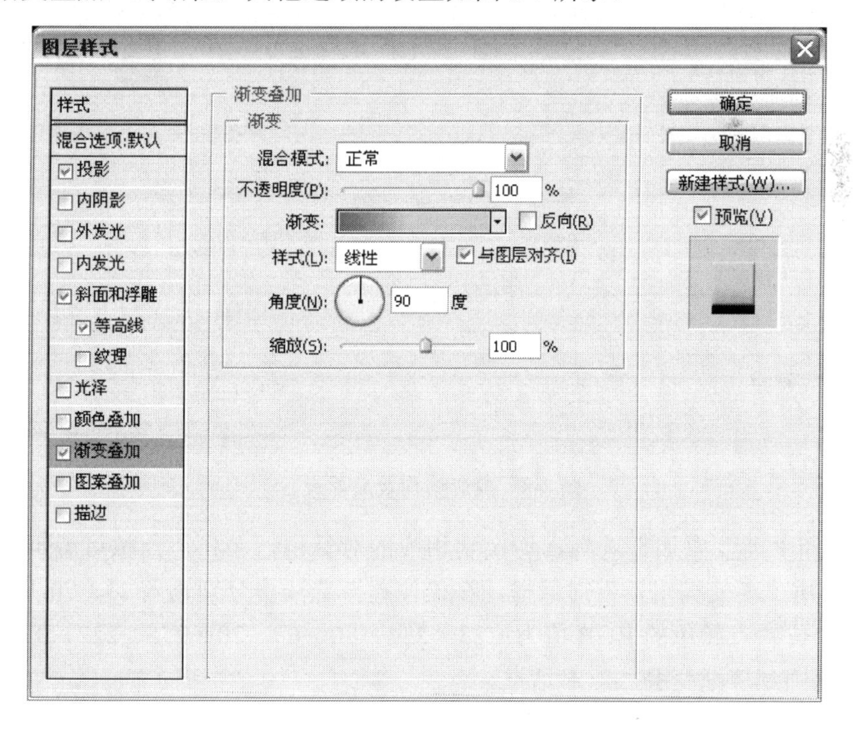

图 8-7　图层设置

（5）选择“描边”选项，切换到相应的对话框，将“效果颜色”设为白色，单击“确定”按钮。

（6）新建图层并将其命名为“高光”。选择“画笔”工具，在属性栏中单击“画笔”选项右侧的按钮，弹出画笔选择面板，选择需要的画笔形状，在“新”文字下方的两侧单击鼠标，添加白色圆形高光。

（7）选择“横排文字”工具，在属性栏中选择合适的字体并设置文字大小，输入需要的白色文字。选取文字，按 Alt+向右方向键，调整文字到适当的间距，在“图层”控制面板中生成新的文字图层。

（8）按 Ctrl+T 键，图像周围出现控制手柄，拖曳鼠标将其旋转至适当的角度，按 Enter 键确定操作。

（9）单击属性栏中的“创建文字变形”按钮，弹出“变形文字”对话框，在“样式”选项的下拉列表中选择“扇形”，切换到相应的对话框，单击“确定”按钮。

（10）单击“图层”控制面板下方的“添加图层样式”按钮，在弹出的菜单中选择“投影”命令，在弹出的对话框中进行设置，如图 8-8 所示。选择“斜面和浮雕”选项，切换到相应的对话框，设置如图 8-9 所示。

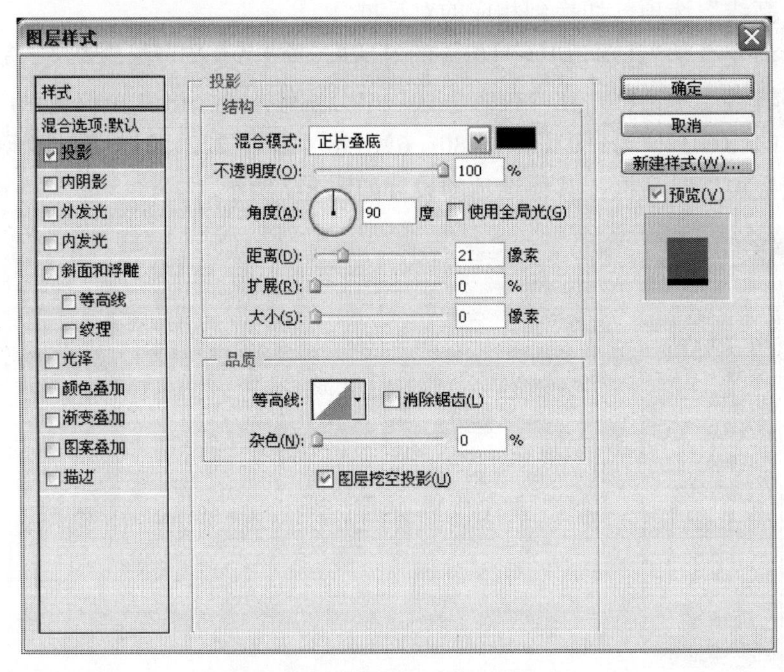

图 8-8　投影结构及品质设置

（11）选择“渐变叠加”选项，切换到相应的对话框，单击“点按可编辑渐变”按钮，弹出“渐变编辑器”对话框，在“位置”选项中分别输入 23、70 几个位置点，分别设置几个位置点颜色的 RGB 值为：23（234、80、6），70（255、222、0），单击“确定”按钮，返回到“渐变叠加”对话框。

（12）选择“描边”选项，切换到相应的对话框，将“效果颜色”设为白色，单击“确定”按钮，文字图层组效果制作完成。

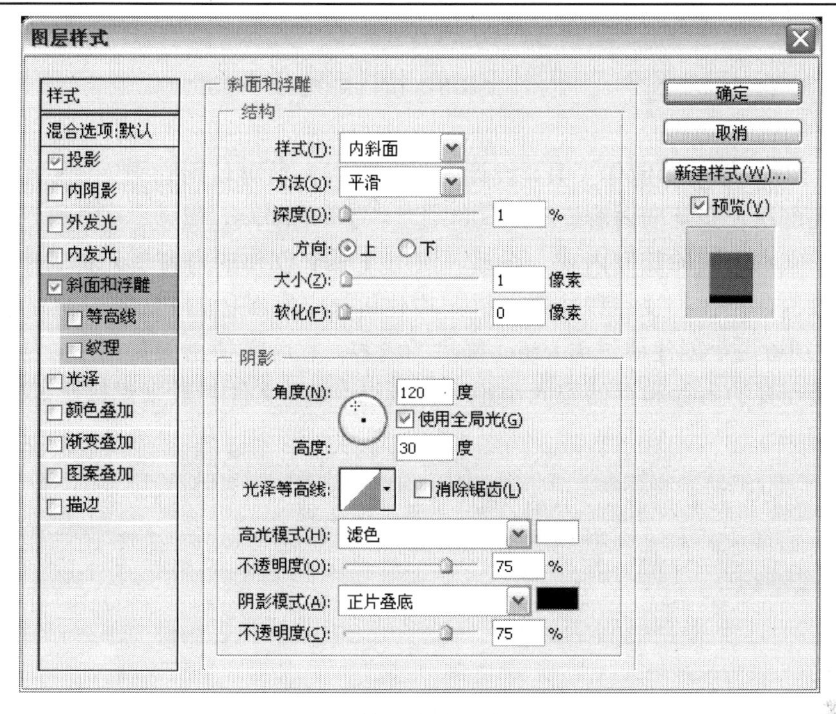

图 8-9　斜面浮雕及阴影设置

4. 添加其他文字和图片

（1）新建图层并将其命名为“圆角矩形”。将前景色设为红色（其 R、G、B 值分别为 238、50、0）。选择“圆角矩形”工具，单击属性栏中的“填充像素”按钮，将“半径”选项设为 40px，在图像窗口的左上角绘制图形。

（2）选择“横排文字”工具，在属性栏中选择合适的字体并设置文字大小，在圆角矩形上分别输入需要的白色文字。分别选取文字，按 Alt + 向右方向键，调整文字到适当的间距，在“图层”控制面板中生成新的文字图层。

（3）新建图层并将其命名为“直线”。将前景色设为白色。选择“直线”工具，单击属性栏中的“填充像素”按钮，将“粗细”选项设为 3px，按住“Shift 键”的同时，在新品上市文字的下方绘制直线。

（4）按 Ctrl＋O 键，打开光盘中的“Ch8”→“素材”→“制作橙汁广告”→“04”文件，选择“移动”工具，将图片拖曳到人物的右侧，在“图层”控制面板中生成新的图层并将其命名为“香橙”。

（5）将“香橙”图层拖曳到控制面板下方的“创建新图层”按钮上进行复制，生成新的图层“香橙 副本”。

（6）按 Ctrl+T 键，图像周围出现控制手柄，调整其大小并将其拖曳到适当的位置，按 Enter 键确定操作。用相同的方法制作另一个香橙图形。

（7）选择“横排文字”工具，在属性栏中选择合适的字体并设置文字大小，在图像窗口的右下角输入需要的白色文字。选取文字，按 Alt + 向右方向键，调整文字到适当的间距，在“图层”控制面板中生成新的文字图层。橙汁广告效果制作完成。

8.3　使用 Flash 制作简单动画

Flash 是一种二维动画创作工具，设计人员和开发人员可使用它来创建演示文稿、应用程序和其他允许用户交互的内容。Flash 可以包含简单的动画、视频、复杂演示文稿和应用程序以及介于它们之间的任何内容。通常，使用 Flash 创作的内容单元称为应用程序。可以通过添加图片、声音、视频和特殊效果，构建包含丰富媒体的 Flash 应用程序。

Flash 特别适用于创建通过 Internet 提供的内容，它广泛使用矢量图形，与位图图形相比，矢量图形需要的内存和存储空间小很多，所以 Flash 文件一般来说较小。Flash 工具界面如图 8-10 所示。

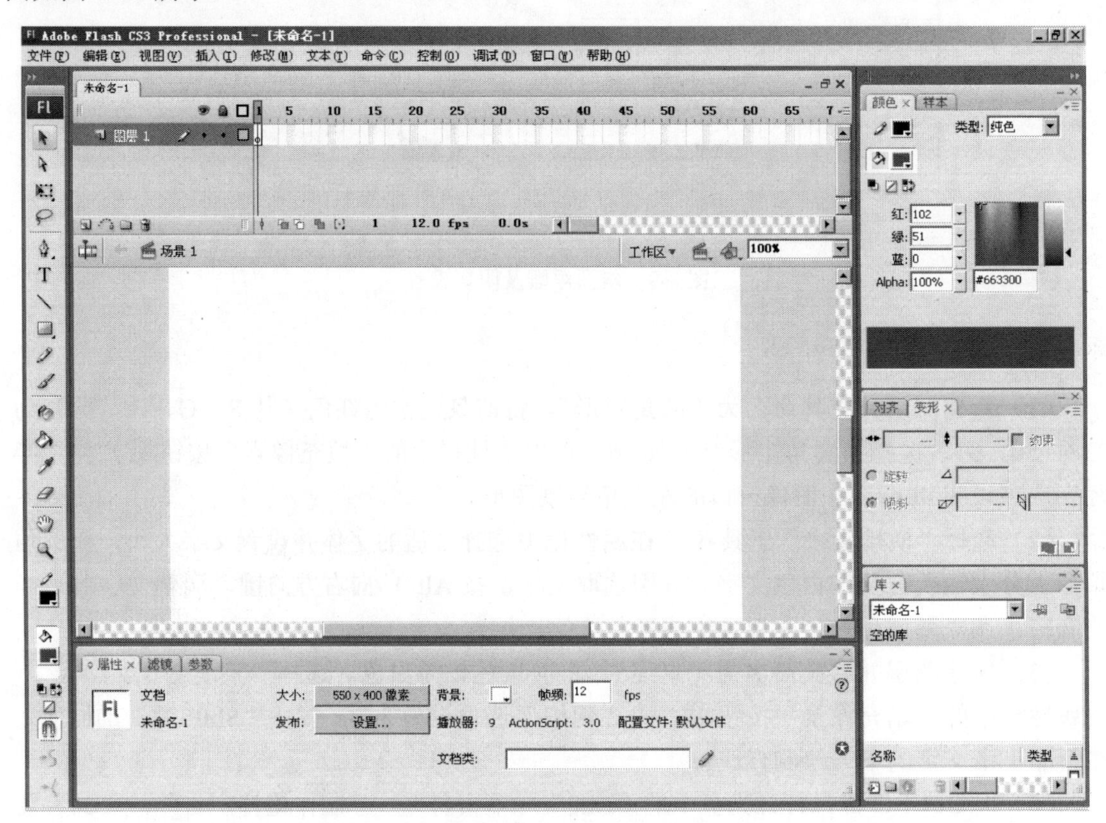

图 8-10　主界面

Flash 是一个简单易用的动画制作工具，常常用来制作 Web 网页中的动画素材，本节将制作一个“地球运动”的小动画，让大家学习 Flash 工具的基本操作。

操作步骤如下。

（1）启动 Photoshop 新建一个大小为 300×300 像素的 8 位 RGB 文件，背景为透明，新建文件属性。

（2）打开“地球.jpg”图片，用“磁性套索工具”勾画好地球选区。

（3）选择“编辑”→“拷贝”菜单命令，再选择“窗口”→“未标题-1”菜单命令，再执行“编辑”→“粘贴”菜单命令。

（4）选择“编辑”→“变换”→“缩放”菜单命令，调整地球的大小和位置，按回车键确定。

（5）择“文件”→“存储为 Web 和设备所用格式（D）”菜单命令，在“存储为 Web 和设备所用格式”对话框中，文件模式选 Gif，其他默认，单击“存储”按钮，打开“将优化结果存储为”对话框，在对话框中选择好文件路径和文件名（地球.gif），单击“保存”按钮，单击“确定”按钮。关闭 Photoshop cs3。

（6）启动 Flash cs3，选择“文件”→“新建”→“Flash 文件”菜单命令，文档属性设置如图 8-11 所示。

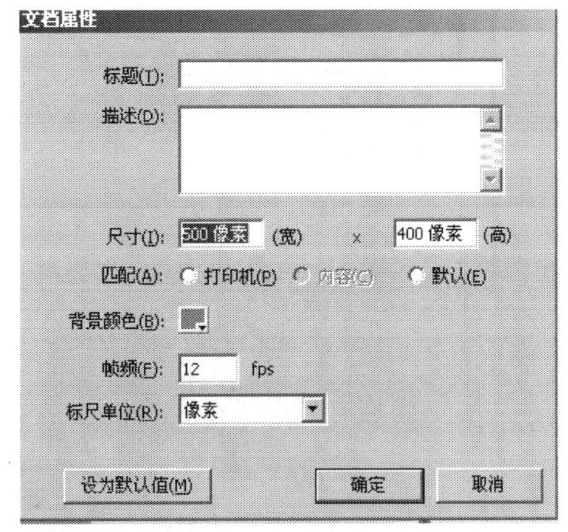

图 8-11　文档属性设置

（7）选择“插入”→“新建元件”菜单命令，在创建新元件对话框中，名称栏输入“自转地球”，类型选“影片剪辑”，单击“确定”。

（8）选择“文件”→“导入”→“导入到库（L）”菜单命令，将“地球.gif”图片导入到库中，将库中的“地球.gif”图片拖入到图层 1 的第 1 帧中，如图 8-12 所示。

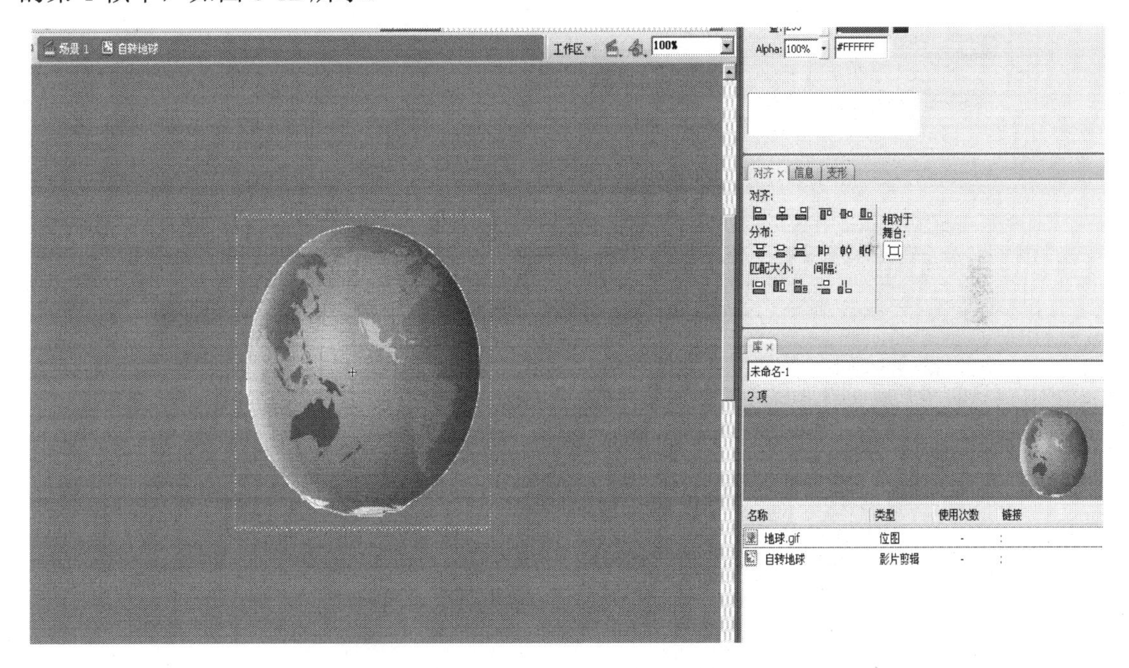

图 8-12　拖入库中的“地球.gif”图片到舞台

（9）在时间轴的第 15 帧处单击鼠标右键，选择“插入关键帧”快捷菜单命令。再选择“修改”→“变形”→“逆时针旋转 90 度”菜单命令。如图 8-13 所示。

在 30 帧处插入关键帧，选择“修改”→“变形”→“逆时针旋转 90 度”菜单命令；在 45 帧处插入关键帧，选择“修改”→“变形”→“逆时针旋转 90 度”菜单命令；在 60

帧处插入关键帧，选择“修改”→“变形”→“逆时针旋转 90 度”菜单命令，如图 8-14 所示。

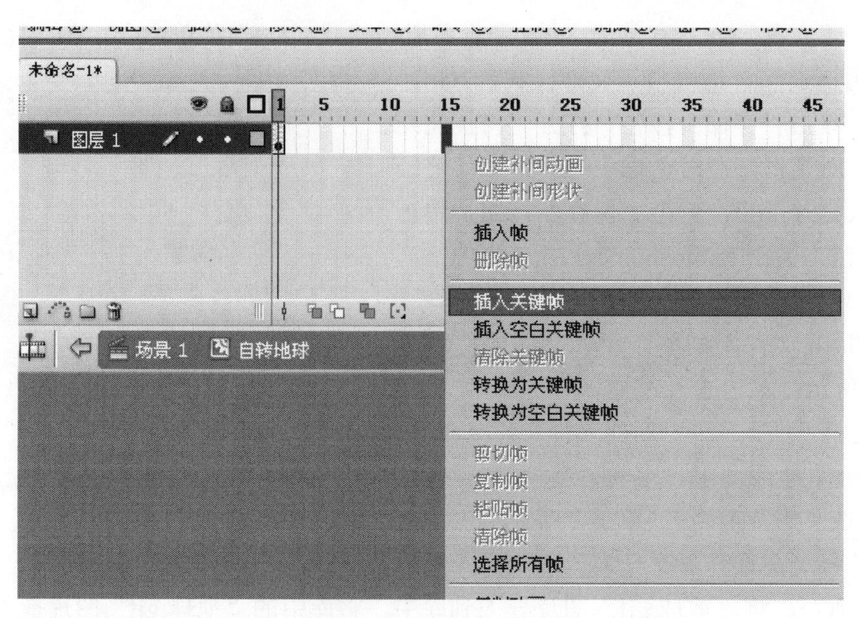

图 8-13　在 15 帧处插入关键帧

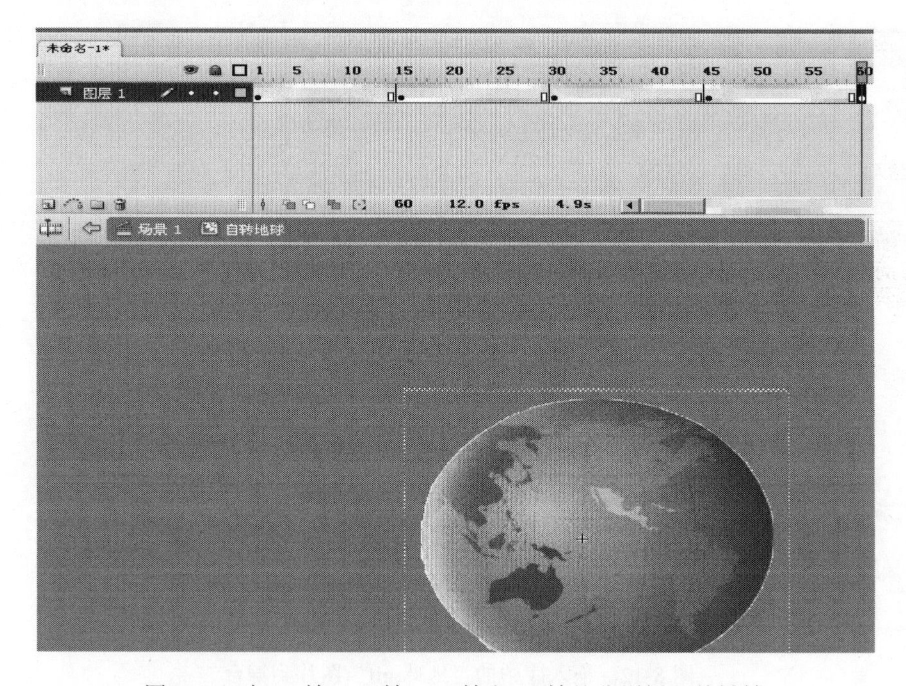

图 8-14　在 15 帧、30 帧、45 帧和 60 帧处分别插入关键帧

（10）鼠标分别选中第 1 帧、15 帧、30 帧和 45 帧，在属性窗口中，补间选“动画”，如图 8-15 所示，选择“控制”→“播放”菜单命令，可观看地球旋转效果。

（11）在时间轴面板单击“插入图层”按钮，插入“图层 2”，设置笔触颜色为无，填充颜色为放射状填充（#cc9966 、#3300ff），颜色面板设置如图 8-16 所示，用椭圆工具画一园 50×50（代表人造卫星），选择“修改-组合”菜单命令，将人造卫星组合；并在图层 2 第 60 帧处插入关键帧。

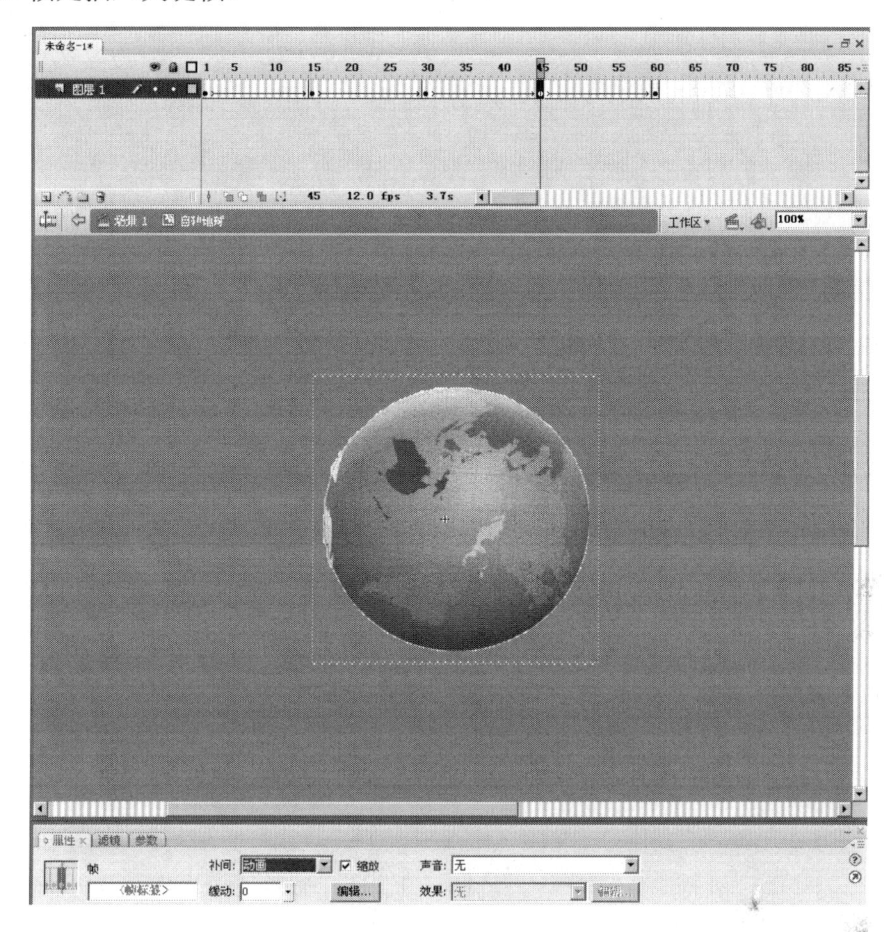

图 8-15　设置补间动画

（12）单击时间面板上的“添加运动引导层”按钮，添加一“引导层”图层，设置填充颜色为无，笔触颜色为任意色，单击“引导层”图层第 1 帧，用椭圆工具画一大小适中的椭圆，再用“橡皮擦工具”擦出一个小口，如图 8-17 所示。

（13）将舞台显示比例暂时设置为 400%，单击图层 2 第 1 帧，单击“任意变形工具”，将“人造卫星”的中心控制点对准椭圆线的起点（可用键盘上下左右移动键），如图 8-18 所示。

（14）单击图层 2 第 60 帧，将人造卫星移动到椭圆线的另一个点（终点）处。

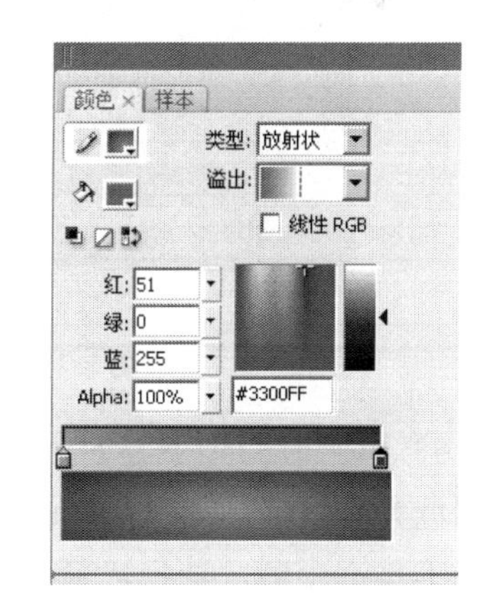

图 8-16　“人造卫星”颜色面板设置

（15）单击图层 2 的第 1 帧，在属性窗口设置补间为“动画”，将舞台显示比例设置为 100%，执行“控制”→“播放”菜单命令，观看动画效果。

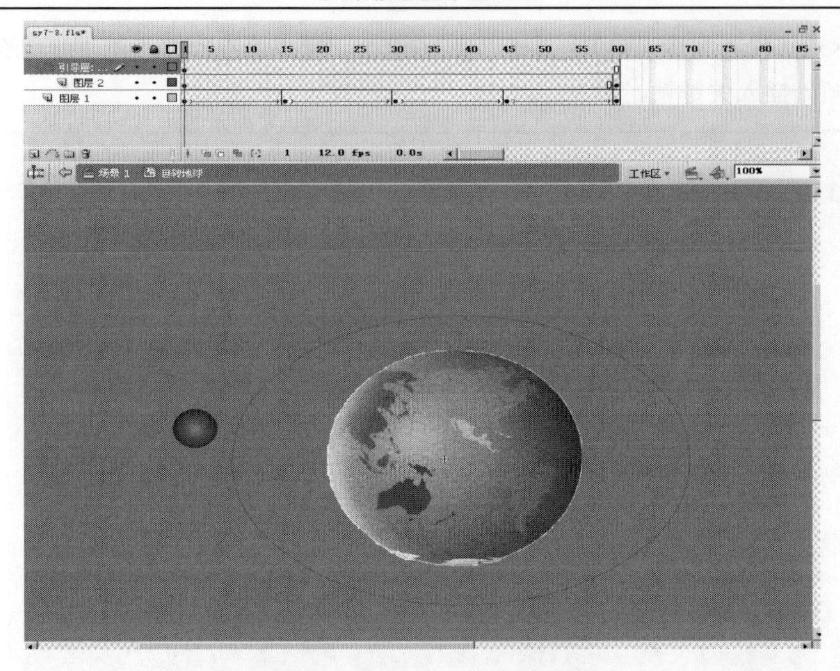

图 8-17 卫星运动引导层椭圆

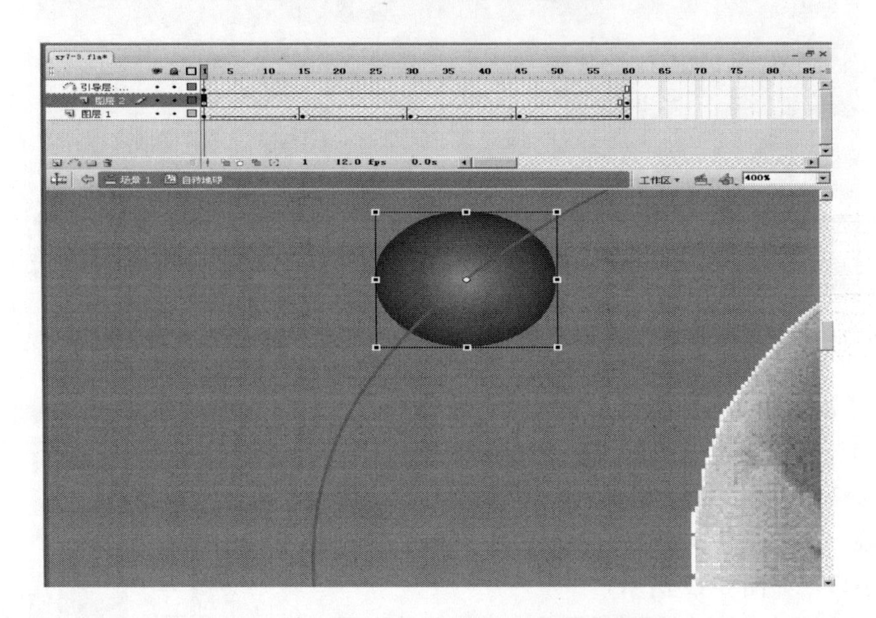

图 8-18 人造卫星中心控制点对准椭圆线起点

（16）单击时间轴下方的“场景 1”按钮，窗口切换到场景 1 中，设置笔触颜色为无，填充颜色为放射状填充（#cc6666 、#ff3333），用椭圆工具画一圆 100×100（代表太阳）。用选择工具选中圆，选择“窗口”→“对齐”菜单命令，在对齐浮动面板中，单击“相对于舞台”按钮，再分别单击“垂直中齐”按钮和“水平中齐”使圆相对于舞台居中。

（17）在时间轴面板单击“插入图层”按钮，插入“图层 2”，将库中的“自转地球”元件拖入到图层 2 的第 1 帧，选择“修改”→“变形”→“任意变形”菜单命令，将地球大小改变为适当大小，如图 8-19 所示，鼠标在空白位置处单击确定。

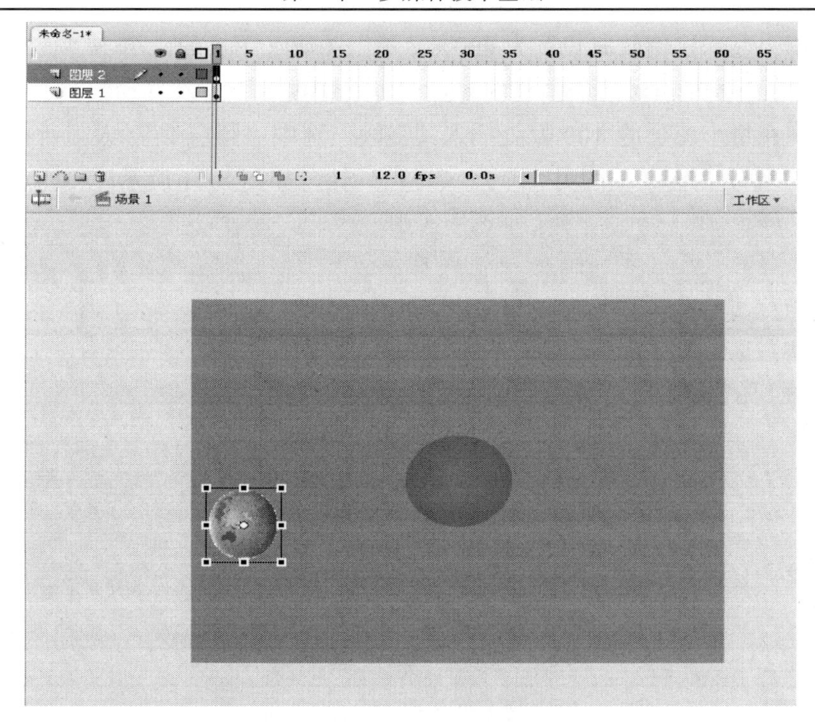

图 8-19　改变地球大小和位置

（18）单击时间面板上的“添加运动引导层” 按钮，添加一“引导层”图层，设置填充颜色为无，笔触颜色为任意色，单击“引导层”图层第 1 帧，用椭圆工具画一大小适中的椭圆，再用“橡皮擦工具”擦出一个小口，如图 8-20 所示。

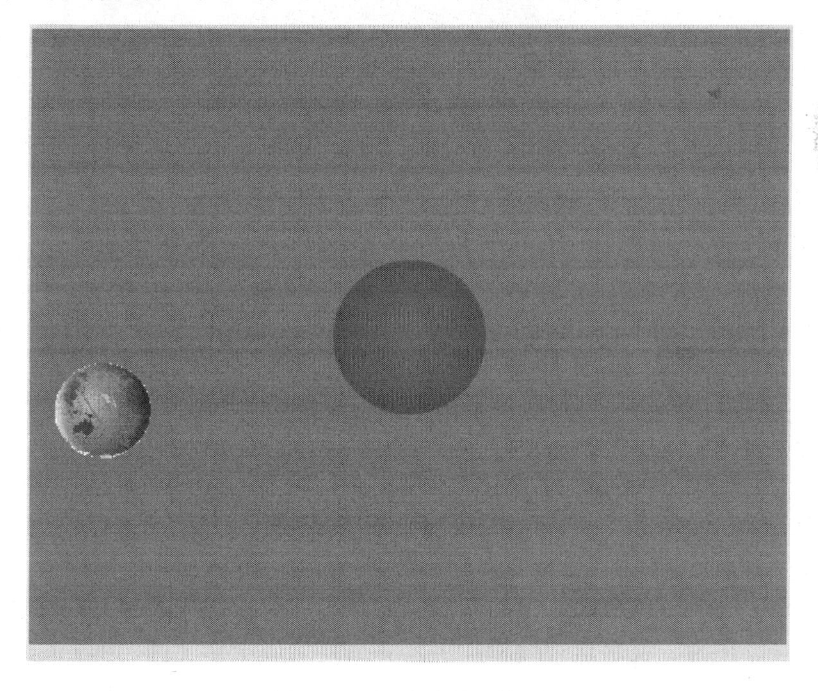

图 8-20　运动引导层椭圆

（19）将舞台显示比例暂时设置为 400%，单击图层 2 第 1 帧，单击“任意变形工具”，将地球的中心控制点对准椭圆线的起点（可用键盘上下左右移动键）。

（20）分别在每个图层的 100 帧处插入关键帧，选中“图层 2”（太阳所在图层）的第 100 帧，将地球移动到椭圆线的另一个点（终点）处，如图 8-21 所示。

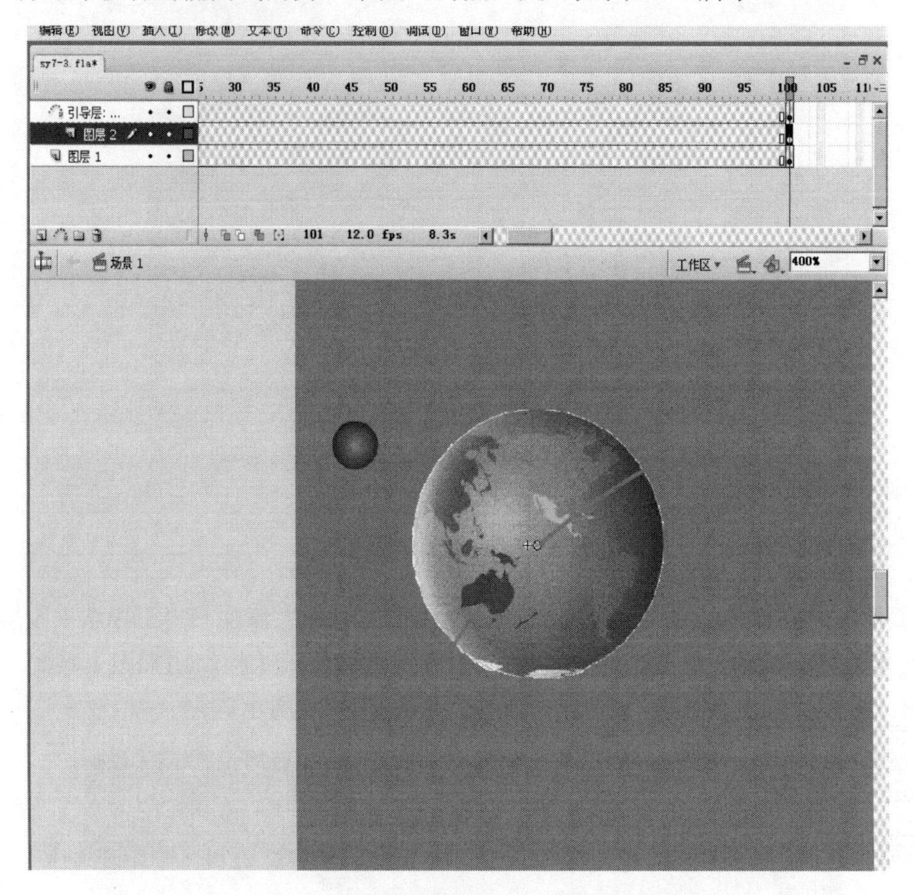

图 8-21　地球中心控制点对准椭圆线终点

（21）选中图层 2 的第 1 帧，在属性窗口设置补间为“动画”，将舞台显示比例设置为 100%，执行“控制”→“测试影片”菜单命令，观看动画效果。

（22）选择“文件”→“另存为”菜单命令，选择好保存路径和文件名，单击“保存”按钮。

至此，旋转的地球动画制作完毕。

8.4　使用 Premiere Pro 编辑视频

Premiere Pro 是 Adobe 公司推出的产品，它是一款非常优秀的视频编辑软件，能对视频、声音、动画、图片、文字进行编辑加工，并最终生成电影文件。Premiere Pro 工作界面如图 8-22 所示。

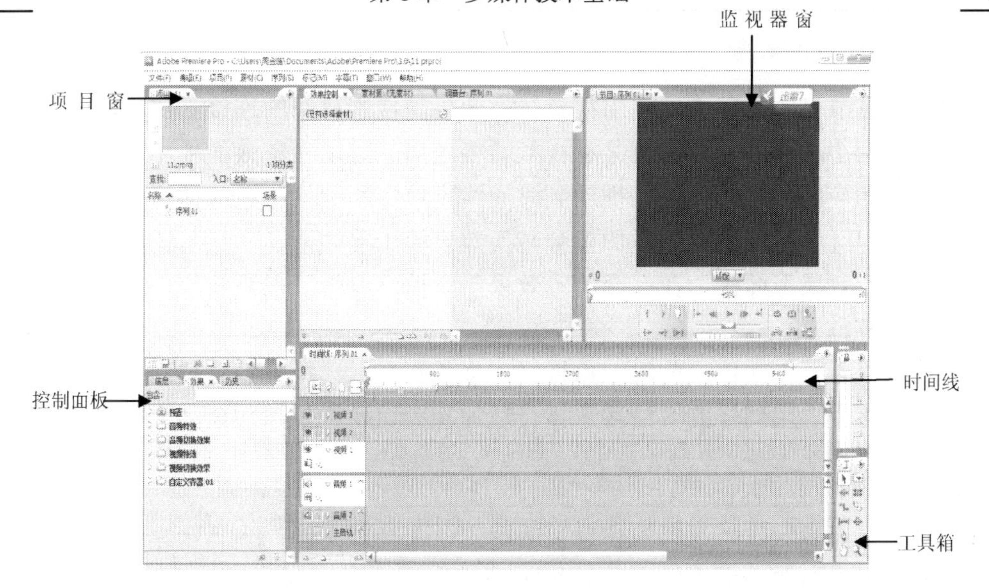

图 8-22　premiere 窗口

现以一个影片的制作为例，介绍在 premiere Pro 中进行影片创作的完整过程。

1. 创建一个新项目

选择任务栏上的“开始”→“程序”→“Adobe Premiere Pro”命令，启动该程序。程序启动时会显示对话框，在打开的“新建项目”对话框中选择作品存储的位置。

2. 导入收集的素材

选择“文件”→“导入”，打开“导入”对话框，导入后的素材排列在项目窗口中。

3. 组合素材片段

完成上述的准备工作后，接着需要在时间线窗口中将各个素材进行组合，对它们在影片出现的时间及出现位置进行编排，这是制作完成影片的关键步骤。

素材组合步骤如下：

（1）将项目窗口中的素材拖动到时间线窗口的视频轨 1 上，使素材 1.gif 的入点在 00:00:00:00（小时：分钟：秒：帧）的位置，效果如图 8-23 所示。

（2）将项目窗口中的其他素材拖动到时间线窗口，并依次排列在 1.gif 图像的后面。

图 8-23　素材拖至视频轨道

4. 添加视频转换效果

在编辑视频节目的过程中，使用视频转换效果能使素材间的连接更加流畅、自然。为时间线窗口中两个相邻的素材添加某种视频转换效果，可以在特效面板中展开该类型的文件夹，然后将相应的视频转换效果拖动到时间线窗口中相邻素材之间即可。

在本实例中，为相邻素材间添加视频转换效果的步骤如下。

（1）选择“效果”面板，在打开的“效果”面板中单击“视频切换”文件夹前的三角按钮，将其展开。

（2）单击“卷页”文件夹前的三角按钮，将其展开，选择“翻转页面”特效，并将其拖动到视频轨 1 上。用同样的方法将选择合适的视频切换特效添加至其余的素材上。

5. 添加字幕

字幕效果是影视制作中常用的信息说明形式。选择“文件”→“新建”→“字幕”命令，打开字幕设计窗口，单击文本工具按钮 T，然后在文本编辑区单击并输入文字内容。关闭字幕编辑窗口后，字幕文件会自动出现在项目窗口中。

6. 添加音频

在编辑好视频素材后，需要为影片添加音频，已完善影片的制作。在 premiere pro 中，对音频素材的编辑方法与视频素材的编辑方法相似。选择“文件”→“导入”命令，将“生日快乐.wav”导入项目窗口中。将项目窗口中的音频素材“生日快乐.wav”拖动到时间线窗口的音频轨道上，即为影片添加背景音乐。

7. 预览影片

所欲素材的编辑工作完成后，需要对所编辑的影片进行预览，如果对影片效果不满意，可以在时间线窗口中对其进行修改调整，然后将文件保存下来，准备进行输出影片。预览的方法是将播放头放置 00:00:00:00（小时：分钟：秒：帧）的位置，敲“空格键”进行预览效果。

8. 输出影片

输出影片是将编辑好的项目文件以视频的格式输出，输出的效果通常是动态的且带有音频效果。在输出影片时，需要根据实际需要为影片选择一种合适的视频压缩格式。选择“文件”→“导出”命令→“导出影片”命令，选择导出影片的位置，选择保存即可。

本 章 小 结

本章介绍了多媒体的相关概念和常用多媒体软件，如 Photoshop、Flash、Premiere 的基本使用方法，通过本章的学习掌握图像处理、动画制作、视频编辑的基本制作方法。为后续多媒体相关工具的应用奠定基础。

本 章 习 题

一、巩固理论

1. 其表现形式为各种编码方式，如文本编码、图像编码、音频编码等的媒体是（　　）。

A. 感觉媒体　　B. 显示媒体　　C. 表示媒体　　D. 存储媒体

2. 动画和视频都是利用快速变换帧的内容而达到运动效果的。帧率为 30fps 的电视制式是（　　）制式。

A. PAL　　B. NTSC　　C. SECAM　　D. FLASH

3. 下列哪项不是多媒体技术的主要特性（　　）。

A. 实时性　　B. 交互性　　C. 集成性　　D. 动态性

4. 下列（　　）不属于感觉媒体。

A. 语音　　B. 图像　　C. 条形码　　D. 文本

5. 下列哪项不包括在媒体输入输出技术中（　　）。

A. 变换技术　　B. 识别技术　　C. 理解技术　　D. 虚拟现实技术

6. 下列格式文件中，哪个是波形声音文件的扩展名（　　）。

A. WMV　　B. VOC　　C. CMF　　D. MOV

7. 下列文件格式中，哪个不是图像文件的扩展名（　　）。

A. FLC　　B. JPG　　C. BMP　　D. GIF

8. 一张 5×4 英寸全彩色静止图像，若用 100DPI 扫描输入，则图像数据量为（　　）。

A. 48KB　　B. 4800KB　　C. 600KB　　D. 370KB

9. Flash 是基于（　　）的多媒体创作工具。

A. 流程控制　　B. 时间轴　　C. 页面　　D. 网页

10. 下列扫描仪中哪种扫描仪能扫描 X 光片（　　）。

A. 反射式扫描仪　　B. 透射式扫描仪

C. 普通平板扫描仪　　D. 滚筒式扫描仪

11. Flash 生成的动画源文件扩展名是（　　）。

A. FLC　　B. SWF　　C. FLA　　D. MOV

12. 下列格式文件（　　）不是流媒体文件的扩展名。

A. RA　　B. WMV　　C. MOV　　D. MPG

13. 第一个推出流媒体产品的公司是（　　）。

A. Microsoft　　B. 网景　　C. RealNetworks　D. Apple

14. Flash 动画播放文件的扩展名是（　　）。

A. LIV　　B. FLA　　C. EXE　　D. SWF

15. 互联网上 Flash 动画的下载方式是（　　）。

A. 流式下载，边下载边播放　　B. 先下载完成后再播放

C. 直接播放　　D. 根据网络情况而定

16．Flash 中下列关于“层”的说法错误的是（　）。

A．用层可以控制不同元素的运动而互不干扰

B．用层可以控制不同元素的运动而进行干扰

C．层是动画层

D．层是图片层

17．Flash 的“层”不包括（　）。

A．图层　B．引导层　C．遮罩层　D．蒙版层

18．Flash 中创建的元件类型不包括（　）。

A．影片剪辑　B．按钮　C．场景　D．图形

19．用于数字存储媒体运动图像的压缩编码国际标准是（　）。

A．JPEG　B．Video　C．Px64　D．MPEG

20．流媒体不运用在以下哪个环境中（　）。

A．网格计算　B．视频会议　C．视频点播　D．实时广播

21．在 Flash 的时间轴上按 F6 键，将（　）。

A．插入 1 帧　B．插入一个关键帧

C．插入一个空白关键帧　D．删除当前帧

22．下列的概念（　）与 Flash 无关。

A．帧　B．层　C．时间轴　D．羽化

23．在 Flash 中，可以重复使用的图形、动画或按钮称为（　）。

A．元件　B．库　C．对象　D．形状

24．下列哪个是 Photoshop 图像最基本的组成单元（　）。

A．节点　B．色彩空间　C．像素　D．路径

二、实践演练

1．自选主题与素材制作一个个性化的电子相册。

2．制作一个经过剪辑的风光宣传片。